AF254175

ÉLÉMENS

DE

CHYMIE.

ÉLÉMENS

DE

CHYMIE,

PAR

HERMAN BOERHAAVE,

Traduit du Latin.

TOME CINQUIEME,

Qui contient le Traité de la Terre, et celui des Menstrues Chymiques.

À PARIS,

Chez GUILLYN, Quai des Augustins, au Lys d'Or.

____

M. DCC. LIV.

Avec Approbation & Privilége du Roi.

TRAITÉ
DE LA TERRE.

DE M. BOERHAAVE.

Pour servir de suite à ses Elémens de Chymie.

LEs Chymistes, aussi bien que les Philosophes, en parlant des principes des choses, ne se sont servis du mot de Terre pour désigner un élément qui entre dans la composition des corps, & leur communique une bonne partie des qualités qui leur sont nécessaires pour les divers ouvrages ausquels la nature ou l'art les emploient. mais si nous examinons avec plus de soin ce qu'ils ont entendu par ce mot, nous trouverons que ce qu'ils ont voulu dire revient à ceci ; c'est que la Terre est un corps fossile, simple, dur, friable, qui est fixe & ne se fond pas sur le feu, & qui ne peut se dissoudre ni dans l'eau, ni dans l'alcohol,

A

ni dans l'huile, ni dans l'air.

Explication de cette défi nition.

   On ne sçauroit nier que l'idée de corps ne soit applicable à la terre, puisque c'est une masse qui a les trois dimensions du corps, qui est parfaitement impénétrable, qui est figurée & qui n'est jamais sans pesanteur. On auroit plus lieu de douter s'il faut ranger la Terre dans la classe des fossiles ; cependant on se convaincra qu'on ne sçauroit lui donner une place plus convenable, si l'on veut bien se rappeller ce qui a été dit ci-devant sur les caracteres des trois regnes de la nature, comme parlent les Chymistes. Car premierement il n'y a presque aucun fossile connu qui contienne de la Terre, en plus ou moins grande quantité. Je conviens qu'il est assez difficile d'en découvrir dans les métaux, mais dans les autres fossiles on la trouve plus aisément & en plus grande abondance, & même ce n'est qu'à force de travail qu'on l'en peut séparer entiérement. De plus son poids est si grand qu'il surpasse celui de l'eau, des sels, des huiles & des esprits, tant des végétaux que des animaux ; aussi s'insinue-t'elle par tout

dans l'intérieur de notre globe terrestre, & il n'y a point d'endroit, quelque
profond qu'il soit, d'où l'on ne puisse
en tirer toujours. Enfin l'on ne remarque jamais que la terre pure soit mêlée
avec quelqu'autre élément, & l'on n'y
découvre presque aucune variété. Tout
cela nous apprend donc qu'on ne sçauroit guére ranger la terre dans une autre classe de corps plus convenablement
que dans celles des fossiles. Mais observons en même tems que si c'est une
matiere fossile, elle est si simple, qu'il
n'est presque pas possible de trouver
un corps qui le soit davantage. Celle
qu'on appelle Terre Vierge, à cause de
sa pureté, ne le cede pas même aux métaux à cet égard. Lorsqu'elle est exactement séparée de toute autre matiére,
elle est fine, mais elle a en même tems
assez de dureté & de consistence, quoique j'avoue qu'il y a des corps plus
durs. Elle paroît fragile, aussi long-
tems qu'elle est à la portée de nos
sens, car en la broyant on peut aisément la réduire en poussiere ; en
cela elle differe beaucoup des véritables métaux & des pierres précieuses,
& elle en differe davantage en ce qu'el-

A ij

le reste fine & immuable au milieu du plus grand feu, de sorte qu'on ne sçauroit même la fondre si elle est seule.

La plus parfaite est celle qu'on a par la distillation de l'eau.

Nous avons vu ci-devant que si l'on distille avec soin de l'eau de pluie bien pure, elle laisse quelques féces au fond du vase. Ces féces étant rassemblées, sechées & exposées à l'action d'un feu qui les pénetre bien de tout côté, deviennent enfin des cendres; ces cendres, purifiées exactement de tout le sel qui leur est adhérent, donnent une Terre fixe, qu'on appelle Terre Vierge, & qui tire ainsi son origine ou de l'eau, qui a réellement subi une telle métamorphose, ou, ce qui est plus apparent, de l'air même. Car, comme je viens de le remarquer à la fin de l'histoire de l'eau, l'air, quoique tranquille, & contenu dans un endroit renfermé, est toujours chargé d'une incroyable quantité de poussiere terrestre, & qui tient de la nature des cendres. J'ai déja remarqué ci-devant dans l'histoire de l'air, qu'on pouvoit s'en convaincre en regardant obliquement des rayons de lumiere, qui entrent dans une cham-

bre obscure , & pour plus grande
confirmation il n'y a qu'à suspen-
dre un voile de soie noire là où
donnent ces rayons , bien-tôt on
le verra couvert d'une croute de poussiere. La plus grande partie de cette
poussiere n'est que de la Terre fine
& pulvérisée par un grand nombre
de causes , qui la mettent en mouvement & la rendent propre à voltiger dans l'air , surtout quand il fait
du vent. Elle se joint & se mêle intimement avec la rosée , les brouillards,
les nuées , l'eau , la pluie , la nége ,
la grèle , la gelée blanche & autres
semblables météores. L'origine que
j'attribue ici à cette Terre produite
par la distillation de l'eau de pluie ,
n'est point contraire à sa fixité au feu,
qui est telle que Boyle l'ayant exposée dans un creuset au feu le plus ardent , il n'a pas trouvé qu'elle ait
souffert aucune altération , ou qu'elle
soit devenue volatile ; fixité qui ne
semble cependant pas convenir à une
poussiere qui voltige dans l'air. Mais
autre chose est pour un corps de rester tranquille au milieu du feu le plus
violent , appliqué uniformément de

A iij

tout côté, & autre chose est d'être emporté par le mouvement irrégulier de l'air ou par le vent. Lorsqu'une Terre fine, contenue dans un creuset, est pressée en tout sens par le même dégré du feu, elle croupit, si je puis parler ainsi, dans un liquide homogène, & par-là même elle reste en repos; au lieu que si un soufflet vient à agir sur cette poudre, aussi-tôt il la dispersera de tout côté dans l'air. Comme les nuées chargées d'eau, sont portées çà & là, & comme les ondes sont élevées par les vents, & répandues sur la surface de la Mer, de même on voit en Egypte & en Lybie des nuées de sable transportées dans l'air, jusques-là même que toute l'armée de Cambyse en fut accablée; cependant le sable est très-fixe dans le feu. Des paillettes d'or, ou de quelque autre métal, mises dans un creuset, peuvent y soutenir long-tems sans aucun changement, toute la force du feu; mais un souffle, ou un petit vent les emporte & les fait voltiger dans l'air. Il faut aussi remarquer qu'il y a des corps entiérement terrestres, qui restent sou-

vent fixes & immobiles dans le feu,
aussi long-tems qu'ils font feuls &
féparés de toute autre matiere; mais
qui dès qu'ils font mêlés avec d'autres corps deviennent si mobiles,
qu'ils font exaltés par un feu doux.
Il n'y a par exemple rien de plus
fixe au feu que l'or, s'il eft pur,
mais fi on le mêle avec du régule
d'antimoine, & fi on le broye enfuite long-tems & prudemment avec
du bon mercure fublimé, il change
tellement qu'un feu médiocre le
diffipe dans l'air. La Terre bien
purifiée de toute matiere étrangere,
& expofée dans un creufet à l'action du plus violent feu, refte fixe
& immobile; mais fi elle eft mêlée
avec d'autres corps, on peut aifément la réduire en fes élémens &
la diffiper tout-à fait. Je n'en veux
d'autre preuve que ce qui arrive au
bois qui eft en flamme. La fumée
qui en fort n'applique-t'elle pas une
fuye noire contre la furface intérieure des plus hautes cheminées? Or
cette fuye examinée chymiquement
donne une grande quantité de Terre,
qui a été élevée à une telle hauteur

par le moyen de l'huile & du fel;
qui étoient mêlés avec elle. Mais
cette même Terre bien purifiée refte
fixe au milieu du plus grand feu. Il
eft donc aifé à préfent de comprendre comment on peut préparer une
Terre auffi fimple qu'il eft poffible;
c'eft par la diftillation de l'eau pure.
Cependant cette même Terre contient en foi tout ce qui voltigeoit
avec elle dans l'air, & qui n'a pas
été affez léger pour être exhalté par
le dégré de chaleur employé pour
la diftillation de l'eau.

On en tire aussi par le moyen de la combustion des cendres des végétaux. Les végétaux brûlés par un feu ouvert fe réduifent en cendres blanches, fixes, fines, que le moindre
mouvement diffipe aifément, & que
le vent emporte fouvent en des lieux
très-éloignés. Et jufques à préfent
on ne connoît aucune Plante, qui
ne donne pas de telles cendres lorfqu'elle brûle. Si enfuite on lave exactement ces cendres plufieurs fois avec
de l'eau de pluie bien pure, on en
tirera tout le fel qui leur eft adhérent; & comme le feu a déja con-
fumé tout ce qu'elles avoient d'huileux, & tout ce qu'elles contenoient

de matiere saline volatile, il ne reftera dans l'eau que de la Terre. Lorfque ces cendres font ainfi dégagées
de tout fel, il faut les fecouer fortement avec de l'eau pure, & quand celle-ci eft trouble, on doit la verfer dans
un autre vafe bien net, remettre
de nouvelle eau fur ce qui refte, &
continuer cette lotion, jufqu'à ce que
les cendres foient dégagées de toute
petite pierre, de tout fable, de toute
parcelle de verre & de toute autre
matiere folide & pefante qui ne fe
peut diffoudre dans l'eau. Cependant
il faut laiffer repofer dans le même
vafe toutes ces eaux troubles, jufqu'à
ce qu'elles dépofent les cendres dont
elles font chargées ; après quoi on
doit verfer par inclination l'eau qui
furnage & conferver le limon qui
eft au fond du vafe. Alors fi la féparation du fel a été bien faite, ce
limon féché par un feu doux, donnera une Terre tirée chymiquement
des végétaux. Quand enfuite on examine cette Terre, on trouve qu'elle
eft abfolument fans odeur, & infipide ; qu'elle eft blanche, très-molle,
& qu'elle ne rend prefque aucun fon

quand on la frappe ; qu'il n'eſt preſque pas poſſible de la diſſoudre dans
l'air, dans l'eau , dans le feu , dans
l'alcohol, & dans l'huile ; qu'elle eſt
fixe au feu, & que quand elle eſt ſeule, elle ne s'y convertit que très-difficilement en verre ; que paîtrie comme de la farine, avec de l'eau, elle
forme une pâte ſi ductile, qu'on peut
en faire des vaſes, à l'épreuve de la
plus grande chaleur, & qui dans le
plus haut dégré de notre feu ordinaire, peuvent retenir toutes ſortes de
métaux fondus, ſans ſe vitrifier, &
ſans ſouffrir aucune altération. C'eſt
avec cette Terre que les Eſſayeurs
font les coupelles dont ils ſe ſervent
pour connoître la quantité d'or ou
d'argent, qui eſt mêlée avec d'autres
corps foſſiles, auſſi bien que ces creuſets où ils jettent dans du plomb
fondu, les glèbes dont ils veulent
ſéparer ces deux précieux métaux
qui reſtent fondus au fond ſous une
forme ſphérique, tandis que toutes
les autres matieres ſe diſſipent. C'eſt
auſſi avec cette même Terre, qu'on
fait les couvercles qu'on met ſur ces
creuſets, pour qu'il n'y tombe aucu-

nes saletés, & à travers lesquels cependant un feu vif & pur passe librement. Cette Terre retenue fort longtems dans un feu très violent avec du plomb fondu ne se fond point, ni ne se convertit point en verre avec le plomb. Enfin c'est avec cette même Terre qu'on fait ces creusets, à travers les pores desquels les corps cruds, imparfaits, & qui se vitrifient avec le plomb, pénétrent & passent aisément ; il n'y a que l'or & l'argent, qui soient retenus dans ces vases ; ces deux métaux, lorsqu'ils sont fondus, s'y réunissent pour former une petite masse sphérique qui occupe à peu près le centre , quoique cependant les pores soient distribués uniformément dans toute la superficie concave & dans tout le corps de ces creusets. Cette Terre figurée en pareils vases , est donc un véritable crible pour les métaux fondus avec le plomb. Ainsi voilà tout autant de marques, qui caractérisent véritablement la Terre la plus pure que la Chymie peut préparer avec des cendres de végétaux brûlés.

On tire encore une Terre toute *Aussi bien que*

semblable de cette partie des végé-taux, que le feu volatilise en forme de flamme, d'étincelles, de fumée, de suye ; & il n'importe pas si les vé-gétaux qui brûlent sont verts ou secs, âcres ou doux. La fumée qui s'appli-que au haut des parois froides des cheminées, s'y condense en floccons de suye. Cette suye ramassée dans un poëlon de fer, & exposée à un feu violent, fume, s'impregne de feu, s'enflamme, & se réduit enfin en cen-dres blanches, qui purifiées par la lotion de tout le sel qu'elles peuvent contenir, donne une Terre sembla-ble à tous égards à la précédente, dont on ne sauroit la distinguer. Nous apprenons de-là combien la Terre même peut être rendue vola-tile, lorsque mêlée avec d'autres corps volatils, elle est agitée rapidement par la flamme, & comment elle peut être élevée ainsi à une très-gran-de hauteur, se disperser & se con-fondre dans l'air : nous compre-nons par conséquent que ces fumées noires, qui s'élevent des végétaux qui brûlent, venant à se répandre dans les nuées, la Terre qu'elles em-

portent

portent avec elles, voltige auffi dans
l'air en forme de nuées. Enfin fi l'on
met de la fuye dans une cornue de
verre, & fi on la fait diftiller, on
aura fucceffivement, fuivant le dégré de feu qu'on employera, du phlegme, des efprits, du fel volatil, du
fel qui ne s'exaltera que par le plus
grand feu, diverfes huiles, & au fond
il reftera des fèces noires; ces fèces,
brûlées enfuite par un feu ouvert, fe
réduifent en cendres, qui, purifiées
par la lotion de toute matiere faline,
donneront une Terre, qui eft précifément la même, que celle qu'on a par
les autres opérations que j'ai rapportées. Cette derniere expérience nous
prouve clairement, qu'un feu ardent
a la force d'exalter la Terre, de l'a-
giter avec l'eau, l'huile & le fel; &
que cette Terre eft abfolument de la
même efpéce que celle des cendres
fixes qui reftent après la combuftion.
Cela paroît d'abord auffi incroyable
que merveilleux; cependant on ne
fauroit en douter, & l'on en doit conclure, que la nature de cette Terre
nous eft encore inconnue. Mais il y a
plus, dès que cette même Terre, qui

B

durant la combustion étoit volatilé dans la fumée & dans la suye, est séparée par la distillation ou par une nouvelle combustion, des parties aqueuses, huileuses & salines, ausquelles elle étoit jointe, & qu'ainsi elle se trouve bien pure, alors elle est toujours aussi fixe que celle qui se tire des cendres fixes des mêmes végétaux brûlés : la Terre donc lorsqu'elle est seule, est toujours très-fixe dans le feu ; mais mêlée intimément avec des huiles & des sels, elle devient volatile. Quelle quantité de matiere terrestre ne doit-il donc pas toujours y avoir dans l'air, sur tout dans les lieux où l'on brûle tous les jours des végétaux !

En distillant les végétaux on en tire aussi la terre.

On peut encore tirer de la terre de tous les végétaux connus jusqu'à présent, en suivant cette autre méthode. Prenez quelques plantes qu'il vous plaira, telles que la nature nous les donne, mettez les dans une cornue de verre net, exposez les à l'action du feu, mais d'un feu très-doux dans les commencemens, que vous augmenterez ensuite prudemment par dégrés, jusqu'à ce qu'enfin vous le

rendiez auffi violent qu'il eft poffible,
de façon que tout ce qui peut être
exalté par chacun de ces dégrés de
feu paffe dans le Récipient; de cette
maniere vous parviendrez à divifer
ces plantes en deux parties. L'une eft
ce qui eft élevé par le feu, & pouffé
dans le Recipient en forme de matiere diftillée; l'autre refte au fond de
la cornue, & foutient toute la violence du feu, fans pouvoir être exaltée: c'eft un charbon noir, fixe, &
qui refte tel très-long-tems, comme
Van-Helmont l'a fort bien remarqué, & comme Hook l'a démontré
par des expériences. Les Chymiftes
difent ordinairement que ce qui monte
ici & paffe dans le récipient en forme
de liqueur, & comme matiere volatile, eft de l'eau, des efprits, des huiles, des fels volatils, & que ce qui
refte au fond, eft de la terre, du fel
fixe, avec quelque peu d'huile fixe.
Mais il eft à propos d'examiner plus
en détail ce qu'il y a de vrai en cela.
Je conviens qu'il y a divers principes
qui font volatils dans cette opération,
fçavoir de l'eau, des Efprits, du fel
acide, du fel alcali, & differentes

B ij

huiles. Tout cela mêlé enfemble, fait un compofé qui reffemble beaucoup à de la fumée & à de la fuye ; il y a cependant cette différence, c'est que quand cette matiere est élevée par un feu ouvert, elle est alors en beaucoup plus grande quantité & plus épaiffe, que lorfqu'elle est agitée par le feu dans des vafes fermés ; de-là vient que des végétaux en égale quantité, brûlés par un feu ouvert donneront beaucoup moins de charbons & de cendres, qu'ils n'en laiffent au fond des vaiffeaux dans lefquels on les diftile. Mais fi l'on prend toute cette matiere qui est ainfi paffée par la diftillation dans le Récipient, & qu'on la faffe diftiller de nouveau dans des vaiffeaux nets, jufqu'à ce que tout ce qu'il y a de fluide foit exalté, il reftera encore au fond du vafe un charbon noir & fixe, qu'on ne pourra jamais rendre volatil, quoiqu'on lui applique un feu très-violent & continué fort long-tems : à la vérité on en fera fortir de la fumée, mais cependant ce charbon reftera toujours également fixe & noir. Si après l'avoir ainfi torturé inutilemenr, on le tire du vafe où il étoit, on le trouvera léger & fpongieux; & fi enfuite on l'expofe à l'action du feu dans un autre vaiffeau découvert, alors il brûlera, tout ce qu'il a de noir fe confumera par la flamme, & il n'en reftera plus qu'une terre blanche. Cette terre bien purifiée, fuivant la méthode indiquée ci-devant, de tout ce qu'elle a de falin, donnera une terre vierge, femblable à celle que l'on aura eue par les Opérations précédentes. Ce qui nous prouve encore que cette terre eft exaltée avec de l'eau, du fel, des Efprits & de l'huile dans la diftillation des végétaux. Si l'on prend feulement l'huile qui a été préparée par cette diftillation, & fi on la fait diftiller de nouveau dans des vaiffeaux bien nets, en augmentant fucceffivement le Feu, jufqu'à ce qu'il foit pouffé au plus haut dégré, l'on aura dans le récipient une huile beaucoup plus pure & plus pénétrante qu'auparavant; & en réiterant cette opération on parviendra enfin à rendre cette huile auffi fubtile que l'alcohol, mais en même tems il s'en diffipera une grande partie dans l'air, à chaque diſtillation, & l'eſprit d'où dépendoit ſon odeur & ſa ſaveur, s'envolera tout ; & cependant après chaque opération, l'on trouvera toujours au fond du vaſe un charbon noir, qui ne devient jamais volatil, qui ne donne aucun ſel, & qui brûlé par un feu ouvert laiſſe des cendres blanches, & une quantité aſſez conſiderable de terre ſemblable à la précédente. En cela il n'y a point de fin, toutes les fois qu'on réitere cette diſtillation il reſte toujours une ſi grande quantité de cette matiere terreſtre, qu'on peut convertir ainſi la plus grande partie de cette huile en une terre pure & ſimple. Pour s'en convaincre, il faut conſulter ce que dit Boyle ſur la mutabilité des principes.

Corollaires qui découlent de ce qui a été dit. Il eſt donc ſûr que toutes les parties des végétaux produiſent une même eſpèce de Terre, où l'on ne découvre aucune difference ſenſible, ſuivant qu'elle eſt tirée d'une partie ou d'une autre. Toute cette terre, ſi elle eſt bien pure, eſt tellement fixe, qu'elle ne ſouffre preſque aucun changement, lorſqu'elle eſt expoſée au feu le plus ardent; mais quand elle eſt mêlée avec quelques autres parties volatiles de végétaux, alors elle eſt élevée avec elles par l'action du feu; & ſoit qu'on la brûle à un feu ouvert, qu'elle ait la forme de fumée, ſoit qu'on la diſtille dans des vaſes fermés, on la trouve volatile auſſi long-tems qu'elle leur eſt adhérente. Parmi ces parties volatiles des végétaux, il n'y en a aucune qui volatiliſe la terre plus aiſément & en plus grande quantité que l'huile; & même entre les huiles, celle qui entraîne le plus de terre avec ſoi dans la diſtillation, eſt cette huile épaiſſe & ténace, qui vient la derniere & qui n'eſt exaltée que par le plus grand dégré de feu. Auſſi ces huiles ne ſont-elles apparemment ſi peſantes que parce qu'elles contiennent beaucoup de terre, qui ne peut qu'augmenter leur poids; & c'eſt encore à cette terre qu'elles doivent vraiſemblablement leur épaiſſeur gluante. Ce qui ſe prouve ſur tout par cette conſideration, c'eſt que ſi l'on ſépare par une nouvelle diſtillation cette terre de ces huiles, celles-ci devien-

B iv

nent d'abord plus subtiles, plus légeres, & beaucoup plus volatiles.

Mais pour mieux comprendre l'o-
rigine surprenante de cette terre, il
est à propos de considerer attentivement l'autre partie des cendres des
végétaux brûlés, je veux dire ce sel
alcali fixe qui a été séparé par la lotion de la terre que nous venons
d'examiner. Chacun ne croiroit-il
pas qu'il ne reste plus de terre dans ce
sel? Toute la terre à laquelle il étoit
joint, semble rester sans se dissoudre,
lorsque ce sel se dissout dans l'Eau,
& en passe en forme de lessive à travers les filtres les plus denses. Lais-
sez cette lessive tranquille, jusqu'à ce
que toutes les féces terrestres qui y
sont s'affaissent, elle vous paroîtra
alors aussi limpide que de l'eau; filtrez
la ensuite en la faisant passer plusieurs
foispar la chausse d'hippocras, jusqu'à
ce qu'elle surpasse l'ambre même en
pureté. Examinez alors cette liqueur
avec le microscope, vous n'y verrez
aucune indice de matiere terrestre,
& gardez la même pendant plusieurs
années dans des vases bien fermés,
elle ne déposera aucune terre. Après
tout cela vous ne pourrez pas dou-

ter de la pureté de cette leſſive. Cependant verſez la dans un verre bien net, en un lieu tranquille, & où il n'y ait point de pouſſiere ; épaiſſiſſez la juſqu'à la conſiſtence d'une huile épaiſſe, après quoi mettez la dans un pot de fer net, & convertiſſez la en un ſel ſec, en la remuant continuellement avec une ſpatule de fer, vous parviendrez ainſi à avoir un ſel alcali très-fixe, & très-pur. Enfermez ce ſel dans un bon creuſet, que vous couvrirez ſoigneuſement avec une brique, pour qu'il n'y tombe aucune ordure ; expoſez le enſuite à l'action du feu, & quand il ſera fondu, verſez le dans un mortier de Cuivre chaud, & broyez le d'abord pour le réduire en une poudre alcaline, fixe, & ſaline. Mettez promtement cette poudre dans un grand plat de verre, & l'expoſez à l'air dans un lieu où elle ſoit à l'abri de la pouſſiere ; bientôt tout ce ſel ſe réſoudra en une liqueur parfaitement fluide, & au fond l'on aura une matiere blanche & terreſtre. Cette matiere purifiée par lotion, de tout le ſel qui lui eſt adhérent, vous donnera un terre ſimple, telle

B v

que celle des cendres dont il a été parlé. Si vous féchez, calcinez, & faites
diſſoudre de nouveau dans l'air cette
huile ainſi faite par défaillance, vous
aurez une nouvelle huile de même eſpece, qui dépoſera toujours de la
Terre ; & à force de répeter cette opération , vous convertirez enfin la
plus grande partie de ce ſel alcali en
une terre pure & ſimple. La combuſtion avoit uni cette terre à cet autre
principe qui concouroit avec elle à
donner la forme au ſel , mais qui par
toutes ces calcinations & ſolutions
faites dans l'air, s'en eſt féparé, &
s'eſt envolé en laiſſant cette terre
ſeule ; par conféquent celle-ci n'a
pas le même poids, qu'avoit le ſel dont
elle faiſoit partie. Cette expérience ,
qui réuſſit toujours de la même maniere , prouve donc que cette terre
a exiſté auparavant dans le ſel alcali
fixe d'où on l'a tirée ; mais de maniere qu'on a pu la diſſoudre entierement dans l'eau , ce qui d'ailleurs
répugne à ſa nature. Ainſi la terre
pure , unie à un autre principe, eſt
entierement ſolube dans l'eau , au lieu
qu'elle ne l'eſt en aucune façon lorſ-

qu'elle est seule. Peut-être dira-t-on que par ces calcinations & ces solutions, ce sel, qui auparavant n'avoit rien de terrestre, a réellement été métamorphosé en terre. Mais ce sentiment ne me paroît fondé sur aucun argument solide, ni sur aucune expérience; au contraire, je le crois incompatible avec cette constance invariable de la Nature , qui depuis tant de siecles agit toujours de la même maniere & par les mêmes moyens; on n'a jamais vû qu'un principe prévalut sur un autre, tous sont dans un juste équilibre, & restent toujours dans la même proportion les uns à l'égard des autres. Quand à ce que j'ai dit que la terre unie à d'autres principes salins, acquiert la propriété de se dissoudre dans l'eau, de façon qu'elle forme une liqueur où il ne patoît aucune matiere terrestre ; c'est là un fait prouvé par un très-grand nombre d'expériences chymiques. Dans le verre , par exemple, la terre unie intimément avec du sel alcali, compose une masse fort transparente, qui cependant, comme nous l'apprend Van-Helmont, peut se ré-

B vj

foudre de nouveau en un fel alcali, &
en une terre qui s'en fépare par précipitation. Tous les métaux, unis avec
l'acide qui leur fert de diffolvant, paroiffent dans l'eau fous la forme d'un
fel très-tranfparent, mais on peut les
en retirer fans aucun changement,
auffi opaques & auffi entiers qu'auparavant. Il en eft de même de la craie,
des pierres, des coquilles d'huitres,
des terres, & de diverfes autres chofes femblables : tous ces corps, unis
à quelque fel, femblent former des
fels très - purs, mais qui /cependant
peuvent fe réfoudre en plufieurs manieres, & faire voir féparément la liqueur qui les a diffoud, & la terre qui
eft entrée dans leur compofition. Les
précipitations chymiques démontrent
auffi la même chofe. Voici donc ce
qu'il réfulte des expériences que j'ai
rapportées.

    1. Les fels communs, alcalis &
fixes, qui fe préparent avec des végétaux brûlés, font formés en grande
partie par une véritable terre élémentaire & fimple, qui entre dans leur
compofition. 2. Cette terre eft tellement cachée, mêlée & diffoute dans

ces sels, aussi longtems qu'ils conservent la forme de ces sels alcalis fixes, qu'elle ne s'y fait distinguer par aucune marque, puisque l'eau & l'humidité de l'air la dissolvent parfaitement, & la convertissent en une liqueur très-limpide & très-simple. 3. Cette terre végétale ne peut être rendue subtile au point où elle doit l'être pour cela, que par le plus haut dégré d'un feu, qui en brûlant les végétaux dans un air ouvert, la joint intimément avec cet autre principe salin & alcali, avec lequel elle forme un sel alcali, qui est ainsi une véritable créature du feu. Car si l'on renferme dans une boëte de fer du charbon de bois vert, & si on l'expose au plus haut dégré de feu, pendant plusieurs heures, il conservera sa forme de charbon noir, mais dès qu'on le brûlera par un feu ouvert, il se résoudra en cendres qui donneront un sel fixe : cela prouve que ce sel n'éxistoit pas auparavant dans les végétaux, & qu'il ne se produit que quand le feu unit la terre avec cet autre principe qui se conbine avec elle dans l'air ouvert, & non dans un vase fermé. Par conséquent il est clair que ce

fel alcali fixe ne fe forme dans l'air
ouvert que par la feule force du feu :
car fi l'on brûle quelque végétal que
ce foit , dans l'air ouvert , ou dans un
vafe fermé , jufqu'à ce qu'il foit converti en un charbon très-noir , & non
au-delà ; ce charbon pulvérifé & cuit
avec de l'eau , ne donnera aucun fel
alcali fixe. Si on le réduit en cendres
blanches par l'action du feu ouvert ,
on trouvera un véritable fel alcali fixe dans la leffive de ces cendres. La
terre des végétaux atténuée par le plus
haut dégré de ce feu , & unie intimement avec cet autre principe , après
que fon huile eft confumée , donne
donc un alcali fixe ; & jufqu'à préfent
nous ne connoiffons aucune autre méthode de produire ce fel. 4. Ainfi les
fels alcalis fixes ne font pas des corps
fimples , mais ils font compofés de
deux principes très-diftincts , & unis
intimément entr'eux. 5. Il eft très-vrai-
femblable , qu'après que la combuftion des végétaux a fi fort atténué
cette terre , elle la conbine premiérement avec ce fel natif , qui fe trouve
naturellement dans les plantes , fous la
forme d'un favon fait d'huile & de

Sel. Ensuite le feu, continuant d'agir avec force, consume la plus grande partie de l'huile ; ce qui en reste est une huile ténace, qui avec le sel & la terre se convertit en un charbon noir, où la partie saline est tellement cachée par cette matiere huileuse & par cette terre, qu'elle n'y paroît pas être soluble dans l'eau, contre l'action de iaquelle elle est en quelque sorte à l'abri ; mais enfin la force continuée du feu détruit cette huile ténace qui servoit à lier ensemble la terre & le sel ; & alors la partie saline, qui auparavant étoit assez volatile par elle-même, semble se fixer & se réunir avec cette terre subtile qui reste, & qui est entiérement purifiée de son huile. Cependant ce même sel alcali fixe, retenu longtems dans un très-grand feu, devient enfin volatil, & disparoît entiérement ; quoique, mêlé en certaine proportion avec des cendres ou de la terre, il puisse former du verre qui est assez fixe, & qui resiste très-longtems à l'action du feu. 6. On ne trouve donc dans les végétaux aucun sel simple, qui soit fixe par lui-même ; celui qui y est doit toute sa fixité à la terre, avec laquelle il a été fondu par l'action du feu : car si l'on tient longtems des végétaux exposés aux changemens alternatifs de sécheresse & d'humidité dans l'air, ou si on les fait bien pourrir auparavant, ils ne donneront aucun sel fixe dans leurs cendres, lorsqu'on les brûlera. 7. Ces sels alcalis fixes, produits comme il a été dit, peuvent être résouts de nouveau par la méthode que je viens d'indiquer, dans les deux principes, par la combinaison desquels ils sont formés ; je veux dire dans un sel pur, simple & volatil, & dans une terre fixe, inactive, pure & très-subtile. 8. Il est donc bien plus raisonnable d'attribuer la naissance de ces sels, à ce mêlange de terre & de sel, que de dire que l'eau unie intimément avec la terre se convertit en alcali ; car de quelque maniere que les Chymistes ayent appliqué de l'eau à la terre, par le moyen du feu poussé même jusqu'au plus haut dégré, il ne paroît pas qu'ils soient parvenus à former du sel alcali fixe. 9. La terre végétale est toujours partout la même, & la Chymie produit des moyens sûrs pour en tirer des plantes une grande

quantité mêlée avec de l'eau, des esprits, du sel volatil, du sel fixe, & des
huiles. Tous ces autres principes, séparés de cette terre, sont si fort atté-
nués, & deviennent si mobiles & si
volatils, qu'ils échappent par leur subtilité à tous nos sens, & qu'ils se perdent dans leur premier chaos aërien,
sans qu'il soit presque possible de les
retenir dans des vases : ainsi ils disparoissent tous à l'exception de l'eau &
de la terre. C'est donc avec fondement
que les anciens Chymistes ont dit que
les huiles & le souffre empêchoient les
esprits de s'envoler, & qu'il n'y avoit
que la terre qui put retenir le souffre &
les sels, & que c'étoit à elle par conséquent qu'il falloit attribuer leur fixité. Je crois que ces remarques suffisent pour faire connoître la nature de
la terre, qui se trouvent dans les végétaux. Elle est la même dans toutes
sortes de plantes, & peut-être y for-
me-t'elle un élément immuable.

Passons à présent à l'examen de
la terre qui se trouve dans les animaux.
On a observé de tout tems que les
animaux de toute espece, qui volent
dans l'air, qui nagent dans les eaux, ou

qui vivent fur la terre, étant expofés
à un air tiede & humide fe pourriffent
dabord après leur , dans un dégré de
chaleur moindre que celle du corps
d'un homme fain. Cette pourriture les
change en fort peu de tems, de façon
que leurs cadavres fe réfolvent entiérement en une matiere très-puante ,
& fi volatile qu'elle fe répand fort loin
dans l'air ; ce qu'elle laiffe de fubftance
ferme & folide, eft en petite quantité. Dans les pays chauds le cadavre
entier d'un éléphant , abandonné fur
la terre , ou celui du plus grand des
animaux , je veux dire d'une baleine ,
jettée fur le rivage, fe confume en très-
peu de tems ; il n'en refte que les os ,
& toutes les autres parties s'envolent.
La même chofe arrive aux cadavres
des chamaux , des dromadaires , des
chevaux & des hommes , qui reftent
étendus fans fépulture fur un champ
de bataille. L'eau, l'efprit , l'huile &
le fel qui font dans ces corps, difpa-
roiffent & ne laiffent qu'un peu de matiere fimple , inactive & terreftre. Cette matiere eft parfaitement femblable
à la terre vierge qui fe tire de l'eau de
pluie & des végétaux. Mais fans aller

chercher des exemples fort loin, il n'y a qu'à jetter les yeux fur les cîme-tieres de quelque grande ville, tous les cadavres qu'on y met, fe réfolvent en une petite quantité de terre, & le terrain n'en eft hauffé que de fort peu. Ainfi toutes les parties, tant fluides que folides, dont les animaux font compofés, & dans lefquelles ils peuvent fe réfoudre par la feule action de l'air, font tellement volatiles, qu'elles s'évaporent entiérement, à l'exception de la terre feule. Si l'on confidere cette terre attentivement, on n'y découvre que des os, ou des cendres, que le moindre fouffle peut emporter.

Pour remplir le but que je me pro-pofe, il faut examiner plus en détail cette terre animale : c'eft ce que je vais faire, & je commence par les humeurs, qui, par l'efficace des fa-cultés naturelles de l'animal dans le-quel elles fe trouvent, ont perdu la crudité qu'elles avoient en y entrant, & ont retenu la nature propre à cet animal. Mettez ces humeurs dans des vafes nets, luttés & fermés exacte-ment; & fi enfuite on les expofe à l'action d'un feu doux dans le commencement, & qu'on augmentera successivement jusqu'au 212 dégrés, ce dégré de chaleur continué longtems en fera sortir une si grande quantité d'eau, que personne n'auroit jamais soupçonné qu'il en entrât tant dans leur composition. Cette eau paroît être à plusieurs égards la même que celle qui se tire des végétaux, & dont il a été parlé ci-devant. Elle n'en differe qu'en ce qu'elle a une odeur forte & pénétrante, & un goût assez désagréable ; mais comme les deux principes, qui font la cause de cette double difference, ne donnent aucune matiere terreftre, ils n'entrent pour rien dans le but que nous avons actuellement en vue. Preffez par un feu plus vif tout ce qui reste de ces humeurs, après que la chaleur de l'eau bouillante en a fait sortir tout le phlegme, ce résidu, qui consiste dans une masse séche, & un peu brûlée, vous donnera une liqueur légere, jaunâtre, & moins volatile que l'eau précédente. Cette liqueur, qu'on appelle Esprit, a une mauvaise odeur, & elle eft affez faline pour fermenter avec les acides ; lorfqu'on la fépare exactement de toute autre matiere, & qu'enfuite on la fait diftiller de nouveau dans des vafes bien nets, elle laiffe des féces, qui réfoutes par la combuftion, & bien purifiées, donnent quelque peu de terre de la même nature que celle dont il a été parlé. De forte que la terre commence déja à monter avec cet efprit, & peut en être tirée. Après que vous aurez féparé par le dégré de chaleur requis tout l'efprit qui étoit dans cette maffe d'humeurs, continuez à expofer ce qui refte de cette maffe a un feu plus violent, vous aurez une affez grande quantité d'huiles animales diftillées. Ces huiles, dans une nouvelle diftillation, laiffent encore au fond du vafe beaucoup de terre fixe, comme nous avons vû que cela arrivoit dans la diftillation des végetables ; & de cette maniere les huiles animales peuvent être converties, par des diftillations réiterées, en une nouvelle terre, jufqu'à ce qu'enfin ce qui en refte foit une huile très-fubtile, prefque fpiritueufe, & purifiée de toute matiere terreftre. Par conféquent il faut auffi attribuer à la terre la fpiffitude, la ténacité & la fixité de ces huiles. Quant au fel volatil des animaux, que le feu exalte en partie avec ces huiles, ou qui en fort & qui fe fépare enfuite lorfqu'il commence à fe produire, il eft toujours affez étroitement uni à une grande quantité d'huile qui le fixe, le lie & le retient par fa vifcofité ; car dès qu'il en eft exactement féparé par quelque moyen chymique, il devient tout-à-fait volatil & quand on le diftille il ne dépofe aucunes féces. Cependant après une fublimation, faite par un feu doux, il laiffe toujours au fond du vafe une eau infipide, qui lui eft fi fort adhérente, lors même qu'il paroît le plus fec, qu'il n'eft prefque pas poffible de l'en féparer parfaitement. Ainfi toute la fixité de ces fels natifs, femble devoir être attribuée uniquement à l'huile qui fe trouve naturellement dans les animaux. Mais cette huile doit elle-même fa fixité & fa ténacité à la terre; par conféquent la terre eft réellement le lien qui arrête le fel animal, lequel autrement feroit trop volatil. Après que ces premieres huiles font forties, fi l'on augmente encore le dégré du feu, l'on aura une huile très-noir épaiffe, &

fort ténace; il arrive souvent que cette huile s'enfle, occupe tout le cou de la cornue, & passe ainsi dans le récipient : on la prendroit alors pour de la poix raréfiée : elle est plus pesante que toutes les liqueurs qui se tirent des végétaux, par les Opérations qui ont été rapportées. Lorsqu'on la distille de nouveau, elle laisse beaucoup de terre dans la cornue quoiqu'on l'agite par un feu très-violent. Si l'on a la patience de réiterer plusieurs fois cette distillation, cette huile devient de plus en plus liquide, & il reste toujours après chaque distillation beaucoup de terre. Par de telles rectifications je suis enfin parvenu à réduire quelques livres d'huile épaisse de corne de cerf, en une huile fort transparente, très-subtile & volatile, & en une grande quantité de matiere terrestre, pure, noire, huileuse, & qui brûlée par un feu nud, donnoit une terre tout-à-fait semblable à celle dont j'ai déja parlé. Je me suis convaincu par là, que cette derniere huile exaltée par un feu très-violent, enlevoit avec soi la terre à laquelle elle est adhérente. Ainsi quoiqu'on donne à cette liqueur le nom d'huile, ce n'est en grande partie que de la terre simple. Cela nous apprend donc que le feu peut rendre volatile la terre lorsqu'elle est mêlée avec des huiles, & que les propriétés de ces huiles, qui ne font élevés que par une très-grande chaleur, ne dépendent que fort peu de leur partie huileuse, mais doivent être presque toutes attribuées à leur partie terrestre. C'est la terre par exemple, qui les rend si fixes, si épaisses, si ténaces & si pésantes ; car dès qu'elle en est séparée, elles perdent toutes ces qualités. Ce qui nous prouve encore que la terre est mêlée intimément & presqu'inséparablement avec toutes sortes d'huiles animales, & que l'effet continuel de ce mélange est d'empêcher une trop grande volatilité : car comme les huiles rendent volatile en quelque façon la terre à laquelle elles font mêlées, celles-ci fait qu'elles ne font pas aisément volatilisées par l'action d'un petit feu. Comme les Esprits les plus volatils font retardés par l'huile, de même l'huile, qui autrement seroit trop mobile, est arrêtée par la fixité de la terre. Enfin si l'on a la patience de presser long-tems par le plus

haut

haut dégré de chaleur, les féces, fixes & noirs, qui restent dans le
fond de la cornüe, après que le feu
a chassé toute l'huile, on en voit sortir des fumées bleues, brillantes,
épaisses, mêlangées de petits corps,
qui sautent de tout côtés, qui étincellent, & qui reçus dans de l'eau froide s'y condensent, sont entraînés au
fond par leur pésanteur, s'y réunissent en petites masses, forment un
Phosphore qu'on appelle solide, pour
le distinguer de celui qui paroît auparavant en forme de fumée, & qu'on
pourroit appeller liquide. Ce Phosphore solide, exposé à l'air, s'allume donc, une petite flamme claire
s'envole en répandant une assez mauvaise odeur, & laisse un peu d'eau
très-acide, épaisse, & où il y a toujours quelques féces terrestres. On est
fondé à demander si ce corps singulier est une production animale ou
végétale, si c'est une véritable créature
du feu, ou s'il n'est point tout cela en
même tems? Ce qu'il y a de sûr c'est
qu'il brûle parfaitement, qu'il ne se
dissout point dans l'eau, quoiqu'il y
reste plusieurs années, mais qu'il s'y

C

fond par la chaleur comme la cire. Il eſt donc plutôt de nature huileuſe, que de nature ſaline ou terreſtre. Cependant il eſt très-différent de tous les corps que l'on range parmi les huiles ; ou parmi les ſubſtances huileuſes, & il ne contient que très-peu de terre.

Rapport qu'il y a entre les animaux & les Végétaux. Si l'on examine les féces qui reſtent après toutes les opérations que je viens de rapporter, on les trouve encore noires ; & ſi après qu'on les a ôtées doucement de la cornue, on les brûle à un feu nud, elles deviennent blanches, terreſtres, & conſervent encore leur figure. Cette hiſtoire des animaux & des végétaux, dans laquelle je me ſuis engagé, pour parvenir à la connoiſſance de la terre, nous apprend que toutes les propriétés de ces deux eſpeces d'êtres ont un ſi grand rapport entr'elles, qu'elles ſont les mêmes à pluſieurs égards. Ainſi il n'eſt pas ſurprenant qu'il y ait des animaux qui, par le moyen de leur vertu coctrice, puiſſent ſe nourrir uniquement de végétaux & d'eau. Auſſi paroît-il ſouvent que les corps des animaux, ne ſont autre choſe que des végétaux un peu changés : la

principale différence qu'il y a entr'eux
confiste dans leurs fels. Ceux de plufieurs végétaux font acides , ou auf-
téres , quoiqu'ils ayent leur dégré de
coction néceffaire , & qu'ils ayent revêtu la nature de la plante dans laquelle ils font : mais je n'ai jamais pu
trouver de fel acide , & moins encore
du fel auftere , dans les humeurs natives de quelque animal que ce foit ;
j'entend ces humeurs , qui par la faculté coctrice de l'animal ont été changées en fa nature , & non celles qui
font encore crues & qui confervent
les qualités des alimens qui font en-
trés récemment dans le corps. De plus,
les fels que donnent la plûpart des végétaux , lorfqu'on les brûle , font fixes ; au lieu qu'on n'a jamais pu tirer
par la même opération la moindre particule de fel fixe d'aucun animal , quoiqu'il y ait des végétaux , comme je le
prouverai dans la fuite , comme l'herbe au cuilliers , la moutarde , & quelques autres qui contiennent un fel alcali volatil femblable à celui des animaux. Les principales différences qu'il
y a dans la fixité de ces fels des animaux & des végétaux paroiffent te-

C ij

nir du mélange de la terre, ou des huiles confidérées en tant qu'elles font chargées d'une grande quantité de matieres terreftre. Par conféquent il femble que dans les animaux la terre s'unit moins étroitement & en moindre quantité avec leurs huiles & leurs fels, que dans les végétaux.

Remarquons cependant que la putréfaction, lorfqu'elle eft entiére, change tellement la nature des végétaux, que leur terre fe trouvant par là plus dégagée, fe fépare entiérement de leur matiere tant huileufe que faline : ainfi les végétaux qui brûlés avant d'être pourris, donnoient une grande quantité de fel alcali fixe, n'en donnent point, fi on les brûle après leur putréfaction ; tout le fel qu'on en tire alors eft volatil comme celui des animaux. Il n'y a donc rien de plus efficace pour dégager la terre d'avec les autres parties des végétaux que la putréfaction. Elle fépare & divife leurs élémens mieux que tout autre moyen ; elle détruit ainfi entiérement leur premiere forme, & fait qu'ils deviennent à peu près les mêmes que ceux des animaux. Par là même elle fait que les corps des animaux & des végétaux peuvent reproduire dans l'air, dans l'eau, & dans la terre, une nouvelle matiere propre à nourrir d'autres végétaux, & par-là même d'autres animaux. Elle est donc très-utile pour fertiliser la terre; & par conséquent tous les animaux, tant ceux qui existent à préfent, que ceux qui existeront dans la suite devant se corrompre par une suite des loix de la nature, fourniront toujours une nouvelle matiere qui rendra à la terre sa premiere fertilité & sa premiere vertu nutritive.

On pourroit peut-être croire, que, parce que la putréfaction sépare la terre des animaux & des végétaux d'avec leurs autres élémens, & rend par-là ceux-ci volatils, la fermentation doit produire le même effet. Mais on se tromperoit fort : car quoique la fermentation agite longtems & fortement les végétaux, elle ne peut cependant jamais bien dégager la terre élémentaire d'avec le sel & l'huile. Aussi ne les rend - elle pas semblables aux animaux, comme le fait la pourriture : elle augmente l'acidité de leurs sels, mais elle ne les empêche point de donner des sels fixés , lorsqu'on les brûle ; comme cela se voit dans le tartre. A la vérité elle convertit une espece d'huile végétale en un alcohol volatil , mais elle ne peut opérer ce changement sur toutes les substances huileuses d'une plante.

Tant d'expériences différentes suffisent ce me semble pour nous faire connoître la nature de cette terre élémentaire qui entre , comme principe constituant, dans la composition des animaux & des végétaux. Il paroît que cette terre est la même dans les uns & les autres de ces corps : car la différence qu'on y remarque n'est pas grande. Rien ne prouve cela plus clairement que cette considération : c'est que les coupelles , faites avec des cendres de végétaux , sont aussi bonnes que celles qui se font avec la plus pure terre des animaux ; & il n'importe pas si cette terre est tirée de la chair ou des humeurs des poissons, des oiseaux, ou des quadrupedes : son utilité est toujours la même à cet égard , pourvu qu'elle soit bien pure. Voyez là dessus *Lazar. Erker.* Cette terre donc sert au même usage dans les plantes

& dans les animaux ; elle donne aux corps des uns & des autres la fermeté néceſſaire ; elle eſt une baſe ſolide pour leurs autres élémens : c'eſt elle qui les fixe, les retient, les réunit, & qui leur donne la forme propre au corps qu'ils doivent compoſer : ſans elle ils ne ſont plus qu'une maſſe informe, ou qu'un amas de parties diſſoutes, libres, volatiles, & qui ſe ſéparent les unes des autres. Par ſa fixité & par ſa ténacité elle les lie, les joint, les arrange, & elle durcit tellement tous le corps qui en eſt formé, qu'il peut reſiſter à l'action de l'air, de l'eau, du ſoleil, & même d'un certain dégré de feu. Cependant cette même terre élémentaire, lorſqu'elle eſt pure & bien ſéche, ne ſçauroit ſe réunir en une ſeule maſſe, ſans le ſecours de l'eau ou de l'huile, qui lui tiennent lieu de ciment & lie entr'eux ſes élémens, qui ſans cela reſteroient toujours ſéparés.

Si l'on brûle à un feu nud des animaux entiers, juſqu'à ce qu'ils ſoient entiérement conſumés, il ne reſte rien que des cendres blanches, qui étant broyées donnent une terre purifiée de

C iv

toute huile & de tout sel, & parfaitement semblable à celle qu'on tire
des animaux par les opérations précédentes ; aussi peut-elle servir précisément aux mêmes usages.

Passons à présent aux fossiles, &
examinons la terre qu'ils contiennent.
Ceux qui se présente les premiers
sont les sels natifs, sçavoir le nitre,
le sel gemme, le sel de fontaine, & le
sel marin. Ayez ces sels aussi purs qu'il
est possible : dissolvez - les dans de
l'eau nette, & ensuite faites les digérer fort longtems dans des vases
bien fermés ; ils vous donneront une
terre qui se précipitera au fond, &
qui ne sera pas soluble dans l'eau.
Mettez cette liqueur ainsi purifiée, &
qui est déja fort transparente, dans un
endroit où il n'y ait point de poussiere, & laissez-la évaporer jusqu'à ce
qu'il paroisse une pellicule sur sa surface. Transportez - la alors dans un
lieu frais en la secouant le moins que
vous pourrez, elle vous donnera des
petites glebes salines, d'une figure
déterminée, transparentes, pures, &
qui, si elles sont bien préparées, forment toujours une espece de sel diffé-

rent de tout autre : les Artiftes leur donnent le nom de criftaux. Séparez prudemment d'avec le fel la liqueur qui ne fera pas coagulée, & épaiffif-fez la de nouveau, jufques à l'apparition de la pellicule, & vous en ti-rerez de la même maniere des criftaux falins, mais moins nets & moins purs. Continuez cette opération fur la li-queur qui reftera, & vous aurez après la derniere criftallifation, une liqueur graffe, faline, qui ne fe feche qu'a-vec beaucoup de peine, mais qui une fois fechée donne quelque peu de ter-re. Si vous en faites évaporer l'humi-dité par le feu, il vous reftera une maffe, qui fe diffoudra de nouveau très - promptement dans l'air, & qui fera d'un gout âcre & auftere. Cependant par chacune de fes opérations il fe produira toujours quelque peu de terre pure, dont le total fera affez con-fidérable, & qui devra fa naiffance à un fel foffile. Enfin à force de réitérer ces criftallifations & ces folutions, tout ce fel devient volatil, difparoît à nos fens, & s'évapore entiérement. Ce qui en refte, n'eft que de la terre; tous les autres principes, qui unis

C v

avec elle, formoient le sel, s'en sont séparés & sont devenus si subtils, qu'il n'y a plus moyen de les rendre sensibles, & si volatils, qu'ils ne peuvent pas rester en repos. Les anciens Chymistes ont déja connu, & même ils ont décrit ces expériences sur la terre des fossiles. Voyez *du Hamel Hist. de l'Acad. Roy. des Sç. 1701. p. 16, 17.*

& par la distillation.

On peut encore parvenir à séparer cette terre, en suivant cette autre méthode. Prenez de ces mêmes sels fossiles, aussi purs & aussi secs que vous pourrez les avoir ; pulverisez les, & les mêlés exactement avec le triple d'argile séche, de bol, de farine, de briques pilées, ou de terre pure ; exposez les ensuite à l'action du plus haut dégré de feu : par là vous les séparerez en une partie acide, volatile, liquide, corrosive, & en une autre partie fixe, qui restera dans le vase où vous aurez mis ce mêlange. Séparez cette partie fixe d'avec la terre, en la faisant cuire avec de l'eau ; épurez ensuite cette eau, en la laissant reposer & en la filtrant ; après quoi cristallisez la, & elle vous donnera

un sel assez semblable à celui que vous
aurez employée dès le commencement pour cette distillation, avec
cette difference pourtant, c'est que si
c'est du nitre, il sera alcalescent après
l'Opération. Faites encore dissoudre
ce sel, & épaississez & cristallisez cette
solution comme auparavant, vous en
tirerez une grande quantité de terre
tout-à-fait semblable à celle qu'on en
auroit tiré par la méthode précédente.
Quant à la liqueur acide, que la distillation fait sortir de ce sel, faites
la distiller de nouveau dans des vaisseaux nets; elle laissera au fond des
féces jaunés, dans lesquelles on trouve
aussi quelquepeu de térre, lorsqu'on les
fait sécher. Lorsque ces sels acides font
ainsi purifiés de toute la terre qui leur
est adhérente, ils sont si volatils qu'ils
ne sauróient rester en repos : ils se meuvent continuellement sous la forme de
fumées volatiles, qu'on a beaucoup de
peine à retenir dans des vases, & qui
se dissipent d'abord des qu'elles sont
contigues à l'air; cela se voit manifestement dans la distillation de l'eau
forte, de l'Esprit de sel nitre, de
l'Esprit de sel de glauber, où le sel

acide volatil, & pur, se dissipe d'abord de soi-même en fumées, sans y être obligé par aucune cause extérieure. Si l'on fait bien attention à tout cela, l'on trouvera peut-être qu'il n'y auroit aucune absurdité à dire que ces sel acides ne sont jamais tranquils par eux-mêmes dans l'air, mais qu'ils doivent principalement leur repos, ou, comme les Artistes l'appellent, leur fixité, à la terre, qui est cachée dans leur substance, qui les lie, & qui fixe leur volatilité ; au lieu que quand une fois ils sont entierement délivrés de cette espèce de prison, & en pleine liberté : alors ils recouvrent leur volatilité propre & primitive. Si la chose est telle, il s'en suit que les sels les plus simples, tant les acides que les alcalis qui se trouvent dans le même cas, comme cela paroît par les expériences précédentes, sont toujours volatils par une suite de leur grande pureté, & qu'ils deviennent fixes, quand ils sont joints à de la terre. Il y a cependant deux remarques à faire ici. La premiere, c'est que l'acide du vitriol & du souffre brûlé, est fixe à un feu de 560 dégrés, quoi qu’il ait été rectifié par plusieurs diftillations, & qu’il ait dépofé fes féces au fond du vafe. Cela peut dépendre de quelque autre matiere non acide, qui eft, fi l’on veut de nature métallique ou terreftre, & qui eft fi intimément mêlée avec cet acide, qu’on ne peut l’en féparer que très-difficilement : ce qui femble confirmer la chofe, c’eft que durant la diftillation le récipient eft rempli d’une vapeur très-volatile, & qui répand promptement de tout côté une fumée mortelle, fi malheureufement elle s’échape par quelques fentes. La feconde remarque qu’il y a à faire, c’eft que les fels acides les plus volatils, unis à quelque alcali, auffi très-volatil, fans aucune terre qui les fixe, forment un fel ammoniac compofé & demi fixe. Mais revenons à notre fujet. Si l’on fait avec l’alun foffile les mêmes Opérations qu’avec les fels précédents, en le diffolvant & en le coagulant, on en tirera auffi une grande quantité de terre, & il deviendra volatil dès que cette terre en fera entiérement féparée. Lorfqu’on le diftille il donne auffi des ef-

prits très-volatils & très dangereux, &
laisse au fond de la cornue une grande
quantité d'une espèce de terre à chaux.
Poussant plus loin mes experiences à
cet égard, j'ai fait dissoudre du vitriol
dans de l'eau, & ensuite je l'ai fait
digerer : par là j'en ai tiré une très-
grande quantité de cette terre jaune
qu'on appelle Ocre. Si l'on a la patience de réiterer plusieurs fois ces
solutions & ces cristallisations , &
de séparer toujours à chaque opérations le sédiment qui tombe au fond
du vase, on parvient enfin à convertir
la plus grande partie du vitriol en une
chaux jaunâtre , d'où la partie volatile s'est exhalée dans l'air : & en une
liqueur épaisse , austere & grasse. Je
sais bien qu'on ne peut pas regarder
ces feces comme une terre élémentaire:
c'est plutôt de la chaux de fer corrodé:
mais cependant à l'égard des autres
circonstances , cette Analyse du vitriol ressemble aux Opérations précédentes. Cette chaux, exposée à
un grand feu, se convertit en cuivre
ou en fer, suivant la nature du vitriol qu'on a employé : ce qui nous
apprend quel jugement nous devons

porter sur le sentiment de ceux, qui ayant vu cette chaux se séparer du vitriol métallique, ont cru que la terre entroit dans la composition des métaux. Je ne me rapppelle aucune expérience qui m'ait fait voir de la véritable terre dans ces corps ; la matiere qu'on donne pour telle peut se convertir en verre, & prouve par là même qu'elle n'est pas de la nature de la terre, mais qu'elle approche plus de celle des métaux.

Les souffres fossiles liquides, & les corps qui en sont formés, comme l'asphalte, les bitumes, le Naphte, les Petroles & l'huile de terre, exposé à l'action du feu nud, s'enflamment, donnent des fumées noires & acides, produisent de la suye, & après qu'ils sont consumés, laissent quelque peu de matiere terrestre au fond du vase : si par une combustion ultérieure, on convertit cette matiere en chaux, on en tirera une terre pure, & tout-à-fait semblable à celle que donnent les animaux, les végétaux & les sels fossiles.

Le véritable souffre, exhalté par la force du feu, en forme de fleurs dans des vases fermés, laisse toujours quelque peu de terre après la premiere Opération. Mais ces fleurs, sublimées de nouveau, n'en donnent presque aucune. Cependant si l'on mêle intimément par le moyen du feu, une certaine quantité de souffre très-pur, avec une égale quantité de sel alcali fixe, bien purifié ; l'on aura une masse, qui exposée à l'action de l'air dans un vaisseau de verre net, se résoud d'abord en une liqueur, qui dépose au fond beaucoup de véritable terre. On pourroit attribuer à l'alcali la production de cette terre ; je n'en disconviens pas : mais d'un autre côté je puis assurer hardiment que l'huile, qui se joint avec l'acide fossile, pour former le soufre, contient & donne une grande quantité de terre : ainsi rien n'empêche de croire que cette terre se reproduit par la décomposition du soufre, & qu'ainsi revivifiée elle devient sensible pour l'opérateur.

Les anciens Chymistes, qui connoissoient uniquement les loix de la nature par les expériences qu'ils avoient faites, croyoient que l'or &

Y a-t il de la Terre dans les métaux ?

l'argent n'étoient composés que d'un argent vif, très-homogène, & d'un autre principe qui lui donnoit la fixité & la ductilité sous le marteau. Pour ce qui est des autres métaux, ils disoient qu'outre ces deux principes, ils étoient encore composés d'une autre matiere, qui ne pouvoit pas résister à l'action du feu, qui étoit un peu grasse, qui avoit quelque inflammabilité, & qui se mêloit & se coaguloit très-étroitement avec eux, dès le commencement de leur formation. S'ils ont reconnu d'autres principes dans les métaux, à peine en ont-ils fait quelque mention. Quant aux modernes, fondés aussi sur leurs propres expériences, par tout où ils traitent de l'analyse & de la composition des métaux, ils disent que ce qui fait leur base stable, est une terre vitrifiable. Mais à mon avis, ce qu'ils tirent des métaux, n'a pas les caracteres de la véritable terre & on ne doit point lui en donner le nom, si l'on veut parler exactement. Au moins puis-je assurer que quoique j'aie beaucoup travaillé sur cette matiere, jusqu'à présent il ne m'a pas été possible de découvrir aucune terre dans ces corps.

Si l'on fait passer du mercure, tiré fraîchement de la mine, à travers un cuir épais, en le pressant fortement, il semble laisser quelque peu de terre au dedans du cuir. Si après qu'il est ainsi purifié, on le fait distiller dans un vaisseau de terre bien net, il s'en sépare quelques féces, mais en très-petite quantité, & presque sans aucune pesanteur. Ayant soigneusement examiné cette matiere, qui se détache ainsi par la distillation, je n'ai pas osé lui donner le nom de terre, parce qu'elle n'en a pas les caracteres, que j'ai rapportées ci - devant. Mais si vous voulez pousser plus loin l'expérience, mettez du mercure, ainsi purifié par la distillation, dans une bouteille de verre vert, & assez épaisse pour qu'on puisse la secouer avec le mercure, qu'elle contient, sans craindre de la casser : bouchez ensuite cette bouteille avec un bouchon de liége environné d'une vessie de cochon, & couvert de poix partout, de façon que de quelque maniere qu'on agite le mercure, il ne s'en

puiſſe rien échapper. Cela fait, ſe-
couez cette bouteille longtems & fortement ; & pour le faire commodément, attachez-la à l'aîle d'un moulin à vent, ou à une voiture avec
laquelle ou fait tous les jours de
longues traites ; par ce moyen le
mercure agité ainſi continuellement , ſe changera pour la plus
grande partie, ſans qu'il ſoit néceſſaire d'y rien ajouter , en une
poudre cendrée, ou noire, peſan-
te, ſeche, très-fine, d'une grande
efficace pour guérir toutes ſortes
d'ulceres malins, & qui n'eſt ſoluble, à ce qu'on croit, dans aucune liqueur. Nous devons cette
expérience qui eſt très - ſurprenan-
te, quoique peu connue au fameux
Homberg. Elle a fait dire à quelques
perſonnes, que par ce ſeul mouvement
mécanique, la ſubſtance même du mercure ſe convertiſſoit en véritable terre ; mais d'autres ont cru que pas ces
ſecouſſes , longtems continuées, le
vif argent ſe dépouilloit de la partie
terreſtre , que la nature fait entrer
dans ſa compoſition, & que la partie
mercurielle, qui reſtoit après cette

opération étant dégagée de sa terre inactive, devenoit plus agile, plus pure, plus propre pour les opérations secrettes de l'Alchymie, & que c'étoit le mercure des Philosophes qu'on cherchoit depuis si long-tems. Si l'on est curieux de sçavoir ce que je pense là-dessus, je dirai naturellement que cette poudre, qui vient d'être détruite, n'est point une terre élémentaire, & beaucoup moins encore une terre qui entre, comme principe constituant dans la composition du mercure natif. Si l'on se donne la peine d'examiner cette terre en la calcinant sur le feu, & d'observer exactement les différentes couleurs singulieres qu'elle prend successivement, & surtout si l'on veut refléchir sur la propriété qu'elle a de guérir les ulceres chancreux, je doute qu'alors on la regarde comme une terre pure & simple du mercure : ou s'il restoit encore quelques scrupules là-dessus, ne seroient-ils pas entiérement levés par cette autre considération, c'est que cette terre se dissoud dans différens menstrues, & qu'ensuite elle peut être réduite de nouveau en véritable argent vif ? En usant du

privilege que me donne une longue
expérience dans ces sortes de choses,
qu'il me soit permis de dire ici, que
ceux qui embrassent un sentiment, en
formant des conclusions trop précipitées, sont peû propres à faire de
grands progrès dans la Chymie; &
que les secrets de cette science ne se
découvrent que par ceux qui, sans se
rebuter dú travail, comparent soigneusement entr'eux les différens succès de plusieurs expériences. Mais
pour revenir à mon sujet, je remarque
que s'il est difficile de faire voir qu'il
y a de la terre dans le mercure, il est
au contraire aisé de se convaincre que
le mercure est un Protée, qui peut revêtir mille formes différentes, toujours
nouvelles, & en imposer ainsi à ceux
qui ne sont pas sur leurs gardes, quoique cependant il reste toujours le même dans le fond.

Si l'on examine scrupuleusement
les autres métaux, où y trouvera-t-on
de la terre? Sera-ce dans leurs chaux?
Mais ces chaux sont toutes de véritables métaux: car quoiqu'elles
soient insipides, fines, sans odeur,
& quelquefois mêmes pulvérisables,

Ni dans les autres mé-taux.

cependant elles recouvrent leur premiere forme par le moyen du feu, &
de quelques poudres revivifiantes,
comme on les appelle, ou de quelques autres ingrediens. Ainsi quiconque se croiroit autorisé à prendre ces chaux pour de la terre
élémentaire, seroit fondé à soutenir
qu'il peut convertir à volonté cette
terre en métal, sans beaucoup de peine. Et remarquons encore que les
métaux ainsi calcinés, peuvent être
changés en véritable verre par la force du feu, ou par l'efficace de quelques corps qu'on mêle avec eux. Or
ceux qui sont tant soit peu versés dans
ces sortes de choses, savent que
cette propriété ne se trouve gueres
dans la terre simple & pure. Cependant je dois avertir ici que dans une
analyse, faite suivant les regles de
l'Art, les métaux impurs, & sur tout
le fer, donnent quelque chose qui
approche fort de la nature de la terre,
mais en petite quantité, & même encore n'est-ce pas de la terre parfaite.
Pendant que je suis sur cette article,
il faut que je rapporte ce que toutes
les peines que je me suis données pen-

dant long-tems, pour examiner les métaux, m'ont appris. L'Or, l'argent, le cuivre, l'étain, le plomb, préparés auparavant par une certaine méthode fort simple, & mêlés exactement avec du mercure bien pur, se dissolvent entiérement ; si alors on les laisse digerer, & ensuite on les agite long-tems en les secouant ou en les broyant, on en tirera de ce mêlange une grande quantité de poudre insipide, sans odeur, fine, très-noire, & qui sera toujours de même espèce, quel que soit le métal qu'on ait employé. Cette poudre étant entierement séparée par la lotion & par l'agitation, laisse la masse métallique pure. Cette masse secouée ou broyée de nouveau, produit encore de cette même poudre en abondance ; & cela lors même qu'on continue cette opération pendant des années entieres, comme je l'ai fait plusieurs fois. Si les Auteurs, qui pretendent qu'il y a de la terre dans les métaux avoient fait cette expérience avec la même application que j'ai apportée en la faisant, ils n'auroient pas manqué d'alléguer la poudre qui se pro-

duit ici, pour appuyer leur sentiment.
Pour moi, qui ai fait des efforts inutiles
pour pousser cette expérience jusqu'à sa
fin, je suis obligé de dire que cette poudre n'est point de la terre, mais une production métallique très-singuliere, &
dont les propriétés m'ont paru admirables. Mais ce n'est pas à présent le tems
de m'étendre davantage là-dessus ; je
crois en avoir dit assez pour ceux qui
sont versés dans ces sortes de choses.
Celui donc qui voudra trouver de la
véritable terre dans cette poudre métallique en viendra difficilement à
bout ; mais cependant il découvrira
plusieurs choses, ausquelles il ne pen-
soit point. Lorsque je réfléchis sur tout
ce que j'ai remarqué en poussant mes
recherches à cet égard, je crois presque être en droit d'assurer qu'il n'entre aucune terre dans la composition
primitive de l'or, de l'argent, & du
mercure ; & que la nature de ces métaux est telle, que quoiqu'ils soient divisés en particules aussi petites, qu'il
est possibles, ils conservent toujours
leur fusibilité au feu, ou leur ductilité sous le marteau. Je puis assurer ceci de l'or ; c'est que par le moyen d'a-
cides

tides foſſiles, je l'ai réduit en liqueur, que je l'ai formé en pates molles, & que je l'ai calciné en pluſieurs manieres; car il n'eſt pas difficile de le convertir en une huile volatile de couleur de pourpre, de le changer en une eſpece de beure, de le vitrifier, & de le rendre très-ſemblable à de la terre. Cependant, j'ai toujours trouvé qu'après ces opérations il redevenoit par la réduction, un or auſſi parfait qu'auparavant, & ſans que ſon poids fut augmenté ou diminué. Je l'ai même diſtillé un très-grand nombre de fois avec du mercure, mais toujours il eſt reſté le même: j'ai eu la patience d'en faire autant avec l'argent, & ça toujours été avec le même ſuccès. Toutes ces conſidérations me font encore admirer les anciens Chymiſtes, qui ont dit ouvertement que l'or & l'argent ne devoient leur origine qu'au mercure fixé & condenſé par le ſouffre; & que les autres métaux étoient produits par les différentes combinaiſons d'un mercure & d'un ſouffre moins purs.

Nous pouvons à préſent déduire les Corollaires ſuivans de ce qui vient

Corollaires

D

d'être dit. I. La même Terre simple &
élémentaire concourt , comme principe conftituant , dans la formation
des Corps des Animaux , des Végétaux , & de quelques Foffiles moins
durables & moins fimples que les autres. Elle y fert de baze ferme , qui
donne la forme au Corps & qui joint
les autres principes avec elle-même &
entr'eux , pour qu'ils compofent un
feul Corps déterminé. Par là auffi elle
fixe les parties, qui feroient trop volatiles par elles mêmes , elle les retient
& les empêche de fe diffiper : & ainfi
elle donne à tout le corps & à chacune
de fes parties , une confiftence de
quelque durée : elle eft la principale
caufe naturelle qui fait que fa ftructure
n'eft pas dérangée trop aifément ou
trop promtement par l'Air , par l'Eau,
par fes propres humeurs & même par
le Feu : par conféquent c'eft à cette éf-
ficace que la Terre a de donner la
forme particulière à un Corps , qu'il
faut principalement attribuer la faculté que ce Corps a d'imprimer le caractère de fa propre nature à ce qui
lui fert de nourriture , & en quelque
maniére auffi cette vertu féminale , par
laquelle il peut produire d'autres corps

de son espèce : car il n'est plus en état d'opérer rien de semblable, dès que sa structure, qui dépend sur tout de sa terre, est détruite. 2. Tous les corps donc, composés de la même terre, ont beaucoup de rapport entr'eux ; & cela non seulement à l'égard de leur terre, mais encore à l'égard des autres principes qui entrent dans leur composition. Tous les animaux, par exemple, se ressemblent en plusieurs choses. Tous les végétaux ont différentes propriétés en commun. Les Elémens des Animaux se changent tous les jours en matière végétable, pendant que d'un autre côté les Animaux convertissent presque à chaque moment en leur propre substance les Végétaux dont ils se nourrissent. Il en est à peu près de même de la plûpart des Sels, qui ont la même Terre pour principe. On ne peut pas dire, par exemple, que la nature du Nitre & du Sel Marin, n'ait aucun rapport avec celle du Corps animal ; & la Terre qui est dans ces sels est de la même espèce. De là vient aussi que les Sels alcalis fixes, pris en dose médiocre, contractent si aisément notre nature.

D ij

Si un Homme sain & robuste en prend
une certaine quantité, en mettant entre chaque prise un intervalle convenable, ils quitteront leur fixité dans
son Corps, & ils n'en donneront même aucune marque dans son urine.
3. Par conséquent les Corps qui ont
pour principe la même Terre, se
changent aisément les uns dans les autres. 4. Le Fer, qui qui semble être le
Métal dont la Terre approche le plus
de la Terre végétable & animale, a
aussi beaucoup d'affinité avec les corps
des Animaux & des Végétaux, &
peut-être même s'y digere-t-il en
quelque façon. De là vient qu'il est un
excellent reméde contre diverses maladies du Corps humain, sur lequel les
autres Métaux agissent avec trop de
violence. 5. Ces autres Métaux aiant
du Mercure & non de la Terre pour
base, semblent être immuables dans
tous les Corps animaux, & il ne paroît pas qu'ils puissent être digerés
par notre faculté concoctrice : aussi
restent-ils toujours étrangers & nui-
sibles à notre Corps : s'ils sont quelquefois utiles dans certaines maladies
indomtables, ils demeurent toujours à
un autre égard supérieurs à toutes les

forces de notre Corps. 6. Si donc il n'y avoit ni Terre ni Mercure dans la nature des choses, est-ce qu'alors tous les autres Corps, qui nous sont connus, seroient volatils, & si subtils qu'ils échaperoient à nos sens, & ne consisteroient que dans des Atomes flottans de tous côtés dans l'Air? Ce qu'il y a de vrai, c'est que le Soufre métallique, avant que de fixer le Mercure, & d'en être fixé, est reconnu par les Alchymistes pour le Corps le plus volatil & le plus subtil. Quant aux autres Corps, après ce qui a été dit ci-devant, nous ne pouvons guères douter qu'ils ne soient dans le même cas. 7. La Terre est le principal ingrédient avec lequel se font les instrumens & les vases qu'emploient les Chymistes. Le Sel qui entre dans la composition de toutes sortes de Verres, contient beaucoup de véritable matiére terrestre ; & à cet égard l'on peut dire que le Verre doit son origine à la Terre. Quant aux vases de poterie, ils sont faits, en grande partie de Terre pure, unie & liée en une masse solide par de l'Eau : ce qui est vrai aussi de la porcelaine, quoique

D iij

ce foit une efpéce particuliére de Terre. Il femble qu'on peut auffi ranger ici la Craie, qui a beaucoup de rapport avec la matiere dont fe font ces Vafes. 8. La Terre mêlée en quantité convenable avec des Sels fixes & purs, les empêche de fe fondre lorfqu'on les expofe à l'action d'un Feu vif, ce qui ne manqueroit pas de leur arriver s'ils étoient fans elle. Mais en même tems qu'elle fait que ces fels ne fe fondent point fur le Feu, elle les rend volatils, quelque fixes qu'ils foient d'ailleurs. On en a une preuve dans le Sel de Tartre : S'il eft bien pur, il fe fond fur le Feu, & y refte longtems fixe, à moins qu'il ne pénétre par les pores du vafe qui le contient : mais fi on le mêle bien avec trois fois autant de Terre pure, avec des os calcinés par exemple, & fi enfuite on le remet fur le même Feu, bien-tôt il s'envole prefque tout fans fe fondre. Il en eft de même du Nitre, & fur-tout du Sel Marin : ces Sels expofés feuls dans des vafes, à l'action d'un grand Feu, fe fondent & reftent fixes ; mais mêlés avec de la terre ils fe convertiffent en acides, deviennent volatils, & ne fe fondent point. 9. La terre pure eſt auſſi d'une grande utilité aux Chymiſtes , lorſqu'ils veulent ſéparer exactement les Sels des Animaux & des Végétaux, de toute l'Huile qui leur eſt fortement adhérente, & qui les rend très impurs; pour cela ils les mêlent avec de la terre bien pure , afin qu'exaltés par la force du feu , ils deviennent blancs comme de la nége, étant délivrés de cette Huile empyreumatique qui les ſalit, & qu'ils dépoſent dans cette terre ; il ſeroit très difficile de les purifier autrement. Au reſte plus la terre qu'on emploie à cela eſt pure, en grande quantité, & ſeche, plus on fera ſûr d'avoir du Sel bien purifié, ſurtout ſi la ſublimation ſe fait dans un vaſe fort haut & à petit feu. De-là dépend tout le ſuccès de cette Opération, dont on a fait ci-devant un grand ſecret. 10. Cette même Terre mêlée encore avec pluſieurs corps, en fait ſortir des vapeurs venteuſes, qui autrement les enflent ſi fort dès qu'ils ſont ſur le feu, qu'ils ne ſauroient ſoutenir la chaleur requiſe pour la diſtillation, ſans ſe gonfler au point qu'ils montent au haut de la

D iv

cornue, passent dans le Récipient, &
& dérangent ainsi toute la distillation.
Ceux qui voudront, par exemple,
distiller du miel ou de la cire, sans y
rien mêler, perdront leur peine : car
un Feu doux ne sauroit jamais séparer
leurs parties tenaces les uns des autres ; & si on leur applique un feu
plus vif, elles se raréfient comme des
éponges, se fondent, & passent ainsi
par le cou de la cornue, après avoir
souffert quelque changement, sans
être cependant bien séparées. Mais si
un Artiste, instruit par l'expérience,
mêle un certaine quantité de terre
avec ces deux substances, leur visco-
sité les tiendra attachées à cette terre,
& fera qu'elles pourront soutenir un
feu assez violent, sans que cet incon-
vénient soit à craindre : cela les em-
pêchera de se gonfler, & alors le feu
agissant sur elles séparera leurs parties
d'une maniére égale & uniforme. Cela
n'arrive pas seulement aux corps vis-
queux ; il y en a bien d'autres qui sont
dans le même cas. Si l'on distille prudemment & lentement du sang, des
oeufs, de l'urine, jusqu'à ce qu'on en
ait fait sortir tout ce qu'il y a de volatil, & qu'il ne reste au fond de la

cornue qu'une matiére fixe & ténace comme de la poix; & si alors on pousse le feu au plus haut dégré, toute cette matiére se raréfiera, mais sans se séparer, montera dans le cou de la cornue, le remplira, & le bouchera entiérement; cependant la matiére qui sera au-dessous, se dilatant de même, & ne pouvant pas s'échaper, fera sauter la cornue en mille pieces, avec une impétuosité qui peut avoir des suites très funestes. On prévient cet accident en mêlant quelque poudre terrestre avec ces corps quand on veut les distiller. De-là vient que l'addition de la terre est d'une grande utilité pour la production du phosphore d'urine qui se tire par le plus haut degré du feu. 11. Tout ce que j'ai dit jusqu'à present sur la nature de la terre élémentaire, ne doit pas être appliqué à notre sable commun, que bien des gens regardent mal-à-propos comme de la terre: mais qui vu avec le microscope, lorsqu'il est bien pur, paroît n'être autre chose qu'un amas de petits cristaux transparens, polyèdres, & différens en grandeur & en figure; d'ailleurs l'on sait depuis long-

tems que ces cristaux, mêlés avec du
sel alcali fixe, se convertissent aisément en verre. L'Auteur de la nature
les a dispersés par tout, afin que l'eau
pénétrant dans les intervalles qu'ils
laissent entr'eux, pût fertiliser la terre,
qui sans cela deviendroit en peu de
tems, au grand dommage de ses habitans, une masse compacte, & d'une
dureté égale à celle de la pierre. On ne
doit pas non plus rapporter à la classe
de la terre élémentaire, les bols, &
les terres médicinales, auxquelles on
donne le nom de sigillées ; car qui ne
sait que ce sont là des corps composés ? Il y a déja long tems que ceux
qui ont écrit sur l'histoire naturelle,
ont remarqué qu'une certaine matiére
grasse dominoit dans quelques unes
de ces terres ; c'est pourquoi il les ont
appellées *Axungia Terræ*, ou graisse
de la terre. Dans d'autres il y a beaucoup de matiére saline astringente,
& quelquefois alumineuse, vitriolique, ou telle autre semblable, d'où
dépendent leurs vertus particuliéres.
Je conviens cependant que quand
l'eau & le feu ont déployé toute leur
efficace sur ce bols, ils perdent alors
leur vertu médicinale, & approchent

davantage de la nature de la terre pure. Mais celui de tous ces corps, auquel le nom de terre, pris dans un sens chymique, convient le moins, est la terre sur laquelle nous marchons, & qui nous fournit ce qui sert à nous conserver en vie & en santé. Elle contient des Argilles grasses, des bols dont on fait usage dans la Médicine, des sables stériles, des petites pierres, de l'eau, de l'air, des huiles, des sels & des élémens de corps d'Animaux & de Végétaux, dissouts & confundus ensemble. Ainsi bien loin de la regarder comme un élément, il faut au contraire la considérer comme un Chaos de tous les Elémens, & des corps que ces Elémens composent.

Je pourrois ajouter encore ici plusieurs autre choses sur la terre, si je ne craignois pas de tomber dans une ennuiante longueur ; je sens même que je me suis déja trop étendu. Mais tout ce que j'ai dit me paroît utile & même nécessaire ; ainsi j'espere qu'on me pardonnera d'avoir été si diffus, & cela d'autant plus que je crois avoir expliqué, si non entiérement, du moins fidélement, la nature de ces quatre Elémens, qui, suivant le sentiment des plus anciens Philosophes, forment par leur réunion tous les corps naturels. J'espere aussi qu'on aura vu avec plaisir que j'aye ajouté ce que les Alchymistes ont pensé de chacun d'eux. Enfin je me flatte qu'on ne m'accusera pas de vanité, si j'ose dire que, dans ce que j'ai avancé, on trouvera peut-être des choses qui n'ont pas encore été publiées. On a vu que les corps, qui passent communément pour être des Elémens, sont mêlés avec une infinité d'autres choses, & que par là même ils sont très-composés ; mais que si on peut parvenir à les séparer artificiellement de toute autre matiére, & à les avoir seuls, alors ils surpassent tous les autre corps en simplicité. Qu'y a-t-il de plus simple que le feu, l'air, l'eau & la terre ? Mais en même tems, qu'y a-t-il, dans un autre sens, de plus composé ? J'ai tâché de ne rien affirmer sur ces Elémens qui ne fut solidement démontré ; & lorsque j'ai eu quelque raison de douter, j'en ai averti, & je ne me suis point hâté de tirer des conclusions.

F I N.

TRAITÉ

DES

MENSTRUES CHYMIQUES.

DE M. BOERHAAVE.

Pour servir de suite à ses Elémens de Chymie.

A P R E'S avoir suffisamment examiné les quatre instrumens que l'art & la nature emploient dans leurs opérations, passons à un cinquiéme d'une espéce différente, & qui appartient presque en propre à la Chymie ; aussi les Chymistes le placent-ils dans le premier rang, & ils se vantent avec raison de pouvoir exécuter par son moyen les merveilleux effets de leur art : c'est celui auquel ils donnent le Nom de *Menstrue*.

Par ce mot ils entendent un corps, qui, s'il étoit appliqué à un autre suivant les regles de l'art, le diviseroit en petites parties, de façon que les particules du diſſolvant ſeroient entiérement confondues avec celles du corps diſſout. J'employe cette définition, pour bien diſtinguer la maniére dont les menſtrues agiſſent, d'avec les autres ſolutions, & ſurtout de celles qui ſe font mécaniquement. Dans ces derniéres, le diſſolvant ſe ſépare, ſans ſouffrir aucune diviſion du corps qu'il a diſſout; & après la ſolution, chacun d'eux ſe range dans la place qu'il doit occuper par une ſuite de ſa gravité ſpécifique.

Origine de ce nom. Commé ce diſſolvant chymique, une fois appliqué au corps qu'il doit diſſoudre, eſt mis principalement en action par un feu modéré, ſoutenu continuellement pendant l'eſpace d'un mois philoſophique, ou de quarante jours, de-là eſt venu qu'on lui a donné le nom de diſſolvant menſtruel, & qu'enſuite on l'a appellé ſimplement Menſtrue.

Propriété d'un Menſtrue. Il ſuit donc de la nature du menſtrue, que quand il agit ſur un corps, il ſe diſſoud également comme le corps qu'il eſt occupé à diſſoudre. Cela arrive toujours de même; quoiqu'après la folution il puiffe arriver auffi que le diffolvant & le corps diffout fe féparent l'un de l'autre. Van-Helmont dit, il eft vrai que dans les folutions, qui s'opérent par le moyen de l'Alcaheft, le diffolvant & le corps diffout fe diftinguent en deux couches différentes, dont l'une eft au-deffus de l'autre : mais dans d'autres folutions il eft rare que cette fépara-tion ait lieu. La propriété diffolvante d'un menftrue confifte donc en ce que fes particules s'appliquent de tous côtés à celles du corps qui doit être diffout, s'infinuent & fe mettent en-tre d'eux, & par là même les divi-fent. Ainfi pendant que cela fe fait, il faut néceffairement que le menftrue foit feparé en parties très petites par le corps qu'il diffout comme celui-ci l'eft par le menftrue même. Ce qui prouve encore ce que je viens d'avan-cer, c'eft que l'action d'un menftrue, eft différente de toute divifion méca-nique. Car dans celle-ci, la caufe qui divife refte toûjours unie & entiere, auffi bien pendant la divifion qu'a-près. Pour s'en convaincre il n'y a qu'à confidérer attentivement l'action

d'un couteau , d'un coin , d'un épée,
d'un rabot , d'une hache , d'une fcie ,
d'un poignard , d'un térière , d'un fa-
bre &c. : lorfque ces inftrumens operent quelque divifion , ils ne fe féparent point en plufieurs parties,
mais ils reftent prefque tels qu'ils
étoient auparavant. Cependant fi l'on
examine la chofe de plus près , on
trouvera quelque raifon de douter, fi
chacune des particules d'un menftrue,
prife féparément, n'agit point comme
ces inftrumens, lorfqu'elle eft occupée à diffoudre. Au moins eft-il fûr
que chacune de ces particules doit
avoir une grandeur, une figure , une
dureté & un poids déterminé, & agir
par ces qualités , qu'on peut appeller
mécaniques. Il n'eft pas moins vrai ,
que puifque tout menftrue , confidéré
entant que diffolvant actuellement, fe
divife en patticules invifibles à caufe
de leur petiteffe , il doit par conféquent être fluide , & qu'au moment
même que la folution eft faite , le
corps, fur lequel elle a été exécutée,
eft auffi rendu fluide. D'où il fuit enfin
que dans le tems de la folution , le
menftrue & le corps qu'il diffoud,

font convertis en un seul corps fluide.

Il faut cependant remarquer ici *Division des Menstrues.* qu'il y a plusieurs menstrues, qui avant que d'être actuellement occupés à dissoudre, font souvent des corps denses, solides & durs; mais aussi long-tems qu'ils conservent cette forme, ils n'agissent point comme menstrues; quoique l'usage ait voulu qu'on leur en donnât le nom. De-là est venu que de tout tems les Chymistes on dit qu'il y avoit des menstrues durs ou solides, & qu'il y en avoit d'autres qui étoient fluides. Rien n'empêche qu'on admette cette division, pourvu qu'on ne perde pas de vue la distinction que je viens de faire.

Il est donc permis de rapporter aux *1. En Menstrues secs avant la solution.* menstrues durs, secs & solides les corps suivants, qui peuvent encore être rangés en classes particulieres. 1. Les six métaux solides, savoir l'or, le plomb, l'argent, le cuivre, le fer & l'etain. Ce corps, lorsqu'ils font froids, durs & solides, n'agissent point les uns sur les autres; mais lorsqu'ils font fondus par le feu, ils peuvent se mêler intimément ensemble, & ne former qu'une seule masse, qui paroît homogène à nos fens, & qui a ceci de fingulier, que dans chacune de fes particules, la proportion des métaux confondus eft toujours la même que dans le tout. Si par exemple vous mêlez par l'action d'un feu violent une once d'or avec dix onces d'argent, vous aurez un maffe de onze onces : donnez un grain de ce mêlange à un habile Effayeur, il en féparera une onziéme partie de grain, qui fera de l'or, & les dix autres parties feront de l'argent. Mais ce qu'il y a ici de plus furprenant, c'eft que par ce même moyen, on peut pouffer la divifion de l'or auffi loin qu'on veut, fans que jufqu'à préfent on ait trouvé aucune fin à cette divifion. Car mêlez fur le feu une partie d'or avec cent mille parties d'argent, & examinez enfuite une particule de ce mêlange, fi petite qu'il vous plaira, vous y trouverez toujours la même proportion. Ce qui demontre clairement le pouvoir extraordinaire qu'ont les métaux de fe divifer les uns les autres par leur feule fufion au feu. Confiderons ici le prodigieux dégré d'expanfion auquel cette petite portion d'or doit être portée, pour que dans une si grande masse on ne puisse assigner aucune partie d'argent, qui ne contienne une particule proportionnée d'or : particule qui ne souffre aucun changement, & qui ne perd rien de sa densité ni de sa simplicité, quoiqu'elle se trouve au milieu de parties qui ne le cèdent qu'à elle seule en immutabilité, en densité & en simplicité. C'est-là une remarque qu'il importe de faire ; & en même tems qu'elle nous fera connoitre une propriété bien surprenante, qu'il **a** plût à l'Auteur de la nature de mettre dans les métaux, nous appercevrons ici quelque chose qui approche de l'infini, & qui est au-dessus de notre intelligence. C'est peut-être la consideration de cette propriété qui a fait dire si souvent aux Chymistes que les métaux étoient ouverts par les métaux seuls ; que rien ne pouvoit être admis intimément ou entrer dans les métaux que les métaux mêmes ; & que le Mercure métallique étoit d'un subtilité infinie & restoit toujours le même.

2. Les demi-métaux solides, auxquels on peut rapporter l'antimoine, le cinabre, le bismuth, les marcasites &

le zinck. C s corps fondus au feu, comme les métaux, peuvent fe mêler auſſi & fe diviſer les uns les autres, fans que juſqu'à préſent on puiſſe fixer aucune borne à cette diviſion ; on peut encore l s confondre & les mêler de la même maniere avec les métaux ; il eſt vrai que cela réuſſit difficilement avec la cinabre, mais on peut en venir à bout aſſez aiſément avec les autres. Et ici il faut remarquer que ce mêlange prive conſtamment les métaux de leur malléabilité, & fait que ceux-là même, qui ſont les plus ductiles, deviennent fragiles & friables ; ce qui eſt encore vrai de chaque particule priſe auſſi petite qu'on voudra. Nouveau phénomème ſurprenant, qui mérite bien qu'on y faſſe attention. 3. On peut auſſi rapporter aux menſtrues ſecs & ſolides tous les ſels parfaitement ſecs, l'alun, le borax, le nitre, le ſel ammoniac, le ſel de fontaine, le ſel gemme, le ſel marin, les vitriols, le ſel alcali fixe & ſec, le Mercure ſublimé corroſif. Tous ces corps mis en action ou fondus au feu, produiſent par leur vertu diſſolvante des effets extraordinaires, que souvent on ne sauroit imiter par aucun autre moyen : ils peuvent aussi être divisés par le feu en particules très-petites , & être mêlés intimément, non seulement entr'eux , mais encore avec les métaux , les demi-métaux, & d'autres corps. 4. On doit aussi ranger parmi ces menstrues tous les fossiles sulphureux & durs ; savoir le souffre vif , le souffre commun, l'arsenic , l'orpiment , le cobaltum , qui excités ou fondus par le feu , se mêlent aussi entr'eux ou avec d'autres corps, & opérent des solutions singuliéres, qu'on auroit bien de la peine à produire autrement. 5. Enfin je mets au nombre de ces menstrues , ces corps fossiles, auxquels les Essayeurs donnent le nom de ciments. Car ils sont composés de sels , de souffres & de briques, reduites en une poudre séche , que l'on met entre des lames de métal pour en rehausser la couleur, ou pour les séparer les unes d'avec les autres.

Quand on parcourt les diverses espèces des menstrues , on en trouve qui laissés à eux-mêmes après qu'ils ont opéré leur solution , se coagulent

2. Menstrues secs après la solution.

en une maſſe dure , qui nous paroît
être ſimple & uniforme par tout. Cette
ſimplicité apparente eſt ſouvent ſi
grande , que , quoique la maſſe ſoit
compoſée de différentes ſubſtances ,
on n'y remarque cependant rien d'hé-
terogène. Mêlez , en quelque proportion que vous voudrez , de l'etain a-
vec du plomb fondu , ces deux métaux
ſe confondront comme l'eau ſe mêle
avec l'eau , ou le mercure avec le mercure. Auſſi long-tems qu'ils reſtent
fondus , on n'y remarque pas la moindre différence ; & en ſe refroidiſſant
ils ſe coagulent en une maſſe ſolide ,
qui paroît parfaitement homogène &
ſimple dans toutes ſes parties , & qui
demeure telle. La même choſe a lieu
dans tous les métaux , & dans quelques-uns des demi-métaux dont j'ai
parlé. A une livre d'etain fondu mêlez un ſcrupule de régule d'antimoine;
après que ce mêlange ſera refroidi
vous aurez une maſſe homogène , &
qui ſera tellement fragile dans toute
ſa ſubſtance , que quelque particule
que vous en preniez , elle n'aura jamais la ductilité naturelle de l'etain ,
& vous la trouverez ſi toujours mêlée

avec une quantité proportionnée d'antimoine. L'alcali fixe mêlé avec du sable ou des cailloux se convertit de même en un verre simple & homogène. Je pourrois rapporter ici une infinité d'autres exemples semblables ; mais comme ils sont suffisamment connus, je me contenterai de ceux que je viens d'alléguer. Dans tous ces mélanges le dissolvant & le corps dissout se divisent en particules très-petites, qui confondues ensemble forment un nouveau corps solide, qu'on ne soupçonnera jamais être composé de parties différentes ; à moins qu'on ne connoisse son origine, ou qu'on ne le décompose par d'autres expériences. Le souffre & le mercure, broiés ensemble, se changent de même en une poudre séche & noire. Cette poudre sublimée par un grand feu, donne un cinabre rouge, qui paroît très simple. On remarque aussi, en second lieu, qu'il y a plusieurs dissolvants fluides, qui dissolvent des masses solides, & les divisent en fort petites particules, mais qui après la solution, se réunissent pour former denouveau un corps dur, & souvent même sec. Pour ne

pas répeter ici l'exemple que je viens
de citer du mercure & du souffre, si
l'on considere presque tous les menstrues fluides des métaux, ne voit-on
pas qu'ils se changent avec les métaux, qu'ils ont dissout, en masses vitriolique assez solides ? La partie la
plus acide du vin, je veux dire le vinaigre, après avoir corrodé des coquilles d'huitres, des Pierres, ou des
crayes, se sépare de sa partie aquéuse,
& devient avec ces corps dissouts,
une masse séche & dure.

8. *Menstrues*
fluides avant
la solution.　Mais divers dissolvants, & peut-
être même la pluspart, sont liquides
avant la solution; & tels sont presque tous ceux que les Chymistes appellent communément menstrues.
Les Vinaigres, l'Eau, les esprits salins, acides, alcalis ou composés,
les huiles alcalines, faites par défaillance, & grand nombre d'autres, appartiennent à cette classe. Comme
tous ces menstrues ont la forme de liqueurs, leur action est plus aisée à
comprendre ; & cela d'autant plus
qu'on s'en sert tous les jours dans les
laboratoires de Chymie, ou dans les
boutiques de divers ouvriers.

Enfin

Enfin il y a des menstrues qui sont fluides avant la solution, & qui après la solution faite, restent fluides avec le corps qu'ils ont dissout. Cela ne se voit nulle part plus clairement que dans la solution des cinq métaux qui s'opere simplement par le mercure. Ces corps mêlés bien ensemble, suivant les régles de l'art, forment une pâte molle, qu'on peut délayer à volonté, en y versant davantage de mercure; & jusques à présent il n'a presque pas été possible de là rendre dure par aucun des moyens, que les Chymistes emploient communément. Quiconque en a le secret, mérite de passer pour un habile Artiste, & peut se flater de devenir riche; mais ceux qui le chercheront auront bien de la peine à essuier, & bien des difficultés à surmonter. Tous les Acides liquides, mêlés en grande quantité avec les métaux qu'ils ont dissout, restent aussi très-long-tems humides avec ces métaux, & ne se séchent que fort difficilement. De-là est venu que bien des gens ont regardé ces solutions

E

comme des huiles métalliques fixes, ou ils cherchoient mal à propos de merveilleux fecrets; tandis que dans la réalité ce ne font autre chofe que des fels acides, raffemblés en affez grande quantité autour des métaux. Au refte comme il y a un très-grand nombre de ces diffolvants, qui reftent liquides avec les corps qu'ils ont diffout, il n'eft pas néceffaire que je m'y arrête davantage.

Action des *Menftrues.* En confidérant ces diverfes efpéces de menftrues, nous trouvons que la plûpart réuniffent les corps fur lefquels ils opérent , en une maffe folide , avec autant de facilité qu'ils les divifent en petites particules. On obferve tous les jours que les particules d'un menftrue , & celles du corps qui en a été diffout, fe joignent d'abord emfemble après la folution, pour former un nouveau corps compofé, qui eft fouvent d'une nature très-différente de celle du corps diffout, mais où ceci a conftamment lieu : c'eft qu'après cette concrétion, les parties du diffolvant ne fe touchent plus, & font éloignées les unes

des autres par l'interpofition des parties du corps diffout ; tandis que ces
dernieres font auffi féparées par celles
du menftrue, qui fe mettent par tout
entre deux. Ainfi l'on comprend aifément que ces divifions, ces fépa-
rations, & ces concrétions de particules hétérogènes doivent produire
une grande variété dans les corps,
qui en réfultent. Cette variété eft fur-
tout remarquable lorfqu'il n'y a que
quelques parties du diffolvant & du
corps diffout qui fe réuniffent, pendant que d'autres ne font point ad-
mifes dans cette nouvelle concrétion
& paroiffent fous une forme differente.

Ce qui vient d'être dit prouve
clairement que les parties d'un menftrue s'appliquent aux parties du
corps qui doit être diffout , &
que cette application fe fait principalement dans le tems que la folution s'opére. Il faut donc qu'il y
ait une caufe , qui faffe que les
particules du diffolvant s'éloignent
les unes des autres, & tendent vers
celles de la matière qu'elles doi-

confidérée plus particu- lièrement.

E ij

vent diſſoudre, au lieu de reſter
dans leur premiere ſituation. Et vraiſemblablement c'eſt par une cauſe
pareille, que les parties du corps
diſſout, éloignées & ſéparées par
l'action du diſſolvant, reſtent unies
avec les parties de ce dernier, & que
les unes & les autres ne ſe dégagent
pas de nouveau après la ſolution, &
ne ſe rapprochent pas de celles de leur
eſpéce pour reformer des corps ho-
mogênes. C'eſt là une choſe qu'il importe fort de remarquer & qui mérite
d'être éxaminée avec ſoin.

Une réflexion qu'il y a encore à
faire ici, c'eſt que, quelle que ſoit
cette cauſe, on eſt également fondé
à la chercher dans le diſſolvant &
dans le corps diſſout. Elle leur eſt
commune, & agit réciproquement
dans l'un & dans l'autre. Si l'on fait
diſſoudre un morceau d'or dans
une triple portion d'eau régale, les
parties de l'or diſſoutes, quoique dix
huit fois plus péſantes que celles de
l'eau régale, reſtent cependant unies
à ces dernieres & demeurent ſuſpen-
dues entr'elles, ſans aller au fond,

comme elles devroient le faire en conséquence de leur pésanteur. Cela
prouve clairement, ce me semble,
qu'il y a entre chaque particule d'or
& chaque particule d'eau régale une
vertu qui fait qu'elles s'aiment, s'u-
nissent & se retiennent réciproquement. Si cela n'étoit pas, les parcelles de l'or dissout iroient au fond, les
particules salines formeroient au-dessus une couche distincte, & celles-ci
à leur tour seroient surnagées par une
nouvelle couche d'eau, distinctè des
deux autres. Mais il n'arrive rien de
semblable ; au contraire ces trois
substances confondues forment une
liqueur simple, & très-uniforme en
apparence.

Si donc il nous est permis de rai-
sonner ici par analogie, il semble
que tout ce que nous connoissons
jusqu'à présent de l'action des menstrues, procéde de ce que leur parties
cherchent plûtôt à s'unir avec les
parties qu'elles doivent dissoudre,
qu'à les fuir ou les repousser. Ainsi il
ne faut point avoir recours ici à des
actions mécaniques, ou à des pro-

pulsions violentes , ou à quelque
antipathie naturelle , mais plu-tôt à
une espéce d'amitié , si l'on peut donner ce nom à une tendence à l'union.
Je conviens que c'est là une idee assez
paradoxe ; mais qu'on reflechisse sur
ce qui se passe dans toute solution
violente; l'agitation, l'esservescence, le
sifflement, le bruit ne dure que jusqu'à
ce que toutes les parties du dissolvant
aient embrassé toutes celles du corps à
dissoudre : dès le moment qu'elles sont
unies la tranquillité revient. Si l'on en
veut un exemple , qu'on jette un petit
morceau de fer dans de l'Esprit de
nitre : aussi-tôt on verra des bulles
se former , & s'élever jusqu'au haut
du vase : toute la liqueur sera en mouvement & en ébullition ; elles produira du bruit , & il en sortira une
fumée presque enflammée. Mais tout
cela ne durera qu'aussi longtems qu'il
y aura quelque particule saline du nitre qui ne sera pas encore étroitement
unie avec quelque particule de fer.
Dès que cette union sera complette ,
alors tout se remettra en repos , & l'a-
cide se trouvera si étroitement joint

avec le fer, qu'il ne fera prefque pas poffible de l'en féparer.

Il eſt encore à propos de remarquer ici, que jamais je n'ai vu tout le diſſolvant agir en même tems ſur tout le corps qui doit être diſſout. Les premieres particules du diſſolvant qui touchent quelques particules du corps à diſſoudre, ſont toujours les premieres qui agiſſent, & lorſqu'elles ont féparé du reſte de la maſſe celles avec leſquelles elles ſont aux priſes, alors elles font place à d'autres particules diſſolvantes, qui agiſſent à leur tour.

Par conféquent une partie d'une Menſtrue agit ſur cette partie, qu'il détache & qu'il ſépare actuellement du corps qu'il doit diſſoudre. Mais pendant que cette féparation s'opere, il doit néceſſairement en réſulter un grand mouvement dans le Menſtrue. Ce mouvement qui agite, ébranle & diſperſe les autres parties du Menſtrue, fait qu'elles ſont portées avec plus de facilité vers celles des parties du corps à diſſoudre, qui n'ont pas encore été attaquées.

E iv

L'agitation qui se produit de cette maniere, n'est pas la seule qui contribue à la solution, il y en a une autre qui excite encore le dissolvant à agir, c'est le feu. Personne ne déterminera ce qui arriveroit là où il n'y en auroit absolument point, parce qu'il est impossible de le bannir tout-à-fait d'un lieu ; pour s'en convaincre il n'y a qu'à se rappeller ce qui a été dit ci-devant. Ce qu'il y a de sûr, c'est qu'il excite, entretient, & augmente la vertu dissolvante d'un Menstrue ; & qu'au contraire, lorsque son activité est affoiblie par un grand froid, les solutions ne s'operent point, ou s'operent beaucoup plus lentement, que quand elles sont aidées par la chaleur.

Mais il faut remarquer qu'il y a certains Menstrues qui demandent un grand feu pour agir ; tel est le mercure, lorsqu'il doit dissoudre les métaux. Il y en a d'autres au contraire, qui n'ont besoin que d'un très-petit feu : tels sont le sel ammoniac, le sel gemme, & le sel de tartre, qui se dissolvent presque d'abord dans l'eau. Enfin il y en a quelques-uns qui operent leur solution dans une chaleur modé-rée, mais qui dans une violente cha-leur perdent entierement leur faculté diffolvante, & même en acquierent une toute oppofée, je veux dire qu'ils coagulent: c'eft ainfi que de l'eau délaye un blanc d'œuf, lorfqu'elle eft tiede, mais qu'elle le durcit lorfqu'elle bout, même après l'avoir diffout.

Si l'on examide de près la maniere dont le feu aide l'action des Menf-trues, on comprend aifément qu'elle confifte en ce qu'il pouffe, meut & agite d'un mouvement purement mé-canique les particules diffolvantes. On croit auffi qu'il contribue beaucoup à la folution, en ce qu'il dilate la maffe de toutes fortes de corps. Enfin il y a plufieurs corps dont il détache des parties en les divifant & en les diffol-vant : ainfi il peut joindre fon action avec celle du Menftrue. A ces trois égards donc la chaleur augmente la force des Menftrues, fait qu'elle ope-re avec plus de facilité, & par-là mê-me eft ici une condition néceffaire. Il arrive auffi ordinairement qu'au com-

Maniere dont les menftrues agiffent.

E y

mencement la folution fe fait affez lentement, mais qu'enfuite la chaleur s'augmentant fucceffivement par la folution même, celle-ci fe fait auffi toujours avec plus de facilité, & plus promptement, à mefure qu'elle eft plus avancée. La chaleur augmente même l'action de ces menftrues qui excitent un grand froid, dans le tems qu'ils font occupés à diffoudre quelque corps : c'eft ce qu'on voit dans le fel ammoniac, qui fe diffout plus vîte dans l'eau chaude que dans l'eau froide.

maniere dont les menftrues agiffent. Les changemens donc que les Menftrues operent fur les corps, femblent dépendre furtout de l'union étroite des particules diffolvantes, avec celles des corps diffouts : & il n'y a pas apparence qu'il fe produife réellement quelque changement fur ces dernieres particules, après qu'elles font diffoutes. Je fçai bien qu'il y a des Chymiftes du premier rang qui font dans un autre fentiment : mais l'expérience juftifie ce que j'avance. Les métaux les plus parfaits, l'or, l'argent, le mercure, lorfqu'ils font

corrodés & réduits en liqueur pure,
par les acides qui les diffolvent, nous
paroiffent changés dans toutes leurs
parties : & cependant fi on les fépare
de leurs diffolvants, ce qui fe fait aifément, on a des parcelles métalliques
qui réunies par la fufion, donnent précifément le même métal qu'auparavant
foit pour la quantité, foit pourlaqua-
lité. Cela prouve que ces Menftrues
n'ont point agi fur la nature intime
de ces particules métalliques, & qu'ils
n'ont fait que s'unir étroitement à leurs
fuperfiices extérieures. Il en eft de même du plomb ; lorfqu'il eft diffout par
du vinaigre, ou par d'autres fels ; on
peut l'en retirer fans qu'il ait fouffert
aucune altération. Si l'on mêle enfemble des métaux, auffi intimément qu'il
eft poffible, en les faifant fondre fur
le feu, en quelque proportion que ce
foit, on les fépare fort exactement
dans la coupelle. J'ai diftillé plus de
cinquante fois de l'or, & de l'argent
avec du mercure, mais j'ai toujours
trouvé après avoir féparé le mercure,
que mon or & mon argent étoient
auffi purs qu'ils l'étoient dans le pre-

E vj

mier amalgame. Faites diſſoudre, en telle quantité qu'il vous plaira, des ſels dans de l'eau ; donnez enſuite à cette ſolution le dégré d'inſpiſſation requis, vous aurez vos ſels auſſi purs qu'auparavant ; & même cela arrivera lorſque cette ſolution ſera compoſée de différens ſels, qui auront été fondus enſemble ſur le feu. Diſſolvez auſſi des ſels dans des huiles, vous pourrez également les retirer, preſque ſans aucun changement. La Chymie fournit auſſi des moyens pour ſéparer les ſels alcalis fixes de la terre vitrifiable avec laquelle le feu les a convertis en verre. La même choſe a lieu à l'égard des ſouffres diſſouts par des ſels, ou unis avec des métaux, auſſi bien qu'à l'égard de l'alcohol mêlé avec des huiles, des réſines, & d'autres corps ſemblables. Ces exemples ſuffiſent, ce me ſemble, pour prouver que l'action des Menſtrues eſt telle que je l'ai dite.

Ils changent rarement les élémens. Mais on eſt fondé à m'objecter ici, que la ſeule ſolution, opérée par un Menſtrue, produit ſouvent des nouveaux corps, qui n'étoient pas connus auparavant. Qu'on diſſolve, par exemple de la chaud de plomb, en la faiſant bouillir avec du vinaigre diſtillé & auſſi fort qu'il ſera poſſible, on aura une compoſition que l'on appelle ſucre de Saturne : cette compoſition eſt formée par l'acide du vinaigre, attiré dans les élémens du plomb ; cependant diſtillée dans une cornue par un feu violent elle ne donnera pas de l'eſprit de vinaigre, mais une liqueur ſinguliere, & qui ſera inflammable. Je conviens de la choſe, & l'on pourroit même me citer pluſieurs exemples de cette nature. Mais il faut obſerver que quand une fois les parties d'un Menſtrue ſont appliquées à la ſurface des corpuſcules diſſouts, elles ne peuvent pas toujours en être arrachées aiſément, mais que ſouvent elles ſont ſi étroitement adhérentes à ces corpuſcules, qu'elles ſe meuvent & reſtent très-longtems unies avec eux. Cela fait croire que la nature des corps eſt détruite, tandis qu'ils ne font que paroître ſous une autre forme ; à cauſe de l'union de leurs parties, qui d'ailleurs ne ſouffrent aucun changement.

Il est facile de faire comprendre la chose par des exemples. Une lancette bien éguisée a toutes les qualités requises pour diviser ; personne n'en doute : mais qu'elle soit renfermée dans un étui, alors elles ne sçauroit plus blesser, quoiqu'elle reste telle qu'elle étoit auparavant : si on l'en retire aussi-tôt elle reprend sa premiere propriété ; & cela plus promptement, à proportion qu'elle sort plus aisément de son étui : si elle y est inserrée de façon qu'elle ne puisse presque pas en être dégagée, ne diroit-on pas alors que ce n'est pas une lancette ? Qu'on mette dans de bonne eau forte un petit cylindre d'argent bien pur, & couvert d'une couche assez épaisse d'or ; on verra tout l'argent se dissoudre dans l'intérieur de cette gaine d'or, tandis que celle-ci restera entiere, & conservera sa premiere forme, sans que l'eau forte fasse autre chose que changer sa couleur, en un noir sale. Il peut donc arriver aussi que les parties acides du vinaigre, s'unissent tellement à quelques parties du plomb, qu'elles ne

puiffent pas être féparées par la diftillation , & qu’il foit plus aifé de les
exalter unies enfemble. On fe tromperoit donc fi l’on croyoit en conféquence de cette expérience , que l’a-
cide du vinaigre , attiré par le plomb,
a réellement changé en une nouvelle
liqueur inflammable. Ainfi il eft très-
vraifemblable que cette diverfité , qui
réfulte de l’union des parties , a plus
fouvent lieu ici qu’un changement
réel dans la fubftance. Nous en
devons dire autant de la féparation.
Il arrive fouvent qu’un corps qui
doit être diffout , eft compofé de par-
parties hétérogènes, dont les unes font
diffoutes par le Menftrue , pendant
que les autres font rejettées fans
fouffrir aucune folution. Alors fi l’on
fépare de nouveau le diffolvant , la
matiere qui reftera, paroîtra toute différente de ce qu’elle étoit avant la folution : dans ce cas il y auroit de l’im-
prudence à dire que ce prétendu nouveau corps eft une fuite du changement opéré par le Menftrue ; puifqu’il
n’y a pas autre chofe ici qu’une féparation de parties.

Tout ce que je viens de rapporter nous prouve, que tous les Menstrues connus, lorsqu'ils sont occupés à dissoudre, agissent par un simple mouvement, quoique les Chymistes ayent prétendu que leur action étoit quelque chose de fort mystérieux. Si un Menstrue ne changeoit rien dans le mouvement des parties sur lesquelles il agit, celles-ci resteroient telles qu'elles étoient auparavant, & par là le même Menstrue n'auroit produit aucun effet : ce qui est contre la supposition.

Mais quoiqu'on ne puisse pas douter que ce mouvement n'ait lieu, il n'est pas aisé de comprendre la maniere physique dont il est excité par le menstrue. Le Menstrue & le corps à dissoudre sont en repos avant que d'agir l'un sur l'autre ; mais dès que dans certain dégré de chaleur, ils sont placés à une distance déterminée l'un de l'autre, aussi-tôt il s'excite dans tous les deux un mouvement nouveau & souvent très-grand, qui n'avoit point lieu auparavant. En vain chercherons nous l'origine de cette agiration dans la propulſion, dans la gravité, dans l'élaſticité, dans une vertu magnétique, & dans telle autre cauſe générale de cette eſpece : la cauſe qui la produit eſt particuliere au diſſolvant & au corps à diſſoudre ; elle n'eſt point commune à tous les corps. Mais tout cela demande d'être examiné avec ſoin ; car ſi une fois nous comprenons bien en quoi conſiſte l'efficace des Menſtrues, nous ſerons au fait de ce qu'il y a de plus difficile dans la Chymie, & en état d'en exécuter les plus belles opérations. Une autre raiſon qui doit encore nous déterminer à cet examen, eſt l'autorité de pluſieurs grands hommes, qui croyent que les actions de tous les corps s'exécutent & peuvent être expliquées par les ſeules loix de la Mécanique. Voyons donc à quoi il faut s'en tenir.

Lorſqu'un menſtrue diſſout un corps par le ſeul mouvement, que les Mathematiciens appellent mécanique, il faut que ſes parties, auparavant en repos, ſoient agitées par quelque cauſe qui faſſe naitre ce mouvement : cette cauſe eſt ordinairement

il est rarement mécanique; ainsi il faut examiner plus en détail la solution opérée par les menstrues,

le feu. Ensuite les particules de ce
menstrue, ainsi mues, doivent heur-
ter contre les particules qui sont encore adhérentes au corps à dissoudre,
elles doivent leur imprimer leur propre mouvement, & par là les arracher
& les separer de la masse qu'elle composent ; soit en agissant simplement
sur la superficie extérieure de ce
corps, soit en s'insinuant par ses pores, dans l'intérieur de sa substance.
Je crois que tous ceux qui reflechiront
attentivement sur la chose, convien-
dront que c'est là la seul action mécanique qui puisse avoir lieu ici. Or
cette action peut bien produire quelque effet, mais cet effet est beaucoup
plus petit qu'on ne se l'imagine. Les
fluides environnent, pressent, pénétrent de tous côtés les corps solides
qu'on y plonge, mais cependant ils
ne leur causent presque aucun changement par leur masse, leur dureté,
leur figure, & leur poids. J'avoue que
le mouvement qui leur est communiqué par le feu, fait qu'ils s'appliquent
& se meuvent sur la surface extérieure
du corps qui doit être dissout ; mais le

pouvoir diſſolvant qui réſulte de là eſt bien peu de choſe, puiſqu'il agit auſſi bien ſur les autres parties du fluide que ſur le corps plongé, & que par conſéquent il n'eſt que foiblement déterminé vers ce dernier. Il faut donc qu'il y ait ici quelqu'autre choſe. L'inſtrument mécanique, le plus parfait, un coin par exemple, diviſera-t-il jamais un bloc de bois par ſa ſeule appoſition, ou ſimplement en tournant autour ? Il n'en viendra ſûrement pas à bout, à moins qu'il ne ſoit enfoncé dans ce bois, ſans pouvoir s'en dégager, & qu'enſuite une cauſe extérieure ne le frappe, ne le pouſſe, & ne le meuve ſans interruption. Or eſt-ce là ce qui arrive à des particules placées tranquillement au milieu d'un fluide, dans lequel elle nagent librement, & où elles n'ont aucun effort à ſoutenir ? Mais ſuppoſons tant les particules du diſſolvant que celles du corps à diſſoudre actuellement diviſées par une force purement mecanique, & reduites ainſi en liqueur : ſi cette force mécanique eſt

la seule qui agisse, au moment
que les particules seront détachées
de leur masse, & quelles deviendront
fluides, elles s'arrangeront con-
formement à leur gravité spécifique;
les plus pesantes tomberont au fond
du vase où se fera la solution, & les
autres se disposeront au-dessus par
couches, suivant qu'elles seront plus
ou moins pesantes; les plus légères se
dégageant de toutes les autres, formeront la couche supérieure. L'eau
qui tombe de haut, ou qui coule rapidement sous la forme d'un torrent,
use les métaux, les Pierres & les autres corps durs, contre lesquels elle
vient frapper; & elle n'agit & ne divise ces corps en particules que par
des forces mécaniques : mais alors
aussi la poussiere impalpable qui se
produit de cette maniere, ne se mêle
& ne se joint pas avec l'eau; elle tombe au fond, elle s'y rassemble; &
quoiqu'on la remue souvent, elle s'af-
faisse d'abord de nouveau, dès que
l'agitation cesse. On observe la même
chose quand on dissout dans de l'eau
bouillante des corps composés de ma-

tieres terreftres & huileufes. Dès que
l'huile eft diffoute par la chaleur, elle
eft jettée au haut où elle furnage, &
la partie terreftre defcend au fond.
Ces folutions, confiderées fous cette
face, peuvent paffer pour mécaniques. C'eft ainfi qu'agiffent les tor-
rens, & les vents impetueux; c'eft
ainfi que le bruit d'un canon, & les
tonnerres fe font entendre. Dès que
ces fortes de folutions font achevées,
le diffolvant & le corps diffout fe féparent conftamment l'un de l'autre,
& occupent la place qui convient
avec leur gravité fpecifique, lorfqu'ils ne font pas fortement agités.
Faites fondre un grand feu des glébes
fémi-métalliques, de l'antimoine par
exemple, avec des fels & des métaux;
tout paroît intimément mêlés dans le
creufet: mais ôtez ce mêlange de deffus le feu, verfez le dans un culot, &
laiffez-le repofer: bien-tôt vous verrez les fcories nager au-deffus, & y
former une croute, tandis que la matiere métallique plus pure fera entraî-
née au fond par fa pefanteur. Il y a
auffi un certaine répulfion, qui fait

que des corps qui font mêlés fe féparent. C'eft ainfi que quand on mêlé
une forte leffive de fel alcali, avec de
l'alcohol, ou de l'huile avec de l'eau,
les particules de même genre fe réuniffent; non feulement par une fuite
de leur pefanteur, mais encore par
l'effet d'une telle répulfion. La même
chofe a auffi lieu quelquefois entre les
métaux fondus, comme cela fe voit
d'une maniere fenfible dans la purifi-
cation de l'argent fuivant la méthode
de Mr. Homberg. Il me paroit donc
que les menftrues, dont l'action eft
purement mécanique, font ceux-là
feulement, qui, après avoir operé
quelque divifion par un mouvement
mécanique, dépendant de leur grandeur, de leur dureté, de leur figure,
de leur poids, & de leur impulfion,
fe féparent enfuite des corps qu'ils
ont divifé, en s'élevant ou s'affaiffant,
fuivant qu'ils font plus ou moins pe-
fants : & alors cette divifion ne caufe
pas un grand changement. Je crois
que par ce caractere on peut déterminer, fi l'action d'un menftrue donné, fur le corps qu'il diffoud, eft mécanique ou non : & une telle folution,

s'il s'en trouve, peut se distinguer aisément de toute autre.

Mais lorsqu'on voit que les particules dissoutes restent adhérentes, &
mêlées uniformement avec celles du
menstrue, quoiqu'elles diffèrent assez
considerablement en pesanteur ; alors
il faut croire qu'une force mécanique
& universelle, qui concourt ordinairement à ces sortes d'operations, a
contribué à la verité à cette solution,
mais que cependant elle est due sur-
tout à une propriété particuliere qui
a lieu dans le dissolvant à l'égard du
corps dissout, & dans ce de dernier
à l'égard du disolvant. Cette propriété fait que les élémens de l'un
sont attirés par ceux de l'autre, &
séparés par-là de la masse qu'ils composent. Après cette séparation, ils se
joignent ensemble, & forment une in-
infinité de nouvelles especes de corps.

Je vais tacher d'éclaircir la chose
par un exemple. Si l'on met dans de
l'eau bouillante une boule d'argile
molle, les parties de l'eau mues par
la force du feu, divisent cette boule
en petites parcelles qui se mêlent
continuellement avec toute la substan-

ce de l'eau, aussi long-tems que l'ébullition de celle-ci continue ; mais dès que n'étant plus agitée par le feu, elle devient tranquille & froide, alors toute l'argile tombe au fond. Je crois donc qu'on peut regarder cette solution comme purement mécanique, parce que les élémens de l'eau meuvent les parties de l'argile par le mouvement qu'ils ont reçu du feu, & qu'ils n'agissent plus dès qu'ils sont privés de ce mouvement.

Exemple d'une solution qui n'est pas simplement mécanique.

Mais si l'on jette une boule de sel gemme, qui est beaucoup plus pesant que l'eau, dans quatre fois autant d'eau bouillante, elle se dissoudra d'abord entierement ; & si après la solution, on laisse refroidir & tranquilliser le tout, le sel restera cependant dissout dans toute la substance de l'eau, quoique plus pesant. Il paroît donc que l'eau a la faculté de se joindre & de rester unie aux élémens du sel, de façon que ceux-ci demeurent suspendus au milieu d'elle, sans pouvoir en être séparés par leur pesanteur. On commence donc à entrevoir, si je ne me trompe, qu'il y a beaucoup moins de menstrues, qui

dissolvent

diſſolvent par une force purement mécanique, qu'on ne le croit communément. Les ſolutions de la glace par l'eau, de l'eau par l'eau, de l'alcohol par l'alcohol, & en un mot des liqueurs par d'autres de la même eſpece, ſont de ce genre. On remarque encore différens dégrés dans l'adhéſion des particules de divers menſtrues avec les élémens des corps diſſouts; cette adhéſion eſt quelquefois plus forte, & quelquefois elle l'eſt moins. De-là il réſulte une très grande variété dans les corpuſcules produits par les menſtrues: il y en a quelques-uns qui ſont ſi immuables, qu'ils ne ſauroient plus être reſouts dans les corps ſimples auxquels ils doivent leur origine, tandis que d'autres rejettent très aiſément les parties qui ſe ſont jointes à eux durant la ſolution. Et à cet égard on ne trouve point de fin.

Conformément donc à la doctrine que je viens d'expoſer, je ſerois preſque tenté de diſtribuer en quatre claſſes différentes les menſtrues qui me ſont connus, ſuivant qu'ils diſſolvent différemment. Je tâcherois de rapporter à la premiere tous ceux qui

Diviſion des menſtrues, tirée de leur maniere de diſſoudre.

F

agissent simplement & purement par un pouvoir mécanique. On pourroit comprendre & expliquer leur action par le moyen des principes mécaniques, d'où dépendent les propriétés actives, communes à tous les corps qui nous sont connus. Cette classe ne comprendroit qu'un petit nombre de menstrues, & presque tous fort simples. Je rangerois sous la seconde, ceux qui agissent bien en quelque façon par un pouvoir mécanique, mais qui operent en même tems & principalement par une vertu répulsive. Je mettrois dans la troisiéme classe les menstrues dont l'effet dépend sur-tout d'une attraction mutuelle, qui régne entre leurs parties & celles du corps à dissoudre : leur nombre est très grand, & l'on en voit par-tout des exemples. Enfin je réunirois dans une quatriéme classe, tous les menstrues qui agissent en même tems de ces trois manieres différentes ; & ceux-ci seroient les plus nombreux ; car il n'y a presque point de solution qui ne s'opere par le concours de quelques forces mécaniques, répulsives & attractives. Si donc l'on pouvoit ranger tous les menstrues dans celle de ces classes à laquelle ils appartiennent en conséquence des différences qui se rencontrent dans leurs actions, & les subdiviser ensuite en classes inférieures, c'est alors qu'on porteroit la chymie au dégré de certitude qui doit se trouver dans une science, & qu'on pourroit déterminer d'avance quel seroit le succès de chaque opération qu'on entreprendroit; & alors aussi les expériences chymiques seroient d'une très grande utilité dans toutes les parties de la physique.

J'essayerai à présent de donner quelques exemples de toutes ces différentes solutions, afin qu'on soit mieux en état d'entendre ce que je dirai dans la suite. Ainsi outre les expériences que j'ai déja rapportées pour faire connoître les solutions purement mécaniques, j'alleguerai encore la division de l'argent fondu, que les Essayeurs appellent granulation. Voici de quelle maniere je l'exécute. Je mets dans un creuset, net, fort & entier, une once d'argent aussi pur qu'il est possible ; je couvre ce creuset avec une brique bien propre, pour qu'il n'y tombe rien de dehors: enfuite je l'échauffe par dégrés , jufqu'à ce qu'il foit prefque rouge ; & alors j'augmente le feu par l'action du foufflet ; & quand je vois que l'argent eft entiérement fondu & prefque auffi fluide que de l'eau, je le verfe de haut, par petites portions , dans de l'eau froide, contenue dans un vafe, qu'elle remplit au moins jufqu'à la hauteur d'un pied. Dès que l'argeut touche l'eau, il fe condenfe en grenailles, il traverfe l'eau en produifant un leger fifflement , & tombe au fond fans fouffrir d'autre changement, & fans en caufer aucun à l'eau. Nous voyons donc dans cette opération que l'argent fondu divife l'eau, dans laquelle on le verfe, & qu'il en eft divifé à fon tour ; mais qu'enfuite ces deux corps fe féparent, & occupent la place qui convient avec leur gravité fpécifique. Au refte j'avertis que fi l'on veut répeter cette operation , il faut que la manœuvre foit précifément telle que je viens de la décrire ; car elle ne réuffira pas bien, fi l'on néglige la moindre circonftance. La gratulation de l'or fe fait de la même maniere.

Si l'on jettoit ainſi du cuivre fon-
du dans de l'eau froide, au moment *Exemple d'un menſtrue qui repouſſe.*
qu'il toucheroit l'eau, il en ſeroit re-
pouſſé avec une impétuoſité, & di-
viſé en une pouſſiere ſi fine, qu'à
peine deux particules de métal reſteroient unies enſemble. Cela prouve
donc qu'il y a des menſtrues, & telle
eſt l'eau dans le cas préſent, qui par
leur vertu répulſive opèrent une diviſion très-ſinguliere ſur les corps qu'ils
diſſolvent, comme cela arrive ici au
cuivre fondu. L'effet ſera le même ſi
l'on mêle du cuivre avec de l'or ou
de l'argent; ce mélange fondu &
verſé dans l'Eau, ſautera comme ſi
c'étoit du cuivre pur. Au reſte il faut
être très-prudent en faiſant cette expérience, qui eſt toujours accompagnée d'un grand danger pour l'O-
perateur.

Je vais à préſent rapporter un troi- *Exemple d'un menſtrue qui attire.*
ſieme exemple, où l'on verra diver-
ſes ſubſtances qui, dès qu'elles ſe touchent, ſe diviſent réciproquement &
ſe joignent enſemble avec aſſez de
force. Je mets quatre onces de fleurs
de ſouffre dans une écuelle de terre,
non verniſſée, & dont je couvre

foigneufement l'ouverture, pour que le fouffre ne s'allume pas en fe fondant. Je place enfuite cette écuelle fur un feu fuffifant pour fondre le fouffre & le confervèr en fufion, mais pas plus grand. Quand ce fouffre eft fondu je le découvre & j'y verfe peu à peu, fix onces de mercure, bien purifié & renfermé dans un nouet fait d'un linge ferré, & que je preffe doucement, pour que le mercure tombe lentement par petites goutes fort fines. Cependant j'ai foin de remuer continuellement le fouffre avec une fpatule de fer échauffée, jufqu'à ce qu'il foit bien mêlé avec tout le mercure. Cela fait, il refte une maffe noire, compofée de longs filamens fragiles, & qui vue au microfcope paroit refplendiffante, & offre quelque apparence de mercure. Nous avons donc en cela l'exemple d'un menftrue fluide, mais fec, & d'un corps dur & fec, qui dès que leurs particules viennent à fe toucher s'uniffént de façon que le feu ne peut plus les féparer, mais les fublime joints enfemble fous la forme de cinnabre. Cependant ils femblent

être fort éloignés de cette union,
vu qu'ils different confidérablement
à l'égard de leur origine, de leur pefanteur, de leur efpèce & de leur volatilité. Quelles font donc les caufes qui les uniffent fi étroitement?
C'eft premierement le feu qui fond &
divife le fouffre : en fecond lieu, la
divifion du mercure qu'on fait paffer
peu à peu à travers le linge, comme à
travers un tamis fort fin : en troifiéme
lieu l'agitation par laquelle on mêle
intimément le fouffre fondu avec le
mercure. Mais ces trois caufes ne font
qu'appliquer ces deux fubftances l'u-
ne à l'autre, ainfi il faut qu'elles
foient aidées : en quatriéme lieu, par
une force particuliere, qui fait que le
fouffre & le mercure fe touchant par
des furfaces trés-multipliées, s'attirent tellement qu'on ne peut les féparer fans un grand effort, ou fans
employer quelque matiere qui attire
l'un des deux avec plus de force
qu'il n'eft attiré par l'autre. Cette
attraction réciproque eft ici la
principale caufe, & elle produit
en cinquieme lieu, cette cohé-
fion étroite qui fait que ce mélange

F iv.

fublimé par un grand feu dans un vafe fermé, ne fe décompofe pas en
fouffre & en vif argent, mais eft
exalté en forme de cinnabre, réduit
en parties fort petites, quoique compofées chacune de quelque peu de
fouffre de mercure. Si l'on réitere
plufieurs fois cette fublimation, il ne
faut pas croire qu'on parviendra à
féparer ces parties ; au contraire on
les unira toujours plus étroitement.
Il eft vrai que le cinnabre, ainfi fait,
ne fe fublime pas fi aifément dans une
feconde opération, que dans la premiere ; bien loin de-là, il devient
toujours plus fixe, à mefure qu'on
répete l'opération, & enfin il fe cou-
vertit en une maffe qui n'a prefque
plus aucune volatilité. Mais cependant le mercure, tout volatil qu'il eft
refte engagé dans le fouffre, & il peut
fupporter un feu très-violent fans s'en
détacher. Ainfi il n'eft pas furprenant
que certains chymiftes, encore no-
vices dans l'Art, trompés par cette
expérience, aient cru qu'ils pourroient
faire des métaux en combinant, par
le feu, du fouffre avec du mercure :
deux principes, qui, fuivant le fen-

timent de tous les adeptes, compoſent les métaux. Mais leur crédulité
eſt cauſe qu'ils ont perdu leur tems &
leur peine ; car dans toutes ces opérations, le ſouffre reſte toujours ſouffre, & le mercure s'en ſépare ſans être
plus ſage, pour me ſervir de l'ex-
preſſion de Sendivogius. C'eſt ce qui
ſe voit clairement par l'action d'un
autre menſtrue très-ſec, qui attire le
ſouffre plus fortement que celui-ci
n'eſt attiré par le mercure. Car prenez douzes onces de cinnabre, rendu
très-fixe par pluſieurs ſublimations,
& réduit auparavant en poudre dans
un mortier de fer ; joignez y une égale quantité de limaille de fer, non
rouillé, mol, dans ſon état naturel,
& qui n'ait point été converti en
acier : broyez long-tems le tout enſemble, enſuite faites en de nouveau
la ſublimation dans une cucurbite
expoſée à un grand feu, & alors vous
verrez ſix onces de mercure s'élever
& retomber ſous leur premiere forme
dans l'eau du récipient; pendant qu'au
fond de la cucurbite il reſtera une
maſſe fixe, compoſée de ſouffre & de
fer : car il arrive toujours que ce der-

F v

nier se joint très-avidement, par l'action du feu, avec le souffre, qui est son dissolvant, & qu'il en chasse le mercure : ainsi celui-ci est exalté seul, & trompe par là toutes les esperances des crédules alchymistes. Le sel alcali fixe emploié au lieu de fer, produit aussi le même effet : dès qu'il est fondu par le feu, il dissout le souffre, se joint intimément avec lui, & en fait sortir le mercure. La chaux vive opere encore la même chose. L'expérience suivante nous fournit un nouvel exemple d'un menstrue qui agit purement par sa vertu attractive. Prenez deux dragmes de fleurs de souffre, & les mêlez avec trois dragmes de mercure : broyez ce mélange, dans un mortier & avec un pilon de verre, le plus long-tems que vous pourrez ; par là vous ferez que le mercure disparoîtra insensiblement, s'unira avec le souffre, & formera avec lui une poudre qui prendra sucessivement diverses couleurs, & qui enfin deviendra de plus en plus noire, suivant qu'elle sera broyée plus long-tems. Cette poudre conservera sa noirceur, & quoique fort fine, dès

qu'elle sera tranquille, elle se convertira bien-tôt de soi-même en une
masse noire; & le mercure sera tellement caché, fixé, & retenu dans
cette masse, qu'étant avallé par un
animal, en assez grande dose, il
n'agira point par sa vertu mercurielle:
on ne peut non plus le séparer, que
par la manœuvre que je viens de décrire. Si on sublime ce mélange, il
se convertit aussi en un cinnabre très-
rouge. La couleur noire qui se produit ici a causé beaucoup de joye à
des Alchymistes, avides de gain;
ils l'ont prise pour cette tête de
corbeau, qui, suivant les adeptes,
paroit au commencement du grand
œuvre, lorsque les principes, savoir
le souffre & le mercure, sont bien
unis ensemble. Voilà donc encore un
exemple d'un menstrue sec & fluide,
qui divise un corps par le moyen d'u-
ne simple trituration mécanique, &
qui reste ensuite intimément uni avec
lui, par l'efficace de sa vertu attractive.

Je prend une livre de bon antimoine commun, que je réduis en
poudre; & que je mets dans un creu-

Exemple d'un menstrue qui attire & qui repousse.

ſet bien net. Après avoir couvert ce creuſet, je l'échauffe par dégrés, & enfin je l'environne de feu de tous côtés ; cependant la matiere qu'il contient ne fume d'abord que peu, mais dès qu'elle eſt fondue au point que d'être liquide comme de l'eau, il en ſort une abondante fumée blanchâtre. Alors j'ôte le creuſet de deſſus le feu, & je le laiſſe refroidir dans un endroit tranquille. Lorſque l'antimoine eſt condenſé par le froid, ſa ſuperficie ſupérieure eſt raboteuſe, inégale, & percée de pluſieurs trous. Je romps enſuite le creuſet, & je trouve que la maſſe qu'il contient eſt ſolide par le bas & qu'elle a l'éclat du métal, au lieu que par le haut elle eſt ſpongieuſe, & d'une couler blanche, tirant ſur le jaune, & approchant en quelques endroits de celle du plomb. Ici donc le feu, en réduiſant l'antimoine en fuſion, diſſout ſes parties métalliques & ſulphureuſes. Ces parties miſes ainſi en mouvement ſe joignent à celles de leur eſpèce, c'eſt-à-dire que les parties métalliques s'uniſſent avec d'autres parties métalliques & repouſſent les ſulphureuſes, qui ſe réuniſſent ſéparément, & repouſſent les autres à leur tour. Ainſi la fuſion, la répulſion, l'attraction, la peſanteur des parties ont contribué en même tems à la ſolution, qui a été operée par le feu. Si l'on dit que cette expérience n'éclaircit pas beaucoup la nature du menſtrue; l'on ſera au moins obligé d'avouer qu'elle fait connoître pluſieurs choſes qui ont lieu dans l'action des diſſolvans.

Pour éclaircir d'avantage ce qui regarde les menſtrues, je vais ajouter encore ici quelques exemples de ceux qui agiſſent en même tems de différentes manieres. Je fais bien échauffer une once de ſel de tartre & une demie once de fleur de ſouffre, & enſuite je les broye promptement dans un mortier bien chaud, & dans un lieu où l'air eſt chaud & ſec. Après cela je mets ce mélange ſur le feu dans un creuſet, & il ſe fond d'abord, quoique ce ſel fixe ſe fonde très-difficilement lorſqu'il eſt ſeul. Enſuite je verſe cette matiere fondue ſur une pierre nette; auſſi-tôt elle ſe condenſe en une maſſe homo-

Exemples de menſtrues ſecs.

gène, qui se resout très - promptement en une huile fort rouge, dès
qu'elle & exposé à l'air, & sur-
tout si elle est pulvérisée. Cette expérience nous fait voir avec qu'elle
force ce menstrue sec se joint avec le
souffre, qui est aussi un Corps très-
see; lorsque ce dernier est seul, il n'y
a pas moyen de le délayer dans l'eau,
& cependant par l'efficace de ce menstrue il semble attirer avidement
l'eau qui est dans l'air, & se résoudre
en liqueur plus vîte que toute autre
substance. Mais voici encore un autre
fait plus singulier & moins attendu.
Je prend quatre onces de bon antimoine pulverisé, avec deux onces de
sel de tartre aussi sec qu'il est possible; ensuite je les mêle en les broyant
dans un mortier, & avec un pilon
bien chaud; & j'ai soin de choisir
pour cela un endroit où l'air soit
aussi, sec & chaud. Je fais fondre ensuite ce mélange sur un grand feu,
& quand il est bien fondu, je le
verse dans un culot, où je le laisse
refroidir; après quoi je l'en retire,
& alors c'est une masse homogene,
dont toutes les parties ont été con-

fondues enfemblepar une fufion très-
uniforme. Quand cette maffe eft entierement refroidie, elle a une couler cendrée, qui approche en quelque façon de celle du verre : elle eft
d'un goût cauftique, & elle fe diffout dans l'air en prenant une couleur rouge. Nous avons donc ici la
partie fulphureufe & la partie métallique de l'antimoine, divifées en
très-petites particules & unies par le
feu avec un fel alcali fixe, de façon
qu'il réfulte de ce mélange un corps
homogene ; ce qui eft affez rare.
Qu'il me foit permis d'ajouter encore
un exemple de la même efpèce. Je
mets une once d'argent bien purifié,
avec trois onces de bon cuivre, dans
un creufet, placé au milieu d'un
feu de charbons de pierre, que je
rends auffi ardent qu'il eft poffible
par l'action d'un fouflet : lorfque le
tout eft parfaitement fondu, je le
verfe dans un moule de fer ; j'ai
alors une maffe homogène, métallique, dont toutes les parties
font mêlées fi intimément & fi uniformément, qu'on ne peut prefque
les féparer que dans la coupelle par

le moyen du plomb. Dans cette opération on voit un métal qui devient le menſtrue d'un autre métal, dès qu'ils ſont reduits en fuſion ; & il eſt clair que les parties de l'un ſont plus adhérentes à celles de l'autre, qu'elles ne le ſont entr'elles ; car le cuivre eſt également diſtribué entre les particules de l'argent, & cela ſans que la diverſité de leur poids puiſſe les ſéparer. Le feu peut bien les réduire en fuſion, & les confondre ; mais il n'eſt pas poſſible qu'il les mêle ſi uniformément. Cette opération nous prouve donc encore que la partie mercurielle de l'argent s'unit ſi étroitement avec celle du cuivre, qu'elle ne s'en ſépare plus enſuite ; ſi cela n'étoit pas, l'argent entraîné par ſa peſanteur s'affaiſſeroit au fond du creuſet, tandis que le cuivre ſurnageroit, & lorſque ces deux métaux ne ſeroient plus agités, ils formeroient deux couches différentes, comme nous voyons que l'huile de tartre par défaillance, & l'alcohol, mêlés & agités enſemble dans un vaſe, ſe ſéparent bientôt pour reformer deux liqueurs diſtinctes qu'il n'est pas possible de confondre, de quelque maniere qu'on s'y prenne. Ce qui mérite surtout d'être remarqué ici, c'est qu'après que ces métaux ont été fondus par le feu, ils restent toujours mêlé précisément de la même maniere lorsqu'ils se condensent en se refroidissant. Ces exemples suffisent, ce me semble, pour nous faire comprendre les différentes manieres dont les Menstrues secs agissent les uns sur les autres.

Si l'on prend la peine d'examiner avec soin les exemples que je viens de rapporter, & tout ce que j'ai dit, on aura sur la solution des corps, opérée par des Menstrues, une idée toute différente de celle qu'en ont ordinairement les Chymistes & les Philosophes, qui ont taché d'expliquer les expériences chymiques par le moyen des véritables principes des choses. Ils ont tous imaginé une acrimonie mécanique, qui corrodoit par une vertu universelle & mécanique : & voyant qu'un menstrue qui rongeoit un corps, ne pouvoit cependant pas en ronger un autre plus mol, ils ont donné la torture à leur esprit pour concilier ces contradictions apparentes. Pour nous

qui ne cherchons à connoître la nature que par le secours des expériences ;
nous procéderons ici de la maniere
suivante.

 Le feu est la premiere des causes
dissolvantes qui se présente ici à nous.
Considéré dans ses différens dégrés,
qui nous sont connus par expérience,
il peut presque passer pour un dissolvant univesel, en ce qu'il liquéfie la
plûpart des corps, lorsqu'il leur est
appliqué avec une force suffisante. Il
y a très-peu de corps qui ne soient pas
fondus, ou divisés en petites parcelles,
dans quelques-uns des dégrés de feu,
compris entre la chaleur d'un homme
sain & celle du foyer de Tschirnhaus.
S'il y en a qui, comme les briques, se
durcissent dans un certain dégré, ils se
fondent en se vitrifiant dans un autre ;
les fournaux où l'on réduit les métaux
en fusion, nous en fournissent souvent
des exemples. Quant au petit nombre
de ceux qui ne fondent point dans aucun des dégrés du feu connu, peut-
on assurer qu'ils conserveroient leur
solidité s'ils étoient exposés à un feu
encore plus violent ? Concluons donc
de là que dans l'action propre des

Menstrues, il faut toujours faire atten-
rion à l'étendue du pouvoir qu'a le
feu. Ce qu'il y a de sûr, c'est que sans
cet élément, les parties mercurielles
des métaux n'auroient jamais été réunies d'une façon si surprenante en une
seule masse.

En second lieu, pour bien comprendre l'action d'un Menstrue, il faut
examiner si elle n'a point été aidée
par un violent frotement mécanique,
qui ait duré assez longtems : car souvent un tel frottement peut tenir lieu
du feu, & produire le même effet. Il
atténue, il divise, il réduit les corps
en petites particules, & par là même
il fait qu'ils agissent plus efficacement
les uns sur les autres, en se touchant
par des surfaces multipliées ; & qu'ils
peuvent se mêler intimément. C'est
ce qui s'est vu dans le moulin de Lan-
gelot, qui par la trituration, à ce
qu'on dit, a réduit de l'or en une liqueur potable ; sur quoi il faut lire
le Traité que cet Auteur a écrit là-
dessus. On trouve parmi les expériences de M. Homberg, que tous les métaux, sans en excepter l'or, broyées
longtems avec de l'eau de pluye, ont

2.° Le frotte-ment.

été entiérement diffouts, & convertis en liqueur.

Une troifiéme chofe qu'il importe
de remarquer ici, c'eft ce qui arrive
aux corps qu'on veut diffoudre, lorfque leurs plus petites particules ont
été réduites en fufion par la force du
feu, ou lorfqu'ils ont été pulvérifés
par le frottement, ou enfin lorfque
ces deux caufes ont produit fur eux
tout l'effet qu'elles pouvoient produire. Si alors l'on mêle intimement leurs
particules ainfi féparées, il en réfulte
fouvent entr'elles une force répulfive,
qui ne fe manifeftoit point auparavant. Ce fait eft un des plus grands
fecrets de la Chymie ; je vais l'éclaircir par un exemple. Faites fondre
dans une cuilliere de fer une certaine quantité de plomb ; verfez y enfuite le triple de mercure bien purifié,
& mêlez le tout enfemble : vous aurez un mêlange ou un almagane, qui
reffemblera à de l'argent très-pur par
l'éclat de fa couleur. Gardez-le pendant plufieurs années, il ne fouffrira
aucune altération. Mais broyez-le
dans un mortier de verre, avec un
pilon de verre, ou dans un vafe de

13. Quelque-
fois une force
répulfive, ex-
citée par les
deux caufes,
produit une
féparation.

bois avec un pilon de bois ; bien-tôt vous verrez avec surprise toute la masse devenir noire ; & si vous continués de la broyer en y mêlant de l'eau, la noirceur passera dans l'eau, & en ôtant celle-ci l'almagane restera comme auparavant, & se conservera tel. Si l'on réitere cette même opération, la noirceur reviendra toujours, & l'expérience m'a appris qu'il n'est pas aussi aise de voir la fin de son travail, que divers Auteurs le prétendent. Ceci nous prouve donc clairement que le mercure mêlé avec le plomb, ne fait pas sortir du plomb ou de sa propre substance, cette matiere noire, & que cet effet n'a lieu que quand les parties de l'un & de l'autre ces corps sont atténuées, mêlées, & appliquées intimément les unes aux autres par ce frottement mécanique : c'est alors que les parties mercurielles du plomb & du vif-argent, se touchant immédiatement, rejettent & crachent, pour parler le langage des anciens Artistes, cette matiere étrangere, qui ne s'en sépare autrement qu'avec une très-grande difficulté. Si vous distillés & cohobés plusieurs fois

cet amalgame, avec du mercure, alors
le feu produira sur lui le même effet
que la trituration, & fera paroître
cette matiere noire qu'on pourra ensuite séparer comme auparavant par le
moyen de l'eau. Voilà donc encore
une autre maniere de faire naître une
force répulsive qui opere façilement
cette séparation. Peut-on en venir à
bout par quelqu'autre moyen ? Je l'i-
gnore. Ainsi je me tairai là-dessus : j'en
ai dit assez pour les personnes intelli-
gentes.

4. L'attrac-
tion.

　　Il faut remarquer, en quatriéme
lieu, que souvent les parties tant d'un
dissolvant, que d'un corps à dissoudre, étant fondues ou agitées par le
feu, atténuées par le frottement, &
mêlées ensemble, déployent une force
attractive, qui étoit cachée auparavant, & qui fait qu'elles s'unissent les
unes aux autres d'une maniere qui est
souvent aussi efficace que surprenante : d'où il résulte une variété de corps,
qui n'avoient point paru auparavant,
& qui ne pourroient guéres être produits autrement. L'opération faite sur
l'amalgame, dont je viens de parler,
nous en fournit un exemple. Durant

cette opération, les particules mercurielles & métalliques s'uniſſent d'une
façon ſinguliere par l'efficace d'une
vertu attractive, qui ſe manifeſte aux
yeux de l'opérateur, après que la vertu répulſive a chaſſé la matiere hétero-
gène qui empêchoit les particules ho-
mogènes de ſe toucher parfaitement.
Cette matiere étant une fois chaſſée,
les parties mercurielles, bien purifiées s'uniſſent intimément les unes
aux autres, & produiſent un effet auquel on ne s'attend pas.

Enfin, après qu'un Menſtrue a diſ- *Production*
fout un corps, de quelque façon que *d'une nouvel-*
ce ſoit; ſi alors on peut le ſéparer *le eſpece de*
entiérement de la matiere diſſou- *corps.*
te, celle - ci paroît ſous une forme
différente, & ordinairement elle ſe
trouve changée en chaux, ou en quelqu'autre nouveau corps.

Concluons donc delà que preſque *Les menſtrues*
tous les Menſtrues tant ſolides que *ſolides agiſ-*
fluides, ſont réduits en un état de flui- *ſent comme*
dité, dans le tems qu'ils agiſſent. *ceux qui ſont*
Il n'y a peut-être aucune exception *fluides.*
à faire ici que pour le frottement, qui
ſouvent ſuffit ſeul pour diſpoſer certains corps à la ſolution; & encore,

pour qu'il opere une solution entiere ; il faut que les corps broyés soient réduits en si petites particules , qu'ils puissent presque que passer pour fluides.

Je vais rapporter une expérience, où l'on verra toutes ces causes ; je veux dire le feu, le frottement, la force repulsive , la force attractive, & l'action mécanique, operer en même tems dans des menstrues secs , & produire tous les effets dont il a été parlé ; sçavoir l'atténuation , la concrétion , le changement , & la séparation des parties. Cette expérience servira en même tems a faire connoître de quelle maniere il faut proceder dans toutes les autres qui font de la même nature. Je prends seize onces d'antimoine purifié par la seule fusion d'écrite ci-devant : je les fais broyer dans un mortier de fer jusqu'à ce qu'elles soient réduites en une poudre très-fine. On sait déja que cette poudre est composée d'une certaine quantité de véritable souffre , mêle intimément avec ce qu'on appelle la partie métallique ou mercurielle de l'antimoine ; mêlange qui est tel , que

dans

dans un morceau d'antimoine qui eſt
encore entier, on ne voit pas même avec les meilleurs microſcopes,
aucune marque de cette diverſité de
parties. Je pulvériſe enſuite douze
onces de tartre de vin de Rhin, juſqu'à ce que j'aie une poudre fine &
blanche. Après cela je prend encore
ſix onces d'une autre poudre blanche auſſi comme de la nége, & qui
n'eſt autre choſe que du nitre très-
pur & bien pulvériſé. Je ſéche toutes ces poudres autant qu'il eſt poſſible, & je les mêle en les broyant
long-tems & fortement enſemble
dans un mortier de fer. Ainſi j'ai
trente - quatre onces d'une poudre
compoſée, que je mets à part, pour
l'uſage dont je vais parler tout-à-l'heure. Je pulvériſe de nouveau ſéparément ſix onces de tartre & trois de
nitre, & quand le tout eſt bien ſec,
comme dans l'opération précédente,
j'en fait un mêlange qui imprime
un goût acide ſur la langue, & qui
me donne une poudre très-fine,
compoſée de tartre, qui eſt une matiere acide, & de nitre, qui eſt un
ſel. Cependant je fais rougir ſur un

G

feu ouvert , & qui ne donne aucune fumée , une cuilliere de fer
bien propre ; j'y jette une petite
portion de cette derniere poudre
faite de tartre & de nitre. Au moment
que cette poudre tombe dans la cuilliere , elle bout , elle pousse de tous
côtés de petites étincelles , elle s'enflamme , & laisse une masse blanche,
parsemée de quelques taches verdâ-
tres , & qui est alcaline & fixe. Que
je jette ainsi successivement dans la
cuilliere, tout ce que j'ai de ce mêlange , toujours je verrai précisément
les mêmes phénomênes. Voilà donc
un sel acide végétable , & une matiere
saline que l'on tire de la têrre, qui
fument , étincellent , s'enflamment
& se fixe en un sel alcali & âcre par
l'action du feu ; & tout cela se fait
en un instant. Or dans l'expérience
que j'ai décrite ci-devant , on a vu
du sel alcali fixe , mêlé intimément
par la trituration avec du souffre, s'en-
flammer en un instant, dès qu'il étoit
exposé au feu , pendant que le souffre , dissout d'abord, se changeoit en
un nouveau corps. On comprend
donc par-là que si l'on jette par petites

portions un mêlange de tartre, de ni-tre & de fouffre dans un vaiffeau bien pénétré de feu, on aura dans un moment du fel alcali fixe, qui eft d'a-bord attaqué, diffout & converti par le fouffre en une maffe d'une nature particuliere. Cela étant, voyons ce qui arrivera fi l'on expofe à l'action du feu la poudre qui eft compofée d'antimoine, de tartre & de nitre. Pour cette opération, je prend un creufet fort, & qui puiffe contenir au moins trois fois autant de poudre que je veux y en mettre. Je le fais rougir au feu, mais en ne l'échauffant que lentement & par dé-grés, de peur qu'il ne fe fende, & j'ai foin de le couvrir d'une brique, pour qu'il ne tombe aucune faleté. Cependant je fais fécher la poudre d'antimoine de tartre & de nitre fur un petit feu dans la crainte qu'elle ne s'enflamme; enfuite après que j'ai découvert le creufet j'y jette avec un cuilliere de fer deux onces de cet-te poudre; au moment qu'elle touche le fond, elle brûle, elle fume, elle étincelle, elle s'enflamme, elle de-vient rouge, & enfin refte tranquille.

G ij

Je continue à jetter de cette poudre
dans le creuset en même quantité,
jusqu'à ce qu'enfin elle soit consumée,
& toujours je vois les mêmes phé-
nomenes. Après chaque cuillierée
que j'ai jettée, je recouvre le creuset,
jusqu'à ce que tout y soit en repos.
Lorsque toute la poudre est dans
le creuset, j'augmente la force du
feu, jusqu'à ce qu'elle soit fluide
comme de l'eau ; & je connois qu'elle
l'est au point que je la veux, en y
plongeant le tuyau d'une pipe à tabac.
Alors je la laisse encore quelques
tems dans le même dégré de feu.
Cependant j'ai tout prêt un cone
creux de cuivre bien échauffé dont
je frotte la surface intérieure avec
une chandelle de suif, pour l'enduire d'une légere couche de graisse ;
cela vaut mieux que de l'huile, dans
laquelle il pourroit être resté quelques
goutes d'eau, qui produiroient un terrible effet. Ensuite je saisis le creuset
avec des pinces de fer, dont les bran-
ches sont faites de façon qu'elles s'a-
justent à la forme du creuset, & qu'ainsi
elles le tiennent ferme : je verse prudemment dans le cone la matiere

fondue, & auſſi tôt on en voit s'éle-
lever une flamme qui part comme
la foudre, & qui eſt produite par le
fuif dont les parois du vaſe font enduites. Cette flamme empêche la matiere fondue de s'attacher au cone.
Cela fait, je laiſſe repoſer & refroidir
le tout; après quoi je renverſe le cone, je le frappe légérement pour faire
tomber ce qu'il contient. C'eſt une
maſſe, où l'on reconnoît clairement
deux parties très-differentes; l'une,
qui eſt au-deſſus, péſe quatorze onces; les Artiſtes lui donnent le nom
de ſcories. Ces ſcoris font fragiles,
d'un goût cauſtique, & de couleur
brune; elles ſe fondent dans l'air, &
alors elles deviennent rouges, elles
font compoſées d'un ſel alcali fixe,
qui doit ſa naiſſance au tartre & au
nitre réduits en fuſion, & du ſouffre
de l'antimoine confondu par le feu
avec ce ſel, qui étant fondu a été rejetté par la matiere métallique, que ſa
péſanteur a entraîné vers le fond. L'autre partie eſt cette matiere métallique,
qui égale l'argent en blancheur & en
éclat. Elle eſt fort péſante à ſa partie
ſupérieure, je veux dire à celle qui eſt

G iij

la plus large, on voit la figure d'une étoile. Ce seroit un véritable métal si elle n'étoit pas si fragile qu'elle saute facilement en pieces, & qu'on peut même la reduire en poudre par la trituration.

On a donc, dans cette seule expérience, des exemples de tout ce que j'ai dit ci-dessus de l'action des menstrues secs & solides. Car premierement, on voit un simple broyement mécanique, qui réduit trois matieres différentes en parcelles assez petites pour qu'elles puissent se mêler intimément les unes avec les autres. Ensuite le feu fond, confond, mêle, & meut le tout ensemble. En troisiéme lieu, l'huile du Tartre, & le Nitre, allumés ensemble par la force du feu, produisent en un moment un sel alcali fixe, qui saisit promtement le souffre d'antimoine; alors par la vertu attractive qui agit entre ces corps ainsi intimément mêlés, l'alcali & le souffre fondus se joignent en un masse, que la violence du feu reduit en fusion. En quatriéme lieu, la même opération fait naître une force répulsive entre la partie métallique ou réguline de l'antimoine,

& le fel alcali: car ce deux corps expofés à l'action du feu, ne peuvent jamais
être unis ; mais dès qu'ils font fondus
enfemble ils fe repouffent l'un l'autre,
& forment des couches diftinctes dif-
pofées fuivant la gravité refpective de
ces corps. Ainfi l'on comprend aifément pourquoi la partie métallique, qui
eft la plus pefante , fe raffemble ici au
fond du cone , tandis que la partie alcaline & fulphureufe nage au-deffus ;
d'où il doit réfulter deux nouvelles
efpeces de corps, qui font les fcories
alcalines & fulphureufes, & le régule
étoilée d'antimoine. Une fimple force
mécanique , une vertu attractive, une
vertu répulfive, ont donc cooperé dans
cette expérience pour produire une folution , & en fuite un féparation. Le
broyement mécanique , reduifant ces
corps héterogènes en de très petite
particules, a multiplié les furfaces par
lefquelles ils fe touchoient. Enfuite le
feu les a mêlé & agité ; il a excité,
augmenté, foutenu leur vertu tant attractive que répulfive ; il a fondu toute
la maffe, & chacune de fes parties ; il a
enflammé l'huile de Tartre, le fouffre,
& le Nitre, ce qui a augmenté confidé-

rablement fa force. Après que le Tartre & le Nitre ont ceffé de brûler, ils
font devenus une matiere véritablement alcaline & fixe, à laquelle le Nitre
a fur-tout communiqué une très-grande âcreté. Cet alcali a englouti tout le
fouffre, & en a chaffé la partie métallique de l'antimoine, fur laquelle il n'a
aucune prife. Enfin, toute la maffe a
augmentè la force du feu, & a produit
par-là même un mouvement & une agitation plus rapide, en même tems qu'il
en eft forti de la fumée & de la fuye;
d'où il eft réfulté que cette même maffe, qui étoit de trente quatre onces,
a perdu feize onces & deux dragmes
de fon poids; car après l'opération le
régule ne péfe que trois onces & fix
dragmes, & les fcoriés quatorze,
comme il a déja été dit. Au refte il
faut faire cette expérience avec beaucoup de précautions. Si le creufet
qu'on employe n'eft pas affez grand,
la matiere venant à boullir en fe fondant, s'enflammera & paffera par deffus les bords du vafe. Si cette matiere
n'eft pas bien pulverifée, elle pétille
& faute de côté & d'autre; fi le creufet n'eft pas entiérement rouge quand

on la jette dedans, elle ne se fond
point ; & si elle n'est pas elle-même
bien échauffée, dès qu'elle touche le
creuset, elle le fait éclater. Si avant
que d'en mettre une portion dans le
creuset, on n'attend pas que celle qui
y a été mise auparavant ait fini sa dé-
tonation, qu'elle soit entierement pé-
nétrée du feu, & que même elle soit
fondue, alors la matiere qui n'est pas
encore réduite en fusion, se rassemble
sur la superficie, y forme un croute
solide, & retient au fond du vase celle
qui est au-dessous, & qui étant un mêlange d'alcali, de nitre & de souffre,
resout & agité par le feu, a les véritables qualités de la poudre fulmi-
nante ; aussi produit-elle bien-tôt une
explosion, accompagnée d'un bruit
& d'un fracas terrible. Le seul moyen
de prévenir cela, est de prendre les
précautions que j'ai indiquées. Si a-
près que toute cette matiere est dans
le creuset, on ne la laisse pas assez
long - tems sur le feu, pour qu'elle
devienne fluide comme de l'eau,
avant qu'on la verse, le regule n'est
jamais entiérement séparé de toutes
les scories. Si le cone dans lequel on

G v

la verse, n'eſt pas un peu échauffé auparavant, il eſt à craindre qu'il ne ſaute. Si par malheur il y avoit dans ce cone la moindre goute d'eau, ce qu'on y mettroit ſauteroit de tous côtés avec bruit, & l'Opérateur ſe trouveroit dans un très-grand danger. Si l'on ne verſe pas aſſez promtement la matiere pendant qu'elle eſt fondue, le régule & les ſcories ne ſe ſépareront pas par couches. Voilà bien des précautions à prendre dans une ſeule opération, & dont aucune ne doit être négligée.

Juſqu'à quel point l'action des menſtrues eſt mécanique.

Après ce que nous venons de dire, nous ſerons en état d'examiner un peu plus exactement les actions des menſtrues, tant ſolides que fluides, ſur les corps qu'ils diſſolvent ; & de déterminer juſqu'à quel point on peut les entendre & les expliquer mécaniquement. Les Mathématiciens, qui rendent à tous égards de ſi grands ſervices à la ſociété, méritent bien qu'en leur faveur nous entrions dans une diſcuſſion de cette nature.

Les corps les plus durs ſont diſſous mécaniquement.

Il faut d'abord remarquer que juſqu'à preſent nous ne connoiſſons aucun corps ſenſible, dont les parties foient fi fortement adhérentes les unes aux autres, qu'elles ne puiffent pas être féparées par une fimple force mécanique, fans le concours d'aucune autre caufe. Je n'en veux pour preuve que le diamant, auquel les Anciens ont donné un nom tiré de fa grande dureté, qu'ils croyoient infurmontable. Les Lapidaires le fcient, & le fendent très exactement ; ils le poliffent même & le taillent en autant de facettes qu'on veut, fans employer pour cela que des inftrumens & un mouvement purement mécanique.

Ce qu'il y a encore de remarquable dans cette divifion mécanique, c'eft *par d'autres corps très-mols.* qu'un corps très fluide, & par-là même très mol à nos fens, peut diffoudre par le frottement un corps très dur. Des goutes d'eau qui tombent de haut, creufent les pierres les plus dures fur lefquelles elles tombent, elles ufent même les métaux, & quelqu'autre corps que ce foit. Mais pour cela il faut que cette chûte foit réiterée fouvent ; une feule goute ne nous paroît produire aucun effet fenfible. On polit les corps les plus durs, les métaux & même les verres, à fforce

de les frotter avec des cuirs très mols.
Qu'on faſſe tourner une roue de bois,
ſur quelque corps que ce ſoit, on parviendra enfin à le réduire en particules indiviſibles. Concluons donc que
le frottement continué d'un corps contre un autre agit avec tant d'efficace, qu'il fait que les corps les plus
mols réſolvent les corps les plus
durs en particules ſi petites, qu'elles
ne tombent pas ſous nos ſens.

mais dont les élémens ſont très durs.   Pour comprendre la raiſon de ce
phénomène, qui eſt très-ſurprenant,
il faut faire la remarque ſuivante; c'eſt
que les plus petites particules inviſi-
bles de toutes ſortes de Menſtrues
doivent être regardées comme très-
dures & preſque immuables, quoique,
quand elles compoſent par leur réunion un volume qui tombe ſous les
ſens, elles nous paroiſſent très-mol-
les, parce qu'on peut les ſéparer aiſément les unes des autres. Pour ſe
convaincre de la vérité de ce que je
dis, il n'y a qu'à examiner en détail
les divers Menſtrues. Les élémens du
feu ſurmontent la dureté de tous les
autres corps; ils ſont cependant très-
petits; & quoiqu'ils agiſſent avec tant

de violence, on ne les a jamais vu changés en aucune façon. Quelqu'un a-t-il jamais remarqué la moindre altération dans les plus petites particules de l'air, quoiqu'il produife fur les autres corps des changemens fi confidérables? Quand l'eau eft dans fon état de fluidité, elle nous paroît plus molle qu'aucun autre corps; cependant les parties dont elle eft compofée font fi prodigieufement dures, que de quelques maniere qu'on les ait preffé ou agité, il n'a pas été poffible de les changer. Le grand nombre d'obfervations qui ont été rapportées ci-devant, nous autorifent à avancer la même chofe des particules de la terre. Si par l'attouchement nous jugeons des efprits fubtils de l'alcohol, nous les trouverons très-mols; mais nous penferons autrement fi nous réfléchiffons que les élémens de cette liqueur ne paroiffent pas avoir fouffert le moindre changement, après qu'on les a diftillé, digéré, & mêlé plufieurs centaines de fois. Confidérons les efprits acides, que les Chymiftes tirent des fels, nous ferons furpris de leur prodigieufe immutabilité, & par là même de leur extrême dureté. Il y a eu des Philoso-phes qui ont cru qu'ils avoient la for-me de petites aiguilles pointues ; & delà ils en ont conclu qu'ils pouvoient aisément changer de nature. Mais ce-pendant M. Homberg ayant eu la pa-tience de faire digérer pendant plu-sieurs années ces esprits acides , dans des vases fermés, & à un feu entretenu avec soin, ils les a trouvé à la fin de cette longue opération tels qu'ils étoient au commencement. Voyez *du Hamel Hist. de l'Acad. Roy. des Sç. p.* 497. 498. Il n'y a eu que le vinai-gre , qui au bout de quatre ans ait changé de nature.

Parconsé-quent les flui-des disso vent mécanique-ment les corps les plus durs.

Je pourrois encore apporter d'au-tres preuves, si ce que je viens de di-re, ne suffisoit pas pour prouver que les parties élémentaires des fluides les plus mols, considérées seules, sont très-constantes , & par là même très-du-res. Cela étant , on comprend aisé-ment que quand les plus petites parti-cules des menstrues sont appliquées & agitées fortement & longtems, con-tre les surfaces des corpuscules, qui forment par leur réunion la masse qui doit être dissoute ; on comprend , dis-

je, qu'alors cette maſſe peut être réduite en parcelles, & par conſéquent
être diſſoute, auſſi bien que les grands
corps ſont diſſouts quand ils ſont frot-
tés par d'autres ; auſſi bien, par exemple, qu'une pierre peut être creuſée par
des gouttes d'eau qui tombent ſur elle.

Cette ſolution arrive principalement quand un feu violent agite les
parties du Menſtrue, & fait qu'elles
heurtent, & qu'elles frottent continuellement contre la ſurface des corps
qui doit être diſſout. A la vérité on
peut faire une objection contre toute
ſolution expliquée ainſi mécaniquement, c'eſt que les élémens du Menſtrue, appliqués & agités contre la
ſurface du corps à diſſoudre doivent
être ſouvent repouſſés, & par là même n'opérer que très peu.

Mais pour lever cette difficulté, il
faut conſidérer que le Menſtrue & le
corps qu'ils diſſout ſont tenus fortement appliqués l'un contre l'autre par
leur propre peſanteur, & par la preſſion de l'atmoſphère, dont il a été
parlé dans l'hiſtoire de l'Air. Je conviens que quand des Menſtrues agiſſent ſimplement par une force méca-

nique , souvent leur pouvoir dissolvant est très-peu de chose ; pour qu'il
devienne plus considérable, il faut
qu'il soit aidé par quelqu'autre cause.
Mais d'un autre côté il est incontestable , que la seule application d'un
corps liquide sur un corps solide ,
opérée par une pression extérieure,
produit des effets très-considérables.
Prenez de vieux os de bœuf , faites
les bouillir aussi longtems qu'il vous
plaira avec de l'eau , & dans un vase
ouvert ; à peine y remarquerez-vous
quelque changement ; mais faites-les
cuire dans la machine de Boyle, ou
dans celle de Papin , en peu de tems
ils s'amolliront, & se dissoudront tout
à fait ; cependant la seule différence
qu'il y aura entre ces deux opérations,
c'est que dans cette derniere les parties de l'eau sont fortement appliquées , pressées , agitées & frottées
contre les os.

& du frotte-
ment,

On comprend donc assez clairement, si je ne me trompe, comment certains Menstrues agissent mécaniquement , de la maniere que
je viens de l'expliquer, c'est-à-dire,
en diminuant le volume des corps,

par le frottement qu'ils produifent fur leur furface extérieure. Mais quand les particules du diffolvant n'agiffent pas feulement fur cette fuperficie, mais travaillent en même tems dans le corps, & le diffolvent intérieurement, alors il eft très-apparent qu'elles s'infinuent par les pores, & qu'ayant pénétré dans l'intérieur, elles agiffent fur les parois des petites cavités qu'elles y trouvent, de la même maniere que la furface extérieure. Ainfi la plus grande difficulté qu'il peut y avoir ici, fe réduit à fçavoir de quelle maniere ces particules du diffolvant entrent dans les pores du corps qu'elles doivent diffoudre; & j'avoue qu'il n'eft pas aifé de réfoudre cette difficulté, parce que nous n'avons que fort peu d'expériences dans lefquelles la folution foit purement mécanique; ainfi pour expliquer la chofe, il faudra avoir recours à des opérations, où les caufes mécaniques fe trouvent jointes avec d'autres d'une efpece différente.

Premiérement donc, pour que cette folution s'opere, il femble qu'il doit y avoir quelque proportion de grandeur entre les pores du corps à dif-

foudre, & les élémens du Menstrue.
Car si ces pores sont assez grand pour
que le Menstrue, réduit en fluide,
puisse y entrer, alors celui-ci y agit
de la maniere que j'ai déja expliquée :
mais si ces pores sont trop petits, pour
recevoir les élémens purs du Menstrue, la solution intérieure ne s'opérera que très-difficilement. De là vient
que quand les particules d'un Menstrue pur sont adhérentes les unes aux
autres, de façon qu'elles forment des
molécules trop grandes, alors elles ne
dissolvent que lentement, parce qu'elles ont de la peine à s'insinuer dans les
corps. Mais qu'on délaye ces mêmes
particules avec de l'eau, alors leur
contact mutuel étant empêché par l'interposition des parties aqueuses, &
par là même formant de plus petits
volumes, on conçoit qu'elles pourront entrer dans des pores, d'où elles
étoient exclues auparavant. Il est aisé
de rendre la chose sensible par une
expérience. Pour cela je prends une
once de bonne huile de vitriol, que
j'ai préparée moi-même, & que j'ai
purifiée de toutes féces par la distillation, & de tout phlegme par l'ébulli-

tion ; cette liqueur eſt ſi pure, que
quand il fait froid elle ſe congele en
petites glèbes cryſtalliques, & redevient fluide, dès qu'il dégele ; je mets
cette huile dans un urinal bien net,
& je lui donne la chaleur de l'eau
bouillante, dans laquelle je tiens l'u-
rinal plongé quelque tems. Après
cela je jette dans cette huile cinq dragmes de bonne limaille de fer échauffée ;
& je mêle le tout en ſecouant le vaſe.
Alors on voit dans une inſtant que ce
mêlange ſe raréfie, ſans aucune fumée ni ébullition, qu'ainſi gonflé il
reſte tranquille, & qu'il acquiert une
couleur cendrée. Cependant je prend
un autre urinal, où il y a auſſi une once de la même huile de vitriol également chaude, j'y verſe trois onces
d'eau chaude, car ſi je mêlois de l'eau
froide, avec de l'huile qui le ſeroit
auſſi, la chaleur qui réſulteroit tout
d'un coup de ce mêlange feroit ſauter
le verre. Dans ces quatre onces de liqueur, je jette en une ſeule fois cinq
autres dragmes de limailles de fer.
Auſſi-tôt il ſe forme dans ce mêlange une ébullition & une efferveſcence
très conſidérables ; il en ſort une fu-

mée qui a l'odeur de l'ail, & tout le fer se dissout en une liqueur verte. Deux fameux Auteurs, Bohne & Boyle, disent aussi que l'argent & le plomb ne se dissolvent point dans le plus fort esprit de nitre, mais que la solution se fait promptement, si cet esprit est délayé avec de l'eau. Pour sçavoir que penser là-dessus, voici l'expérience que j'ai faite. J'ai pris une once du plus fort esprit de nitre qu'il m'a été possible d'avoir, j'y ai jetté une demie once de minium, & ce mélange, qui étoit froid, est resté tranquille assez longtems, sans donner aucune marque d'effervescence. Dans un autre vase j'ai mis une once du même esprit de nitre, mais délayé avec huit onces d'eau, & j'y ai ensuite jetté une demie once de minium ; le tout est encore resté tranquille pendant assez longtems dans le froid. J'ai mêlé encore dans une autre vase une once d'argent purifié, avec une once du même esprit de nitre ; l'effet a été le même, c'est-à-dire qu'on n'a vu aucune apparence d'ébullition. Enfin dans une once de ce même esprit, délayé avec une once d'eau de pluye, j'ai mis encore une

once d'argent , & ç'a été toujours
avec le même succès. Mais dès que le
feu a commencé à agir sur ces quatre
différentes liqueurs, aussi-tôt je les ai
vu s'agiter, bouillonner, & dissoudre
les corps que j'y avois jetté ; à la vérité celles qui étoient délayées avec de
l'eau dissolvoient plus promptement
& plus violemment que les autres.
Voyez Boyle *Tentam. Philos.* &
Bohn. *Chem. p.* 156. Examinons donc
à présent quelles sont les conséquences qu'on peut tirer de ces expériences, pour le sujet dont il s'agit. Premiérement il est clair que les sels acides, convertis en liqueurs ausquelles
on donne le nom d'esprits, peuvent
être délayés avec une quantité d'eau,
plus ou moins grande. En second lieu,
on peut rendre ce mélange très-uniforme, en secouant le vase qui le contient ; si l'on néglige cette précaution,
l'on verra l'acide se précipiter au fond
pendant que l'eau restera tranquille
au-dessus, ce qu'on distinguera clairement par le moyen de petits filets
gras, & figurés en spirales, qu'on ap-
percevra dans cette eau. En troisiéme
lieu, un Chymiste peut donc mettre

deux particules salines , autant de parties aqueuses qu'il juge à propos ; il n'a pour cela qu'à augmenter ou diminuer la dose de l'eau. En quatriéme lieu , il est aisé d'empêcher par ce moyen que les particules salines , ainsi délayées , ne se rejoignent pour former de grandes glèbes salines , & de faire qu'au contraire elles restent séparées les unes des autres , & nagent entre les parties d'eau avec lesquelles elles sont mêlées. En cinquiéme lieu , lorsque ces élémens salins nagent ainsi dans l'eau , il semble naturel de conclure , que rendus par-là extrêmement déliés , ils peuvent s'insinuer dans les petits pores des corps qu'ils doivent dissoudre. Enfin , lorsque ces mêmes particules acides & salines ne sont pas mêlées avec de l'eau , elle s'appliquent si étroitement les unes contre les autres , qu'elles forment de petites molecules , qui grossissant toujours de plus en plus , ne peuvent pas pénétrer dans des pores étroits. Tout cela, ce me semble , bien examiné , rend assez vraisemblable le sentiment que j'ai avancé ci dessus.

seconde cause. En second lieu , pour se former

une juste idée du pouvoir des Menstrues qui agissent mécaniquement, il
est absolument nécessaire de considérer la figure des parties dissolvantes.
Les Géomêtres démontrent que les
actions mécaniques dépendent principalement de la figure des instrumens
qu'on employe. Un corps qui change de figure, sans souffrir d'ailleurs
aucune autre altération, acquiert une
efficace toute différente de celle qu'il
avoit auparavant. Il est aisé de démontrer la chose par des exemples.
Un morceau d'acier auquel on donne
successivement la forme d'une boule,
d'un cube, d'un couteau, d'une lancette, d'un polyèdre, d'un poignard,
d'une pyramide, d'un doloire, d'une
scie, d'une lime, &c. acquiert à chaque changement un nouveau pouvoir,
& agit différemment sur les corps
qu'on veut qu'il dissolve. Peut-être
aussi y a-t'il des pores qui n'accordent
l'entrée qu'à des particules d'une certaine figure. Il semble que c'est en cela qu'il faut chercher la raison, qui
fait quelquefois qu'un dissolvant, &
un corps à dissoudre, n'agissent plus
l'un sur l'autre, dès que la surface ex-

térieure de l'un , ou de tous les deux, est changée. A la vérité il est fort dif- ficile , de prouver par des exemples, ce que j'avance ici : il n'est presque pas possible de rendre visibles les par- ticules élémentaires ou les corps ; mais si nous considérons ce qui se passe dans les corps qui sont visibles , par analo- gie nous pouvons conclure que la mê- me chose a lieu dans les particules qui ne tombent pas sous nos sens. Peut- être m'objectera-t'on que les élémens, qui operent les solutions , sont abso- lument immuables. Mais c'est de quoi je ne sçaurois convenir. Les élé- mens dont les corps sont composés ne me paroissent pas être les particu- les dissolvantes ; & l'on est obligé d'a- vouer qu'il y a plusieurs de ces der- nieres , qui sont sujettes à quelques changemens. Pour prouver que la seule figure tant des particules dissol- vantes , que des pores dans lesquel- les elles entrent , étoit capable de changer beaucoup la maniere dont les corps agissent les uns sur les autres, Boyle a employé un exemple très- bien choisi ; c'est celui d'une clef & d'une serrure ; la figure & la grandeur

de

de ces deux corps eſt cauſe que l'un
déploye ſur l'autre une action qui lui
eſt tout-à fait particuliere. Concluons
donc qne le rapport qu'il y a entre la
figure des particules diſſolvantes &
celles des pores du corps qui doit être
diſſout, peut occaſionner pluſieurs
variétés très-ſingulieres dans les ſolutions purement mécaniques, & qu'on
voit tous les jours dans ces ſortes de
ſolutions que les corps ſubiſſent des
changemens conſidérables, qui dépendent uniquement de leur maſſe &
de leur figure. Enfin, la figure eſt encore la ſeule cauſe qui rend certains
corps propres à produire pluſieurs effets ſurprenans. Faites fondre du métal, & lui donnez la figure d'une cloche, vous lui communiquerez par-là
pluſieurs propriétés ſingulieres. Suſ-
pendez une telle cloche en plein air,
& frappez-la légérement d'un coup
de marteau, auſſitôt toutes les Zones
circulaires dont elle eſt compoſée,
depuis ſon ſommet juſqu'à ſa baſe,
deviennent des Ellipſes, & revenant
enſuite très-promptement à leur premiere figure, elles forment dans un
autre ſens de nouvelles Ellipſes, de

H

façon que les diamètres de ces derniéres, coupent les diamètres des autres à angles droits. Ces vibrations se font successivement & fort rapidement dans le corps sonore, pendant tout le tems que son ébranlement dure; ce corps ainsi agité frappe l'air, & y excite des ondulations qui s'étendent à une très-grande distance. Ces ondulations produisent des tremblemens, des frémissemens, & des sons qui operent sur les corps des animaux, des végétaux & des fossiles, des changemens très-considérables. Tout cela cependant dépend de la seule configuration de la cloche. On rapporte encore ordinairement ici des expériences, où l'on croit que le dissolvant change de figure, par rapport au corps qu'il dissoud. Dans une once de bonne huile de vitriol, versez goute à goute six fois autant d'alcohol de vin bien rectifié, fait sans le secours d'aucun alcali; à chaque goute qui tombe secouez le mêlange; ensuite faites-le digérer longtems dans un vase fort haut & bien bouché; après quoi faites-le distiller lentement, jusqu'à ce qu'il commence à prendre une cou-

leur noire. Quand vous êtes parvenu là, appliquez à votre vaiffeau un
autre récipient bien net, & continuez
prudemment la diftillation avec une
chaleur très-modérée ; alors vous aurez un phlegme fulphureux, d'une
odeur fuffocante, & qui excite violemment la toux ; avec ce phlegme vous aurez encore environ fix
gros d'huile de vitriol, douce,
odorante, volatile, & qui mérite d'ê-
tre gardée foigneufement. Voyez
Hoffmann. *Obferv. Phyfic. Chym.* Si
vous verfez de cette huile fur du fer,
elle produira des effets très-différens
de ceux qu'elle aura produit, fi elle
avoit été dans fon état naturel. Faites
la même expérience avec de l'efprit
de nitre très-fort, mais dulcifié prudemment avec le triple d'alcohol ;
vous aurez un fuccès tout pareil. Ce
même efprit, qui auparavant corrodoit l'argent avec tant d'avidité, n'a
plus de prife fur lui quand il eft ainfi
préparé. L'efprit même de fel, quelque pur qu'il foit, dulcifié de la même
maniere, ne diffoud pas l'or, mais cepen
dant en contracte la couleur, comme Boyle l'a remarqué il y a déja long-

tems. Des Auteurs fameux ont attri-
bués cette diverſité d'effets au changement de figure dans les élémens
corroſiſs ; & il n'importe pas que ce
changement ſoit opéré par le mêlange, par la diſtillation, ou même par
ces deux cauſes réunies ; il ſuffit qu'il
ſoit réel.

Troiſiéme
cauſe.

Si nous réfléchiſſons attentivement ſur ces ſolutions purement mécaniques, nous trouverons une troiſiéme cauſe qui contribue aſſez con-
ſidérablement à augmenter la vertu
diſſolvante. Concevons que les plus
petites particules des menſtrues, auſſi
petites qu'elles doivent l'être, s'inſi-
nuent dans les pores du corps à diſſoudre, de façon qu'une de leur extré-
mité y ſoit engagée, pendant que
l'autre s'éleve en dehors ; nous comprenons alors, que ſi cela ſe fait dans
toute l'étendue de la ſurface de ce
corps, il ſera hériſſé par tout de petites pointes qui ne ſauroient pénétrer
plus avant ; & alors s'il ſurvient quelque mouvement dans le menſtrue,
les particules agitées heurterons de
tous cotés, en différens ſens contre les éminences de ſes petites poin-

tes, on pourra regarder par conféquent ces dernieres comme autant de
petits coins qui font continuellement
frappés & enfoncés de plus enplus, &
qui par là même acquierent la force
de fendre, de divifer & de mettre en
piéces. Ce qui confirme cela, c'eft
qu'un corps qui eft ainfi diffout, devient prefque toujours inégal & rabo-
teux, quoique fa furface fût très-po-
lie auparavant. Dans toute folution
mécanique, cette troifiéme caufe paroît être la plus efficace; car on comprend aifément qu'elle doit être la
force diffolvante de ces petits coins
ainfi fixés & agités, fur-tout fi l'on
confidére que les élémens du menftrue font en très-grand nombre, &
que les pores du corps à diffoudre
font répandus dans tous les points
de fa furface, comme cela eft démontré par la petiteffe des particules diffoutes.

Enfin le feu eft la quatriéme caufe
qui contribue aux folutions mécani- *Quatriéme caufe.*
ques. Car le feu eft le principal agent
qui agite, qui ébranle, qui applique,
qui renouvelle les particules d'un
menftrue qui fe trouvent dans un des

trois cas précédens. Sans lui , sans son action, les trois causes que je viens d'indiquer, ne produiroient aucun effet. Un coin appliqué à du bois , ne parviendra jamais à le fendre s'il n'est enfoncé à coups de marteau. Que les élémens d'un menstrue conviennent parfaitement en grandeur, en dureté , en figure , en pésanteur, & en élasticité avec les pores, avec la résistance, & avec la dureté d'un corps à dissoudre ; qu'ils lui soient adhérens ; qu'ils soient même fixés à moitié dans ses pores ; cependant ils n'opereront sur lui aucune solution, à moins qu'ils ne soient rendus actifs par l'agitation que le feu leur communiquera. Remarquons encore que le feu n'agit pas uniquement sur les menstrues. Il augmente aussi l'efficace de l'atmosphère, qui presse par son poids, & qui applique les parties les unes aux autres : il ébranle, meut & frotte l'air contre la surface des menstrues, & par là même il augmente l'effet de son ressort, de sa pésanteur & de son agitation,& cette cause produisant dans le menstrue un nouvel ébranlement, concourt efficacement avec les caufes précédentes.

Voilà, fi je ne me trompe, tout ce que la mécanique peut nous fournir pour expliquer l'action des menftrues. De très-habiles gens ont cru que ces principes fuffifoient pour rendre raifon de ce qui arrive dans toutes fortes de folutions, opérées par des diffolvants. Je conviens avec eux que dans toutes ces folutions ces caufes mécaniques fe rencontrent, aident & & opérent ; mais je ne crois pas cependant qu'elles produifent feules, & fans être aidées d'aucune autre, tout ce qui arrive dans ces folutions.

Au contraire, je fuis perfuadé que ces caufes font rarement les feules qui rendent active la force diffolvante d'un menftrue. Quand on examine le fait fans préjugé, on trouve la chofe fi claire, que l'illuftre Newton a été obligé, en conféquence de fes propres obfervations, de reconnoître qu'il falloit avoir ici recours à d'autres caufes d'une nature toute differente. Mais afin que les Géomètres ne m'accufent pas d'avancer cela fans aucun fondement, je vais expofer les raifons qui me paroiffent prou-

H iv

ver la chofe. Quand des corps fluides
qui n'ont que des propriétés mécaniques, environnent de tous côtés un
corps qui refte tranquille au milieu
de la liqueur dans laquelle il eft plongé, & fur laquelle il n'agit que mécaniquement, alors qu'arrive-t-il?
La matiere fluide qui eft en repos, en-
toure & comprime par une fuite de
fa péfanteur & de la fineffe de fes parties, toute la furface extérieure de
ceux de fes pores dans lefquels elle
peut entrer. Or de-là, fuivant les regles de l'Hydroftatique, il ne doit réfulter qu'une fimple compreffion de
ce corps, fans aucune divifion, &
même fans aucun changement de figure. Tout ce qui pourra arriver de
plus, c'eft que fi la maffe de ce corps
eft molle & flexible, & que fes pores
foient remplis d'un fluide plus léger
que la liqueur environnante, ce fluide fera condenfé, ou chaffé de la place qu'il occupe ; & alors la maffe même étant condenfée changera peut-
être de figure, de volume, & de péfanteur ; cependant loin d'être diffoute par là, au contraire elle reftera plus tranquille, & fera plus liée

qu'auparavant. Mais quand par l'application du feu, on met en mouvement tous les élémens d'un fluide homogène, alors, si l'on y plonge un corps aussi homogène, l'effet par rapport au menstrue, est à peu près le même que dans le cas précédent ; parce quele feu, agissant en même tems uniformement sur tous les élémens d'un fluide, presse toujours également ce corps de tous côtés. A la vérité si le feu est assez vif pour faire bouillir la liqueur, & pour y produire ces mouvemens irréguliers & fulminatoires qui accompagnent l'ébullition, alors, par des percussions réiterées inégales, il pourra parvenir à user la surface du corps plongé, sur-tout si elle est raboteuse. Mais qui ne voit que cela est très-peu de dé chose, en comparaison des solutions que les menstrues opérent tous les jours sous nos yeux ! Sur-tout si l'on réfléchit, qu'en faisant bouillir long-tems de la corne de cerf dans l'eau, on ne la dissoudra pas aussi promptement que si, suivant la méthode des Alchymistes, on la suspend dans un endroit où elle soit exposée à la vapeur qui

H v

sort d'une eau bouillante. Si l'on dit que peut-être la matiere élastique, contenue dans les cavités du corps à dissoudre, se dilate par la chaleur, se réunit en bulles, brise par son agitation les parois entre lesquels elle réduit ce corps en petites parcelles, alors il faudra convenir en même tems que cette solution ne doit pas être attribuée simplement à l'action mécanique du menstrue, mais encore à la force raréfiante du feu qui agit sur cette matiere élastique. En examinant bien tout cela, il m'est arrivé souvent de douter si l'air dans lequel il y a toujours des huiles, des sels & des esprits, ou si tout autre menstrue, tant solide que fluide, agissoit jamais sur le corps qu'il dissout, par ses seules facultés mécaniques, & cela sur-tout parce qu'il est rare qu'aucun menstrue soit jamais simple & parfaitement pur. L'expérience m'a appris qu'il ny en a point qui ne soit un mélange de particules variées, qui ont des propriétés très-differentes, & que chacune de ces particules attire, repousse, change, & opere d'une façon qui lui est tout-à-fait propre & particuliere. On se trompera donc si l'on attribue au pouvoir mécanique une efficace plus grande que celle que l'Auteur de la Nature a trouvé à propos de lui accorder; ce pouvoir a des bornes, au-de là desquelles il ne faut pas aller, si l'on veut s'en servir prudemment pour expliquer les Opérations chymiques.

Voilà quelle est mon sentiment sur cette matiere; j'ai cru devoir l'exposer ici par respect pour la vérité. On a publié que je me vantois de pouvoir expliquer par les principes de la mécanique toutes les productions chymiques; c'est-là une erreur dont personne ne peut-être plus éloigné que moi; ceux qui me l'ont atribuée m'ont fait tort, & en ont imposé à ceux qui les ont cru. Après avoir ainsi fait précéder la doc- trine des menstrues, qui agissent par une force mécanique; l'ordre veut que je passe à présent à l'examen de ceux qui opérent par un pouvoir qui leur est particulier & non par ces facultés que le Créateur a distribuées égale- ment dans tous les corps. Ces der- niers menstrues sont en si grand nom- bre, qu'il y en a fort peu qui ne doi-

H vj

vent pas être rangés parmi eux. Il
est donc néceffaire de les rapporter à
certaines claffes, dont chacune ait fa
marque caractériftique. En même
tems que cette méthode foulagera la
mémoire, elle nous mettra en état de
ranger les nouvelles découvertes
parmi des autres du même genre, &
connues déja auparavant. C'eft là le
feul moyen de fe tirer de la confufion,
dans laquelle cette multitude de Menftrues nous jetteroit fans cette précaution; & de parvenir à connoître la
maniere dont les uns agiffent, en les
comparant avec d'autres qui font de
la même efpèce.

De l'Eau & des Menftrues aqueux.

De l'Eau &
des Menftrues
aqueux.
Nous commencerons donc par
l'eau & par les Menftrues aqueux.
Ce font eux qui compoferont la premiere claffe des Menftres liquides.

La glace eft
un Menftrue
L'eau, convertie en glace par le
froid, & mêlée avec des fels fecs, ou
fluides, avec des fels alcalis, volatils ou fixes, avec des fels acides fixes ou volatils, avec des fels compofés, ou enfin avec des efprits de

végétaux fermentés, se dissoud, & dissoud à son tour. A cet égard rien n'empêche qu'on ne la range parmi les Menstrues solides. Cette solution s'opere même dans un très-grand froid ; & quand elle arrive, elle augmente encore le froid. Voyez ci-devant. *p.* 176. *& suiv.*

Cependant, à proprement parler, l'eau ne commence à agir comme un Menstrue, que quand elle est encore fluide, dans un dégré de froid qui est aussi près qu'il est possible de celui qui forme la glace; c'est-à-dire, quand le Thermomètre de Fahrenheit est au trente-deuxiéme dégré ; car nous avons vû ci-devant, que c'est le dégré dans lequel la congélation commence dans l'air. On dit que le fameux Mathématicien Romer a observé à Dantzig, pendant le rude Hiver de 1709, que le froid a fait descendre ce Thermomètre, dont il a été le premier Inventeur, depuis le 32 dégré jusqu'au premier. Par conséquent dans cet endroit le froid a été de trente-deux dégrés plus vif, que celui qui commence à former la glace : mais la latitude de Dantzig eſt environ de 54 dégrés 30 minutes vers le Nord ; par conféquent la diſtance de cette ville au pole arctique eſt de 35 dégrés 30 minutes. Or plus on avance vers ce pole, plus le froid eſt vif, ſans qu'on puiſſe dire cependant quel il eſt au pole même, parce que perſonne n'y a été : long-tems avant que d'y arriver on éprouve un froid auquel un homme ne ſauroit réſiſter. Ce qu'on peut dire ſans craindre de ſe tromper, c'eſt que le froid qui ſe fait ſentir au pole, eſt plus grand qu'aucun que nous ayons jamais éprouvé.

Sa force varie ſuivant qu'elle contient plus ou moins de feu. Pour le but que nous avons ici en vue, il nous ſuffit de ſavoir qué dans toute l'étendue du froid qui commence au trente-deuxiéme dégré, & qui ſe termine à cette autre dégré qui nous eſt inconnu, l'eau pure ne ſauroit jamais agir comme un Menſtrue liquide. D'un autre côté, ſi l'on applique du feu à l'eau, on peut augmenter ſa chaleur juſqu'à 214 degrés ; & quand elle eſt parvenue à ce point, elle bout, & ſur la ſurface de notre terre elle n'eſt plus ſuſceptible d'aucune augmentation de chaleur, ſi au moins elle eſt pure, & qu'elle ſoit contenue dans un vaſe ouvert. Mais nous avons prouvé ci-devant que plus le poids de l'atmoſphère qui preſſe l'eau eſt grand, plus auſſi la chaleur de celle-ci peut être augmentée. De là ne ſommes-nous pas en droit de conclure que de l'eau, qui ſeroit au centre de la Terre, pourroit être échauffée au point qu'elle acquerroit une force diſſolvante preſque infinie, & qu'elle agiroit ſur toutes ſortes de corps avec plus d'efficace qu'aucun autre Menſtrue connu ? Quoiqu'il en ſoit, il eſt certain que ſur la terre, toute la vertu diſſolvante de l'eau, proprement dite, eſt renfermée entre le trente deuxiéme & le 214ᵉ. dégré de chaleur.

La facilité avec laquelle nous pouvons meſurer l'efficace du feu ſur ce premier Menſtrue, eſt un avantage dont la découverte fait honneur à notre ſiécle. Elle nous met ſous les yeux les diverſes méthodes ſingulieres que la nature ſuit ici dans ſes opérations ; car il arrive ſouvent que la vertu diſſolvante de l'eau, acquiert

de nouvelles forces, quand la chaleur
de l'eau est augmentée, & qu'au contraire elle perd de son efficace dès
que cette chaleur diminue. De l'eau,
par exemple, dont la chaleur n'est
que de 33 dégrés, peut contenir en
soi une certaine quantité de sel dissout; ce sel l'empêche de se geler
dans ce dégré de froid, qui est celui ou l'eau pure commence à se convertir en glace. La raison de cela
consiste, ce semble, en ce que le sel
par son interposition empêche que
les superficies des particules de l'eau
ne s'appliquent les unes contre les autres. Mais si le froid s'augmente con-
considérablement, au-de-là de ce
qu'il doit être pour convertir l'eau
pure en glace alors on a le plaisir
de voir que cette eau salée se resser-
re, & que par là elle oblige le sel à la
quitter, & à se rassembler au fond du
vaisseau, où il forme de petits chry-
staux; & si le froid continue à augmenter peu à peu, l'eau se décharge
aussi de plus en plus de son sel, jusqu'à
ce qu'enfin, lorsqu'il ne lui en reste
presque plus, elle se gêle. A mesure
donc que le froid augmente, une plus

grande quantité de sel se sépare de
l'eau. Mais au contraire faites dissoudre dans de l'eau, qui a 33 dégrés de
chaleur, tout le sel qu'elle peut contenir ; ensuite augmentez peu à peu sa
chaleur, jusqu'à ce qu'elle commence
à bouillir ; & à chaque dégré d'augmentation de chaleur, jettez y quelque
grains de sel, vous verrez qu'à mesure
qu'elle deviendra plus chaude elle dissoudra davantage de sel; & cela jusqu'à
ce qu'elle bouille: mais dès qu'une fois
elle sera parvenue à ce point, vous con-
tinuerez inutilement l'ébullition ; elle
ne dissoudra plus. Quant à l'eau qui aura été gelée; il faut encore remarquer,
qu'en se dégelant elle dissoudra de
nouveau le sel qui s'en étoit séparé.

Il est à propos de démontrer, par
quelques expériences, ce que je viens
de dire. Je mets une once de sel marin pur, sec & pilé, dans un matras
de verre, net & sec ; ensuite j'y verse
doucement trois onces d'eau pure,
que je fais couler le long du col du
matras ; cela fait, je pose ce matras
dans un endroit tranquille, dont un
Thermomètre m'indique le dégré de
chaleur. Je verse ensuite la même
quantité d'eau & de sel dans un ma-

tras, que je tiens dans le même dégré de chaleur, mais en le secouant
continuellement; & cependant j'y jette de tems en tems quelque peu de
nouveau sel, jusqu'à ce qu'il ne se fasse plus aucune solution. Enfin je mets
dans un troisiéme matras autant d'eau
& de sel que dans les précédents, &
je le place, avec celui qui contient le
sel que j'ai fait dissoudre en le secouant
dans un chaudron plein d'eau. J'é-
chauffe peu à peu cette eau sur le
feu, & alors voici ce qui arrive. Le
sel, qui est dans le matras qui n'a pas
été secoué, commence à se dissoudre
à mesure que la la chaleur augmente,
& cela beaucoup plus promptement
& en plus grande quantité que dans
le matras que j'ai laissé tranquille hors
de l'eau. Ainsi l'application du feu
produit ici le même effet, que l'agitation a operé dans le second matras;
c'est-à-dire, qu'elle fait dissoudre le
sel. Quant à ce second matras, j'y
jette continuellement de nouveaux
grains de sel, à chaque augmentation de chaleur; & cela jusqu'à ce
que l'eau du chaudron commence à
bouillir; alors il se trouve que l'eau de
ce mattas contient une quantité assez

considérable de sel diffout, outre celui dont elle avoit été saturée par l'agitation. Lorsque je vois qu'elle n'a plus aucune force diffolvante, j'ôte le matras du chaudron, & après l'avoir bien effuyé, je le place dans un endroit où il fe refroidit peu à peu. Alors la liqueur qu'il contient, & qui étoit pellucide auparavant, commence à devenir opaque, & à fe troubler; fa furface fe couvre d'une pellicule; elle dépofe du fel au fond du Vaiffeau, & quand elle eft parvenue à la température de l'air qui l'environne, elle fe trouve prefque débaraffée de tout le fel, que l'excès de la chaleur du feu, par deffus celle de l'air lui avoit fait diffoudre. Cependant fi l'on jette les yeux fur le premier matras, que j'ai laiffé tranquille avec les trois onces d'eau, & l'once de fel qu'il contenoit, on voit qu'un partie de ce fel eft fondue, tandis que l'autre partie conferve encore fa premiere forme. Celle qui eft diffoute nage au fond du vaiffeau, fans fe mêler avec la liqueur qui eft au deffus; & paroit être un fluide péfant, gras, quelque peu tenace, &

qui refte tel affez long-tems, fi on ne le remue point, Mais fi on le fecoue, il fe mêle avec l'eau fous la forme de petites anguilles, il s'y diffoud tout-à-fait, & ne s'en fépare plus pour retomber au fond. Cependant une portion du fel qui étoit refté entier fe diffout à fon tour, & va occuper le fond du vafe comme la premiere folution, jufqu'à ce qu'en la fecouant ou qu'en l'échauffant on faffe qu'elle fe mêle auffi avec la liqueur. Enfin la chofe arrive conftamment, jufqu'à ce que l'eau ait à peu près diffout tout ce fel. En faifant cette expérience il eft à propos de remarquer que les deux matras qu'on expofe à la chaleur de l'eau bouillante, doivent avoir des cols affez longs, pour que la faumure ne puiffe pas perdre quelque chofe par l'évaporation. Il faut obferveré auffi qu'il eft bon d'échauffer d'avance les cols de ces matras, parce que s'ils étoient froids les vapeurs chaudes, qui s'y éléveroient, pourroient les faire fauter.

Conféquences qui découlent de ce qui vient d'être dit.

    Cette expériences eft très-fimple & très-facile ; & cependant elle nous offre diverfes confidérations qu'il eft à propos d'indiquer ; les voici. Il fuit de ce qui vient d'être dit. 1. Que les parties du sel & de l'eau ne sont point changées par cette opération, mais qu'elles sont seulement unies en-tr'elles de façon que l'eau touche les parties salines, de la même maniere que ces dernieres se touchoient auparavant, ou que les elémens aqueux étoient contigus les uns aux autres : cette espèce de solution est proprement un véritable mêlange. 2. Qu'à mesure que la chaleur augmente, elle fait que ce mêlange, ou cette solution, s'opérent plus promptement & qu'une plus grande quantité de sel se dissoud, dans la même quantité d'eau ; & cela jusqu'à ce que cette eau ne puisse plus recevoir de nouveaux dégrés de cha-leur. 3. Que les Menstrues aqueux, qui ont dissoud du sel jusqu'à entiere saturation, se troublent dans un grand froid ; & déposent des corpuscules salins, mais qu'ils reprennent leur transparence & dissolvent de nouveau ces corpuscules, dès qu'on leur rend leur premiere chaleur. 4. Que l'eau se condense par le froid, & qu'alors le sel qu'elle contient se congele en cry-staux, qui se dissolvent cependant au retour de la chaleur. Cela est même si généralement vrai, que l'huile de vitriol, bien purifiée de tout phlegme, & qui reste constamment fluide, lorsqu'elle est conservée dans un vase bouché soigneusement, se convertit en une masse solide quand elle est exposée au froid; mais aussi elle recouvre d'abord sa fluidité par la chaleur. 5. Que de l'eau bouillante, qui a dissout du sel jusqu'à entiere saturation, est plus pésante qu'elle ne l'étoit avant la solution; que si l'on met un Thermomètre dans cette saumure tandis qu'elle bout, on la trouvera plus chaude que si c'étoit de l'eau pure, & que par conséquent cette même saumure renfermée dans une bouteille, plongée dans de l'eau qui bout, ne recevra pas assez de chaleur pour bouillir, quoique de l'eau pure fut bien-tôt réduite à l'ébullition, si elle étoit dans le même cas. 6. Qu'autant que nous en pouvons juger jusqu'à présent, l'eau doit sa qualité de Menstrue au feu, & que sans lui elle cesse de dissoudre. La congélation démontre cela. Nous avons vû ci-devant, p. 182. que le froid qui produit la glace, & qui commence à 32 dégrés, peut encore être augmenté de 72 dégrés. Or dans toute l'étendue de cette augmentation la chaleur décroissant de plus en plus, l'eau se débarrasse presque de tous les sels qu'elle a dissout, & même l'esprit de nitre se convertit en petits glaçons. Il suit donc de-là, que plus le froid augmente, plus aussi il chasse hors de l'eau le sel dont elle est impregnée, jusqu'à ce qu'enfin il ne lui en laisse plus, en la convertissant en glace. Ce froid agit même tellement sur l'eau, qu'il lui ôte le pouvoir de dissoudre l'alcohol. Pendant l'hiver de 1629, j'exposai à un très-grand froid, de la bierre, du vin, du vinaigre, & de la saumure, dans de grands vases plats. La gelée eut bien-tôt condensé presque toute l'eau de ces liqueurs en une masse spongieuse, semblable à de la glace; mais en même tems elle réunit leurs esprits, qui conserverent leur fluidité; en perçant la la croute de glace, qui étoit au-dessus, je parvins à les retirer; alors ils avoient beacoup plus d'odeur & de force, que quand ils étoient mêlés

avec l'eau ; il faut remarquer que plus
le froid étoit vif, plus aussi ces esprits se séparoient en grande quantité. Le froid ôte donc à l'eau le pouvoir de dissoudre l'alcohol, & les sels
du vinaigre ; & il est très- vraisemblable, que s'il étoit porté au plus
haut dégré possible, il condenseroit
l'eau en un corps qui n'auroit absolument plus aucune vertu dissolvante :
mais un tel froid nous est inconnu.
7. Il suit encore de ce qui a été dit,
que cette force qui appartient à l'eau,
& qui la met en état de dissoudre les
sels, ou d'autres corps, & de les retenir mêlés avec elle après leur solution, ne suffit pas seule pour produire
cet effet, mais qu'elle doit encore être
aidée par le feu. 8. Si l'on applique
toutes ces observations aux humeurs
du corps des animaux, & surtout de
l'homme, on trouvera qu'elles sont
d'un usage très - étendu, & auquel
on n'a presque pas pensé. L'eau entre dans la composition de toutes les
liqueurs, qui sont dans le corps humain, elle y est en très-grande quantité, & elle en fait même la plus
grande partie. Par conséquent tous
les

les autres élémens de ces liqueurs nagent, & font mêlés dans l'eau ; ils y font retenus & confervés dans un état de fluidité. Il eft donc évident que l'eau qui eft fi fort changée par la chaleur & par le froid, doit auffi caufer de grands changemens dans ces liqueurs. Pour s'en convaincre il n'y a qu'à faire attention aux divers changemens, qu'un froid qui augmente peu à peu produit fur du fang tiré récemment d'une veine, ou à ce qui arrive à l'urine fraiche d'une perfonne qui eft à jeun. Qu'on tienne cette urine dans un endroit froid, bien-tôt elle dépofera un fédiment épais ; mais qu'on l'approche du feu, on verra qu'en s'échauffant elle redeviendra tranfparente, & qu'elle diffoudra de nouveau toutes les féces qui s'en étoient féparées, de forte qu'elle fera bien-tôt telle qu'elle étoit en fortant du corps. Cela nous apprend donc que les altérations que l'eau fouffre, tant par le froid que par la chaleur, doivent caufer dans notre corps de très-grands changemens.

Quand je réfléchis fur tout ce qui vient d'être dit, peut s'en faut que je *La force du feu dans l'eau.*

I

n'en conclue abſolument que la vertu diſſolvante de l'eau , conſidérée comme Menſtrue , croît toujours proportionnellement à la quantité de feu qu'elle contient en ſoi : cette conſéquence paroît découler de ce qui précede. Mais il eſt très-dangereux de ſe plaire à admettre en Phyſique des propoſitions générales ; dans cette ſcience il ne faut jamais s'écarter des expériences , ni ſe hâter de tirer des concluſions. Dans le cas préſent , il y a d'autres expériences , & même en très-grand nombre , qui ſemblent démontrer que l'eau perd ſa vertu diſſolvante à meſure que ſa chaleur augmente. Il eſt aiſé de mettre la choſe ſous les yeux. Ayez dans un urinal bien net de l'eau , qui ait un dégré de chaleur égal à celui du corps humain ; jettez-y quelques petites boules d'une pâte molle , faite de farine de froment paîtrie avec de l'eau ; vous verrez d'abord ces boules ſe fondre , ſe délayer, ſe diſſoudre & ſe mêler dans l'eau qu'elles rendront trouble. Mais ayez dans un autre urinal de l'eau bouillante , & jettez-y de même quelques-unes de ces boules , vous ne verrez pas celles-ci fe fondre, au contraire elles fe durciront, fans que même il s'en fépare aucune particule. Délayez dans de l'eau tiéde un blanc d'œuf frais, il s'y diffoudra fi parfaitement qu'il n'en paroîtra plus aucune mar-que ; mais échauffez cette eau peu à peu, à mefure que fa chaleur augmen-tera, le blanc d'œuf fe refferrera, fes fibres prendront de la confiftence, & enfin il deviendra tout-à-fait dur. Il eft donc clair que fi l'on augmente la chaleur au delà d'un certain terme, ce blanc d'œuf fe diffout de plus en plus, tandis qu'il fe durcit de plus dans de l'eau qu'on fait paffer d'un dégré déter-miné de froid à ce point de chaleur qui commence à le durcir. La même chofe arrive auffi à la pâte de pain, à notre fang, & à celui des animaux.

Il eft donc à propos de réduire en claffes les corps qui fe diffolvent tou-jours fûrement dans l'eau, quelque dé-gré de chaleur qu'ait celle - ci. Les corps fuivans compoferont la pre-miere de ces claffes. 1. Tous les fels gemme connus de même que ceux de fontaine, & les fels marins ; toutes fortes de nitres ; le fel ammoniac,

I ij

tant celui qu'on apporte d'Egypte ; que celui qui eſt artificiel. 2. Tous les ſels alcalis purs & volatils, que nous connoiſſons, tant ceux qui naiſſent d'eux-mêmes des animaux ou des végétaux pourris, que ceux qu'on en tire par la diſtillation. 3. Tous les ſels alcalis fixes qu'on prépare avec des cendres de végétaux brûlés. 4. Toutes ſortes d'acides qui ſe produiſent naturellement dans le regne végétal,& dans le regne animal ; de même que tous les eſprits acides qui naiſſent des végétaux fermentés, & ſurtout les eſprits de vinaigre, qui doivent leur origine à une double fermentation. Ajoutons encore ici les acides que l'on tire par la diſtillation de certains bois durs , tels que le chêne, le guayac, le ſaſſafras ; tous les vinaigres diſtillés ; la vapeur condenſée du ſouffre allumé ; & enfin les acides qu'on exprime , par un feu très-vif, de l'alun, du vitriol, du nitre, du ſel commun, du ſel gemme, & du ſel de fontaine. Les ſels compoſés , qu'on produit artificiellement en combinant des acides & des alcalis juſqu'à entiere ſaturation. Ces ſels ſont en très-grand

nombre ; ils different fuivant qu'on
fait entrer dans leur compofition des
alcalis fixes ou volatils, & des acides
végétaux ou foffiles, dont les efpeces
varient beaucoup quoiqu'elles appartiennent au même genre. Tous ces fels
fe diffolvent facilement dans l'eau, à
l'exception de celui qu'on appelle tartre vitriolé, qui s'y fond très-difficilement, & qui y reprend bien-tôt fa fo-
lidité. 6. Les fels de borax, qui ont
des propriétés fi fingulierés, fe fondent auffi dans l'eau, mais ce n'eft que
difficilement ; il faut que l'eau foit en
très-grande quantité, & rendue active par un feu très-vif, & même encore alors la folution ne s'opere qu'au
bout d'un tems affez long. Si la quantité d'eau, ou le dégré de chaleur di-
minuent, on voit d'abord ces fels redevenir folides. 7. Les fels végétaux
natifs, qu'on tire des plantes en délayant leur fuc, en le filtrant, en l'é-
paiffiffant, & en le laiffant repofer
longtems. Tel eft le fel qu'on nomme
fel effentiel d'ofeille. Ce fel, & tous
les autres de la même efpece, fe diffolvent fi aifément par l'eau, qu'il eft
très-difficile de les conferver fans

I iij

qu'il se fondent d'eux-mêmes. 8. Enfin les sels ausquels on donne le nom de tartres, & qui s'attachent aux douves des tonneaux qui contiennent du vin, ou du suc de plantes, fermenté, purifié, & reposé. Si ces sels sont bien purs & suffisamment durs, ils restent secs dans l'air, & ne se dissolvent point dans le vin qui les produit, il ne fondent que dans vingt fois autant d'eau & encore faut-il que celle-ci soit très-chaude. Dès que la quantité de l'eau diminue, ou dès qu'elle discontinue de bouillir, ils redeviennent de petites glèbes solides. Quant aux autres sels, tous, à l'exception du borax, du nitre, du tartre, & du tartre vitriolé, ne se dissolvent pas seulement dans l'eau, mais même ils supportent si impatiemment l'état de siccité, que quand ils sont exposés à l'air, ils attirent l'eau qui y est, & se fondent d'eux-mêmes. Les sels alcalis tant fixes que volatils, sont ceux pui se dissovent le plus promptement de cette maniere; il est très-difficile d'avoir les premiers bien secs, & cela ne se peut gueres que dans un très-grand froid. Pour ce qui est du sel alcali fixe, si après qu'il

eſt fondu, on l'ôte de deſſus le feu, &
ſi on lui laiſſe le tems de ſe refroidir tant ſoit peu, auſſi - tôt il s'humecte par l'humidité qu'il attire à
ſoi, quoiqu'il ne faſſe que paſſer par un
air ſec. Cela nous apprend que ces ſels
ont la propriété d'agir par une eſpece
d'attraction ſur l'eau, dont ils paroiſſent s'imprégner avec beaucoup d'avidité. Par conſéquent deux pouvoirs
très-différens l'un de l'autre, concourent dans la ſolution de ces ſels par
l'eau, l'un eſt une vertu diſſolvante, &
l'autre une force attractive ; c'eſt de
ces deux pouvoirs réunis, que dépend
l'efficace d'un Menſtrue aqueux. Il ne
faut pas oublier de remarquer ici, que
l'expérience nous prouve qu'il y a des
ſels, qui quoique très - avides de l'eau
peuvent former par leur combinaiſon
un nouveau ſel compoſé, qui ne s'im-
bibe d'eau qu'avec peine. Chacun ſait
que l'huile de vitriol attire à ſoi l'eau
avec beaucoup d'avidité, & que le ſel
alcali de tartre ne ſe ſépare que très-
difficilement, de celle dont il s'eſt une
fois imprégné. Cependant mêlez ces
deux ſels, en telle proportion, qu'on
ne découvre aucune marque d'acide

I iiij

ou d'alcali dans le mêlange ; alors vous aurez un sel sec, qui résiste long-tems à l'action de l'eau. La même chose a lieu aussi dans les autres sels formés par de semblables combinaisons, mais peut-être en un dégré tant soit peu inférieur. Remarquons cependant que ces sels demandent une portion déterminée d'eau, pour être dissouts, & que si la quantité d'eau n'est pas suffisante, il y en a toujours une partie qui reste au fond du vase sans se fondre. Observons encore, que quand de l'eau a dissout jusqu'à entiere saturation, une certaine espece de sel, elle ne laissera pas de dissoudre un autre sel, d'une nature différente, quoique la température demeure la même. Ayez une lessive de nitre bien saturée & jettez-y du sel marin ; une quantité assez considérable de ce dernier sel s'y dissoudra, tandis qu'une seule particule de nitre ne pourroit plus s'y fondre. Cette même lessive, ainsi imprégnée de ces deux sels, sera encore en état de dissoudre du sel ammoniac.

2 *Les corps salins.* En second lieu, l'eau, considérée comme menstrue, a la propriété de dissoudre tous les corps qu'on appelle

falins parce que le fel eft le principal ingrédient qui entre dans leur compofition. Tous ces corps font formés par quelqu'un des fels, dont on vient de parler, & par d'autres parties qui ne participent point à la nature faline. Nous pouvons ranger dans cette claffe, 1. Les favons natifs des végétaux, dont il a été parlé ci-devant, & parmi lefquels on place tous les fucs murs de toutes fortes de fruits d'été. Ces favons contiennent l'eau, le fel, l'efprit & l'huile de la plante intimément mêlés & confondus enfemble ; & tous fe diffolvent aifément dans l'eau pure. 2. Certains fucs particuliers, congelés, qui naiffent & fe perfectionnent dans des endroits déterminés des plantes. Tels font le miel, la pulpe de la caffe, la manne, & les fucres. On pourroit ranger ces fucs, parmi les précédens, ils en different cependant en ce qu'ils contiennent moins d'eau, mais ce font pourtant auffi des favons compofés d'une grande quantité d'huile & de fel mêlés enfemble, & par conféquent ils peuvent fe diffoudre parfaitement dans l'eau, fans en excepter même la gomme. 3. Les fucs de végétaux , plus liquides que ceux que je viens d'indiquer , & qui circulent dans les vaiffeaux , & dans tout le corps des plantes ; telles font les liqueurs qui découlent en abondance au printems , par les incifions faites au bouleau , au noyer , & à la vigne , quoique ces arbres foient d'ailleurs fains & vigoureux. Tous les différens fucs de cette efpece , font auffi des favons de plantes , délayés avec beaucoup d'eau , ce qui les rend propres à en être diffouts tout-à-fait. 4. Tous les fucs des animaux , connus jufqu'à préfent , fe diffolvent auffi très-aifément dans l'eau , à l'exception de la graiffe. Cependant parmi ces fucs ou ces humeurs natives des animaux , la bile eft celle qui aime le plus l'eau. C'eft-là un fait que l'expérience m'a appris depuis longtems ; car toutes les fois que j'ai voulu épaiffir de la bile , fraîchement tirée du corps d'un animal , pour en faire des pillules , ou pour la conferver fans qu'elle fe corrompit , j'ai conftamment obfervé que cette bile épaiffie fe fondoit d'elle-même dans l'air. 5. Tous les favons faits d'huile végétable , exprimée par

la preſſion, d'alcali végétable fixe, &
de la partie ignée d'une certaine
quantité de chaux vive, bien mêlées
enſemble dans de l'eau bouillante, &
épaiſſies enſuite par la coction en une
ſubſtance aſſez ſolide. Les ſavons qui
ſe font avec des huiles végétables diſtillées, mêlées avec de l'alcali ignée,
très-âcre, très-ſec, & très-chaud, &
avec de la chaux vive, faite de pierre, & auſſi âcre, qu'il eſt poſſible :
pour la compoſition de ces ſavons,
il ſuffit de confondre ces ingrédients,
& de les laiſſer expoſés à l'air dans
quelqu'endroit bas. Les ſavons, qui
demandent plus d'art pour leur préparation, & qui ſe font avec les plus
pures huiles diſtillées, unies à un ſel
alcali volatil & auſſi très-pur ; cette
union s'opere, ſans le ſecours d'aucune eau étrangere, par une ſublimation
réitérée, faite lentement, & prudemment. Ces ſavons ſont préférables aux
précédens : la maniere de les préparer n'eſt connue que de peu de gens,
& quand ils ſont bien faits, on s'en
ſert très-utilement dans la Médecine.
Enfin, les plus ſubtils de tous les ſavons, qui ſe font en combinant de

I vj

l'alcohol de vin, aussi pur qu'il est possible, avec du Sel alcali volatil & aussi très-pur. Ces deux substances préparées & mêlées d'une façon particuliere, se convertissent en une espece de nége, saline, savonneuse, sulphureuse & très-volatile : on l'appelle mal-à-propos le Coagulum de Van-Helmont, ou *Offa Helmontiana*. Raimond Lulle la nomme *Spiritus Vini acuatus Sale Ammoniaco*, ou esprit de vin rendu pénétrant par le sel ammoniac. A ce savon on en peut encore joindre un autre, que certains Chymistes ont eu le secret de faire en mêlant parfaitement ensemble de l'alcohol & du sel de tartre. Dans tous ces savons la Chymie trouve toujours de nouveau menstrues très-efficaces, & la Médecine en tire des remedes très-utiles. Mais ce qu'ils nous offrent de plus remarquable, c'est la solution des huiles, sur lesquelles l'eau n'a aucune prise, quand elles sont seules; & qui se dissolvent cependant très-bien dans cette même eau, lorsqu'elles sont jointes avec des sels. Les sels seuls attirent à eux l'eau, & comme ils produisent le même effet sur les huiles, ils nous fournissent un moyen très-commode pour diffoudre ces dernieres dans l'eau. 6. Nous devons auffi rapporter à la claffe des corps falins, confidérés entant que l'eau agit fur eux comme menftrue, les corps aufquels les Chymiftes donnent le nom de vitriols; ce font des criftaux, qui doivent leur origine à des fels diffolvants, & fur tous à des fels acides, lefquels après avoir divifé des métaux en fort petites parcelles, s'uniffent avec eux pour former des glèbes que l'eau peut diffoudre entiérement, fans que même elles dépofent aucun fédiment; auffi longtems au moins qu'elles confervent leur véritable forme vitriolique. Nous rangeons donc parmi ces corps les magifteres, les fucres, les fels, & les vitriols, proprement dits, d'or, d'argent, de mercure, de fer, de cuivre & d'étain, lorfqu'ils continuent d'être compofés d'un diffolvant acide, d'une certaine quantité d'eau, & de particules métalliques melées enfemble en telle proportion qu'elles faffent un tout tranfparent & pellucide, comme du criftal ou du verre. Plus les parties métalli-

ques font impregnées d'acide , plus
aifément aufli elle fe diffolvent dans
l'eau. Mais fi l'on fait évaporer par
une chaleur douce l'eau qui eft dans
le vitriol , & cela jufqu'à ce que celui-ci devienne opaque, alors l'eau a
moins de prife fur ces mêmes parties
métalliques qu'auparavant ; & fi l'on
pouffe cette évaporation , jufqu'à ce
que le vitriol devienne parfaitement
fec , alors le métal ne fe diffoud plus,
quoiqu'il retienne encore en foi
beaucoup d'acide. Tout cela fe voit
clairement dans le mercure. Chacun
fait qu'il n'eft pas poffible de le diffoudre dans l'eau ; mais faites-en diffoudre une once , dans de bon efprit
de nitre , & enfuite épaifliffez le tant
foit peu , vous aurez une liqueur que
vous pourrez délayer dans l'eau à volonté. Laiffez repofer pendant quelque tems cette liqueur il s'y formera
au fond des criftaux très-cauftiques,
blanchâtres, un peu tranfparens , &
qui fe fondront entiérement & très-
promptement dans l'eau pure. Mais
faites fécher ces criftaux , jufqu'à ce
qu'ils deviennent une poudre blanche,
jaune , rouge & de couleur de pour-

pre ; alors vous ne pourrez plus les diſſoudre entiérement dans l'eau. Ces métaux donc ne ſe diſſolvent dans l'eau , qu'autant qu'il y a de l'acide ad-hérent à leur ſurface métallique ; auſſi-voit-on qu'ils ſe ſéparent d'abord de l'eau qui les a diſſout , dès qu'ils ne ſont plus joints à aucun acide. En délayant par une grande quantité d'eau les métaux ainſi diſſous par des acides , on peut les rendre potables , & par-là même propres à être reçus dans le corps humain , à s'y mêler avec ſes humeurs , & à agir ſur ſes parties ſolides : les ef-fets qu'ils y produiſent ſont ſouvent très-remarquables ; car ils y opérent , tant par l'acide qui leur eſt adhérent , que par leur vertu métallique. Mais leur action ne dure qu'auſſi long-tems qu'ils reſtent dans un état de ſo-lution : or comme leur ſolution dé-pend ſur-tout de l'acide , dès que ce-lui-ci eſt ôté , ils perdent leur pota-bilité , ou leur aptitude à ſe mêler avec les humeurs du corps , & ſe con-vertiſſent en chaux & en poudre. On comprend par ce qui vient d'être dit , juſques à quand la vertu des eaux mé-

dicinales ou vitrioliques doit subsis-
ter ; elle ne dure qu'aussi long-tems
que le sel dissolvant,& le métal dissout,
peuvent être soutenus dans la grande
quantité d'eau où ils sont délayés.
Mais si par l'inertie ou par la diminution du sel dissolvant, ces eaux viennent à déposer leur ocre, alors devenues insipides, elles ne sont plus d'aucune utilité. Ce que j'ai remarqué sur
l'action de l'acide par rapport à
l'eau, est aussi vrai à l'égard des métaux qui sont dissouts dans des sels
alcalis; le cuivre, par exemple, dissout dans de bon esprit de sel ammoniac, donne une teinture violette,
mais qui change tout-à-fait de nature & se convertit en une poussiere
brunâtre dès qu'elle est privée de son
sel. La même chose arrive encore aux
solutions de métaux faites par des sels
natifs ou composés. C'est ainsi que le
sel ammoniac, ou le sel marin, auxquels on a fait dissoudre quelque métal par une méthode particuliere, peuvent être délaïez dans l'eau, & produire ainsi plusieurs effets dans le
corps humain ; mais alors toute leur
efficace dépend aussi de leur solubilité

dans l'eau. Cependant il en eſt de ceci comme de toute autre matiere de Phyſique ; il eſt très-difficile d'avancer une propoſition qui ſoit univerſellement vraie. La ſolution de l'antimoine , faite avec le plus fort eſprit de ſel marin , adherent au mercure ſublimé corroſif ; cette ſolution, dis-je, connue ſous le nom de beure d'antimoine , eſt ſaturée d'acide ; ainſi après ce qui a été dit, on ſeroit porté à croire qu'elle doit ſe diſſoudre aiſément dans l'eau ; cependant dès qu'on verſe de l'eau deſſus , tout ce qui eſt antimoine ſe convertit en une chaux très-blanche ; & cette chaux fondue par un grand feu, donne un très-beau régule d'antimoine , ſur lequel l'eau n'a abſolument aucune priſe.

Paſſons à préſent aux corps qui ſont purement terreſtres. Lorſque ces corps ont été corrodés par des acides , ils peuvent auſſi ſe diſſoudre ſi parfaitement dans l'eau , qu'on n'en voit plus aucune trace , & que la liqueur n'en eſt pas même troublée : ils peuvent donc auſſi opérer ſous une forme liquide. Ayez de la craye , par exemple , & faites en ſorte qu'elle foit bien corrodée par des acides, vous pourrez alors la diffoudre dans l'eau comme vous voudrez. Il en eft de même de tout autre terre ; je n'en connois prefque aucune, qui ne puiffe être diffoute par quelqu'acide, & difparoître à nos yeux lorfqu'elle eft délayée avec de l'eau. Cela nous apprend qu'on ne peut pas conclure qu'une liqueur eft dégagée de toute terre parcequ'elle eft parfaitement tranfparente & limpide. Les Terres qu'on tire des os, des chairs des coquilles, & d'autres parties d'animaux fe diffolvent auffi dans les acides, & fe délayent par conféquent dans l'eau, d'où l'on peut cependant les retirer en plufieurs manieres différentes.

& non par des alcalis. Mais fi tous ces corps terreftres, corrodés par des acides fe diffolvent dans l'eau, il ne faut pas croire qu'il en foit de même de ceux qui font intimément unis à des alcalis ; l'eau n'a abfolument aucune prife fur ceux-ci. On a un exemple dans le verre, qui eft compofé d'alcali & de Terre, plus le mêlange de ces deux fubftances eft intime, moins le verre

eſt ſoluble dans l'eau. La diverſité des ſels met donc une très-grande différence dans la ſolubilité de la Terre par l'eau. Les ſels alcalis la diſſolvent en particules très-ſubtiles, & la convertiſſent en une corps fixe, fort tranſparent, très-dur, & qui réſiſte autant à la force diſſolvante de l'eau, que tout autre corps connu. Mais ce que je trouve ici de plus ſurprenant, eſt que les ſels alcalis des animaux, qui ſont très-ſubtils & très-volatils, forment, lorſqu'ils ſont étroitement unis avec de la terre, une maſſe que l'eau bouillante ne peut pas diſſoudre. Telle eſt la pierre qui ſe produit dans les animaux ; elle eſt compoſée de ces deux principes joints à de l'huile, & dès qu'une fois elle eſt formée dans quelque partie du corps, elle a malheureuſement la propriété de ſe multiplier en quelque façon, en groſſiſſant ſon volume. Elle abſorbe & unit à ſa maſſe, la matiere qui eſt de la même nature que celle dont elle eſt compoſée, & qui ſe trouve dans les humeurs animales qui approchent le plus de la putréfaction, telle que la bile & l'urine, où des

fels prefque alcalis dominent. Ces fels
fe joignant à des particules terreftres
très-fubtiles, que la circulation détache des diverfes parties du corps
humain, préparent ainfi une nouvelle matiere, calculeufe, qui augmente continuellement le volume de
la pierre, & par là même les douleurs
de ceux qui ont le malheur d'en être
tourmentés.

Raifon de l'action naturelle des animaux. Quand je réflechis attentivement
fur tout cela, je crois appercevoir la
raifon pourquoi l'Auteur de la Nature a voulu que prefque tous les alimens des animaux, à l'exception d'un
très-petit nombre, fuffent acides. Il
arrive par là que des fels acides do-
minant dans l'Eftomac, rendent les
alimens, qui y font, propres à être
diffouts. Ce qui fait principalement la
bafe de la partie folide de ces alimens
eft de la terre ; ainfi fans acides ils fe
diffoudroient difficilement pour former un chyle liquide. Mais quand enfuite le chyle doit fervir à former des
parties folides, alors l'acidité, qui lui
étoit néceffaire auparavant, difparoit;
fes fels deviennent alcalis, & ce changement fait qu'ils font en état de

saisir les particules terrestres qui son t
dans le corps, & de se joindre à elles
pour former des vaisseaux capables
de contenir des liqueurs, & sur lesquels l'eau ne peut opérer aucune
solution. Il est certain que des os,
plongés dans des fluides alcalis, conservent leur dureté, au lieu que si on
les tient quelque tems dans des acides
ils s'amollissent jusqu'à devenir flo-
xibles; c'est là un fait dont Monsieur Ruisch a eu occasion d'être té-
moin plusieurs fois dans le cours de
ses expériences anatomiques, comme
lui-même me l'a] raconté souvent.
Quand donc le corps humain n'a
plus la force de convertir les acides
en alcalis, alors les os, les cartilages,
les dents & les ligamens deviennent
lâches, débiles, mols & flexibles,
comme on voit tous les jours que
cela arrive dans les enfans, attaqués
de la maladie qu'on nomme charte
ou rachitis. Que les Médecins & les
Chirugiens apprennent donc ici qu'il
est très - imprudent d'employer
des acides, âcres & rongeants pour
blanchir les dents; à la vérité on
parvient par ce moyen à leur donner

de l'éclat, mais peu de tems après-
elles perdent le fentiment, elles commencent à n'être plus fermes dans
la gencive, & enfin elles tombent : il vaut beaucoup mieux les
nettoyer avec des leffives moins âcres
de fels alcalis, & bien délayées; ces
leffives ne nuifent en aucune façon à
la terre qui entre dans la compofition
des dents.

4. Les fouf-
fres unis avec
des alcalis.
Après les corps que nous venons
d'indiquer, paffons aux fouffres.
Ceux-ci quand ils font feuls, ne fe
fondent point dans l'eau, mais il s'y
diffolvent entiérement dès qu'ils font
intimément mêlés avec des alcalis fixes. Par là nous pouvons comprendre
en quoi confifte la vertu médicinale
des eaux fouffrées; nous n'avons pour
cela qu'à appliquer ici ce qui a déja
été dit des eaux qui doivent leur vertu
aux métaux dont elles font chargées.
Les fels alcalis volatils peuvent auffi
diffoudre les fouffres de façon qu'ils
fe délayent enfuite dans l'eau. De là
donc il fuit que de l'eau imprégnée
de fels alcalis, peut auffi diffoudre
très-bien les fouffres. Elle opére même cet effet fur les fouffres qui font

cachés dans la substance des métaux,
ou des demi-métaux; & alors ce qui est
dans l'intérieur de ces corps en est tiré
& devient visible. Ces sortes de préparations qui ne font rien pour ceux
qui les connoissent, ont passés pour
des secrets merveilleux, qu'on se
faisoit payer bien chérement; il y a
eu même souvent des Princes qui en
ont été les dupes. J'ai vû une liqueur
de cette espèce, qu'on vendoit sous
le pompeux titre de Panacée, & qui
n'étoit cependant autre chose qu'une
préparation d'antimoine. Quelques
goutes de cette liqueur, avallées avec
du Vin, devoient guérir promtement
toutes sortes de maux, & cela sans
opérer d'une façon sensible sur le
corps; & effectivement elles produi-
soient quelque effet dans certaines
maladies. Mais tous ces secrets perdent leur mérite dès qu'ils font di-
vulgués, & alors ceux qui se vantoient d'en être les dépositaires se
voyent bien-tôt frustrés de tout le
profit qu'ils retiroient de ce mono-
pole. En examinant cette prétendue
panacée, j'en découvris bien-tôt tout
le mystere; le voici. On broye de

l'antimoine natif jufqu'à ce qu'il foit
reduit en une poudre fine, & alors on
verfe deffus deux fois autant d'huile
de tartre par défaillance, ou d'alcaheft de Glauber. On met enfuite ce
mêlange dans un haut matras, & on
l'expofe à une chaleur affez grande,
où on le laiffe long-tems en digeftion. Cependant l'alcali diffout infen-
fiblement le fouffre qui eft caché dans
l'antimoine, & en extrait une efpèce
de teinture rouge qui a un goût ignée,
& une vertu anti-acide, échauffante,
apéritive, diurétique & diaphorétique. Mais fi l'on ne veut pas s'en
laiffer impofer par l'apparence, on
peut avoir en un moment, un auffi
bon reméde, en faifant cuire du
fouffre commun, pilé dans une leffive de fel alcali, fixe & âcre; car
ce fouffre ne différe pas de celui
de l'antimoine ; & pour ce qui
eft de la partie métallique de ce
demi-métal, l'alcali n'a aucune prife
fur elle. L'efprit alcali de fel ammoniac, appliqué auffi fuivant les regles
de l'Art à de l'antimoine pulverifé,
en tire de même une teinture fouffrée,
de couleur d'or ; & qui eft parfaitement

ment ſemblable à celle que Mr. Boyle a fait voir clairement qu'on pouvoit tirer du ſimple ſouffre. Mais à quoi bon m'arrêter ici à découvrir toutes les fourberies des charlatans! Le monde aime à être trompé, & ſouvent les gens riches veulent qu'on leur faſſe payer bien cher les remédes qu'on leur donne ; en quoi ils ſont merveilleuſement ſécondés par l'avidité de ceux entre les mains deſquels ils ſe remettent ; avidité à laquelle je chercherois inutilement à mettre des bornes, par tout ce que je pourrois dire ici.

Il y a encore des corps compoſés d'une colle ténace & dure, qui réſiſtent à l'eau quand ils ſont ſeuls, mais qui en ſont diſſout entierement s'ils ſont auſſi combinés avec des alcalis fixes ou volatils. Par là ils perdent tout-à-fait leur ténacité qui empêchoit l'eau d'avoir priſe ſur eux, & alors celle ci s'inſinuant entre leurs particules qui ſe trouvent ſéparées, elle les délaye & les diſſout. On a preſque par tout des exemples de cela ; car qui ne ſait qu'on peut changer de tels corps au point que de les rendre ſolubes dans

5. Les réſines les plus tenaces.

K

l'eau, en les mêlant avec de l'urine pourrie d'animaux, avec de la lie de vin brûlée, avec toutes sortes de savons, avec du fiel, avec du suc, avec du miel, ou avec des jaunes d'œufs. C'est de là que dépend presque toute la propriété qu'a l'eau, de servir à laver, nétoyer, & ôter les tâches. Parmi les corps dont il s'agit ici on peut ranger les huiles, les baumes, les colophones, les résines, & les gommes-résines. Toutes ces diverses substances, qui résistent à l'eau, quand elles sont seules, peuvent en être dissoutes, quand elles sont mêlées comme je viens de le dire.

Voilà les principales remarques que j'avois à faire touchant la maniere dont l'eau agit sur les corps qu'elle dissoud ; & je ne sais rien de plus sur cette matiere, qui ne puisse se rapporter à quelques uns des articles que j'ai indiqués. Je n'ignore cependant pas ce que de grands chymistes ont dit là-dessus ; mais l'amour de la vérité & de la simplicité, qu'un honnête homme ne doit jamais perdre de vue, ne me permet pas de donner ici leurs fentimens pour vrais; car je foupçonne qu'ils ont cru voir dans leurs découvertes plus de chofes qu'il n'y en a réellement. Quoi qu'il en foit, j'avoue ingénument que les merveilleux fecrets qu'ils fe vantent d'avoir, me font abfolument inconnus. Qu'il me foit permis pourtant d'expofer ici la doctrine de Van-Helmont, fur le fujet dont il s'agit. Il prétend que tous les corps font convertis par le feul alcaheft, en un fel qui conferve fon premier poids, & qui peut fe diffoudre parfaitement dans l'eau. Si le fait étoit vrai, il s'enfuivroit néceffairement, que l'eau a prife fur tous les corps fans exeption; & cela ne devroit pas paroître furprenant à ceux qui foutiennent que tous les corps tirent leur origine de l'eau, & peuvent fe réfoudre en eau, à l'exception du feu feul, qu'ils ne rangent peut-être pas à caufe de cela au nombre des corps. Quant à moi, j'ai dit ci-devant, en parlant de la maniere dont l'eau diffoud mécaniquement, que l'eau, toute molle qu'elle eft, peut divifer en petites parcelles tous

les corps sur lesquels elle tombe de
haut : mais je n'ai jamais voulu dire
par là que ces parcelles restoient confondues avec l'eau. J'ai rapporté aussi
ce que dit Monsieur Homberg, Auteur aussi digne de foi, qu'infatigable
à faire des expériences ; savoir que
par le moyen du frottement l'eau
dissoud tous les métaux. Mais en même tems j'ai averti que cette opération se faisoit dans l'air, qui pouvoit
contribuer à la faire réussir par toutes sortes de Sels dont il est chargé,
sur tout dans les laboratoires chymiques. Je crois donc que le pouvoir
dissolvant de l'eau est limité, & qu'il
se borne à ce que l'eau sert de véhi-
cule aux alimens, qu'elle les fait entrer dans les animaux, & des végétaux, où elle les applique & les mêle
comme il le faut pour que ces corps
vivent & croissent ; sans elle ils ne
font qu'une masse séche & sans activité.

Après avoir ainsi expliqué ce qui
regarde la vertu que l'eau a de dissoudre, il n'est pas nécessaire que je
m'étende sur les Menstrues aqueux ;
parce que tout ce je pourrois en dire

ne feroit prefque qu'une répétition de ce qu'on vient de lire. Ainfi je me contenterai de faire deux ou trois remarques, qui ne feront peut-être pas tout-à-fait inutile.

La grêle qui tombe en Eté, après *La grêle.* une grande chaleur & des coups de tonnerres, reçue dans des vaiffeaux nets, a une force différente de celle de toute autre eau. Comme c'eft une eau qui a été élevée dans les plus hautes régions de l'atmofphère, où elle s'eft glacée, & d'où elle eft retombée enfuite fous la forme de grélons, elle eft plus pure qu'aucune autre.

Après la gréle, ce qui donne l'eau *La neige.* la plus pure eft la nége qui tombe en Hiver dans un tems bien froid, & lorfqu'il ne fait aucun vent : encore faut-il qu'elle foit ramaffée d'abord après qu'elle eft tombée, & cela dans un lieu élevé, ſablonneux & defert, en obfervant de prendre celle qui eft au-deffus.

La rofée eft un cahos ou un mê- *La rofée.* lange de diverfes chofes confondues enfemble ; car elle eft formée par le concours de vapeurs aqueufes, fpiriteufes, falines, huileufes, & de

K iij

toutes sortes d'exhalaisons séches. A cet égard donc elle différe considerablement de tout autre Menstrue aqueux. Elle ne paroît que dans les endroits dont la terre a déja été séché auparavant par l'ardeur du soleil; par conséquent elle est composée de corpuscules, plus pésants que l'eau même, & qui ne peuvent être élévés que par une très-grande chaleur; aussi ces corpuscules retombent-ils, dès que les rayons solaires disparoissent tant soit peu, & par là ils arrosent les Plantes & les animaux, & rendent à la terre, desséchée & crévassée, l'humidité dont elle avoit été privée. Ainsi il n'est presque pas possible, comme je l'ai déja remarqué ci-devant, de déterminer les propriétés de la rosée, & de les ranger sous un seul chef. Elle est un composé de tant de substances différentes, que je ne suis pas surpris que des Chymistes ayent cru qu'elle renfermoit dans son sein la matiere du sel universel, & qu'on en pouvoit tirer ce sel auquel ils ont donné le nom d'esprit congelé du monde. Mais laissons ce sujet pour passer à d'autres especes de menstrues, & contentons-nous seulement d'ajouter ici que l'eau, qui est adhérente à l'air, opere souvent des solutions, qu'on attribue mal à propos à la force de l'air même.

Des Huiles & des Menstrues Huileux.

J'ai déja traité ci-devant des caractéres, & de la nature de l'huile en général, lorsque j'ai parlé des diverses parties dans lesquelles l'art pouvoit décomppser les corps des animaux & des végétaux. Voyez pag. 70 & 79. avec ce qui a été dit sur ce qui sert d'aliment au feu, pag. 323 & 327, 366, 370. En considérant à présent l'huile comme un Menstrue, nous devons la regarder comme un suc qui est fluide, ou qui peut le devenir par un médiocre dégré de chaleur, qui est gras, qui s'enflamme par le feu, & qui ne peut pas être mêlé avec l'eau. Si l'on croit devoir ranger l'alcohol dans la classe des huiles, il faut remarquer qu'il en a toutes les propriétés, excepté cette derniere, puisqu'il se mêle assez aisément avec l'eau. Toutes les huiles sur lesquelles les hommes

Les Huiles.

K iv

ont pu faire des observations, sont ou natives, & telles qu'elles existent dans les corps qui les produisent, ou préparées & tirées de ces corps par l'art, c'est-à-dire pour l'ordinaire par la Chymie, & alors elles sont toujours changées & différentes de ce qu'elles étoient dans leur état naturel. Ce n'est pas sans raison qu'on fait cette distinction ; car les huiles, entant que menstrues, different considérablement suivant qu'elles appartiennent à l'une ou à l'autre de ces especes. Les huiles, ou les sucs natifs huileux, se trouvent par tout : les fossiles, les végétaux & les animaux en contiennent ; aucune classe de corps n'en est privée. Quant aux huiles que l'art prépare, & change en même tems, on employe divers moyen pour les extraire. Ordinairement on fait cuire les corps gras dans l'eau bouillante, afin que la graisse en se fondant se dégage en quelque façon des liens qui la retiennent ; & que sa légéreté, aidée par le mouvement de l'eau, fasse qu'elle se rassemble au haut du vase où l'on peut aisément la séparer du reste. Cette maniere de séparer les huiles ne les change pas beaucoup : une autre méthode qu'on employe, c'eſt la preſſion ; on pile les corps huileux, on les met entre deux plaques de fer échauffées, & enſuite on en exprime l'huile en les mettant à la preſſe. Si l'on a ſoin que les plaques de fer ne ſoient pas trop chaudes, l'huile qu'on prépare de cette façon differe auſſi très-peu de l'huile native. Quelquefois on employe la fuſion par le feu ; pour cela on uſtule légérement, par un feu artiſtement ménagé, les corps natifs, qui contiennent des ſubſtances huileuſes : cette uſtulation fait ſortir les huiles, qu'on peut alors recueillir aiſément. On a un exemple de cette opération dans la préparation de la poix qu'on attire des arbres, qui portent des fruits en forme de cones ; ſur quoi il eſt à propos de conſulter le petit Traité d'Axtius. Enfin il y a des huiles qu'on tire des corps par diſtillation, ſoit en les exaltánt par le moyen de l'eau, ou du feu ſeul ; ſoit en les faiſant paſſer de côté par le col d'une cornue ; ſoit enfin en les forçant à deſcendre ; eſpece de diſtillation que les Chymiſtes appellent *per deſcenſum.*

On remarque preſque conſtamment *qui ne ſe gelent point.*

K v

que ces dernieres huiles que nous nom-
merons dans la suite distillées, ne se
gelent par aucun froid connu jusqu'à
présent, & qu'elles conservent toujours leur fluidité. Quant aux huiles
exprimées par la pression, il y en a
qui se fixent par un froid vif en une
masse solide, composée de globules
réunis ; telles sont les huiles d'olives,
de navette, & plusieurs autres assez
connues ; il y en a aussi quelques-unes
qui ne se gelent point, même dans le
tems des plus fortes gelées, telle est
l'huile de lin. J'ai souvent médité sur
la différence singuliere qu'il y a entre
les huiles à cet égard ; mais il ne m'a
pas été possible d'en découvrir la cause ; je crois donc pouvoir l'attribuer
à quelque propriété secrette, dont les
expériences démontrent la réalité,
mêmes aux plus incrédules, sans qu'on
puisse cependant la rapporter à aucune loi connue d'ailleurs. Quoiqu'il en
soit, c'est un très grand avantage
pour les hommes, que ces substances,
dont ils se servent si utilement & si aisément pour se conduire pendant la
nuit, conservent leur fluidité au milieu du plus grand froid. Les huiles qui

se gelent, ne commencent à faire usage de la vertu dissolvante, qui leur est
propre, que quand elles ne sont plus
gelées, & qu'elles sont résoutes en liqueur ; or comme il y a telles de ces
huiles, qui se gelent plus vîte que l'eau,
le froid les met plûtôt hors d'état de
dissoudre que l'eau même. Les huiles
au contraire qui restent fluides dans
le plus grand froid naturel, conservent toujours leur propriété dissolvante. L'on ne peut donc pas déterminer dans la nature des choses une
borne commune, qui soit un point
fixe, depuis lequel le pouvoir dissolvant qui est propre aux huiles, commence à agir ; à la vérité on peut
presque déterminer ce point pour une
certaine espece d'huiles, mais non
pour toutes. Remarquons encore ici
quelque chose de fort singulier ; c'est
que l'huile de lin, qui reste liquide au
milieu du plus grand froid, n'a pas
cependant alors plus de chaleur que
la glace la plus dure, ou que toute
autre huile gelée.

Si l'on échauffe peu à peu de l'huile, sur un feu menagé avec art, jusqu'à ce qu'elle ait 212 dégrés de cha-

K vj

leur, ce qui eſt la plus grande chaleur, dont l'eau ſoit ſuſceptible, elle ne donnera aucune marque d'ébullition. Mais ſi l'on continue le feu, elle s'échauffera de plus en plus, & on ne la verra bouillir que quand elle aura acquis une chaleur de 600 dégrés. Il n'eſt donc pas ſurprenant que l'huile bouillante ſoit beaucoup plus chaude & plus brûlante que l'eau. Cependant il ne faut pas croire que toutes les huiles bouillent également vîte. Celles qui ſont très légeres & fort ſubtiles, bouillent plus facilement, & s'échauffent moins que les autres, qui réduites plus tard à l'ébullition, reçoivent par conſequent une plus grande quantité de feu dans l'intérieur de leur ſubſtance. C'eſt ainſi que l'huile rectifiée de Térébenthine bout aſſez vîte, pendant que l'huile de lin ne bout que très-difficilement. Cela nous apprend encore qu'il eſt très-difficile de déterminer toute l'étendue du pouvoir diſſolvant de l'huile ; car dans cette même huile de lin, par exemple, ce pouvoir commence au plus grand dégré de froid connu & va enſuite en augmentant juſqu'à 600 dégrés ; de façon qu'à chaque augmentation de chaleur, l'huile acquiert la propriété d'agir différemment, sur un même corps, ou sur des corps différens, ausquels on l'applique soit avec le même dégré de chaleur, soit avec une chaleur variée. Il n'en faut pas davantage pour nous faire comprendre qu'à ces deux égards l'étendue du pouvoir dissolvant des huiles, est presque infinie ; cependant il est à propos de démontrer la chose par des exemples.

Je remplis d'eau de pluye un chaudron découvert ; ensuite j'y mets un Thermometre de Fahrenheit, fait de mercure, & trois matras, aussi égaux qu'il est possible, qui contiennent en égale quantité, l'un de l'alcohol, l'autre de l'huile distillée de térébenthine, & le troisiéme de l'huile d'olives. Après cela je fais du feu sous le chaudron, & j'ai soin d'en remuer souvent l'eau, pour que la chaleur s'y répande uniformément. Quand la chaleur de cette eau est parvenue à 175 dégrés, on voit l'alcohol bouillir assez fortement dans le premier matras ; quand elle est à 213, l'eau même bout, & quoiqu'on augmente le feu, le Ther-

Expériences qui prouvent la chose.
1. *Expérience.*

momètre ne monte plus. Cependant
l'huile de térébenthine & l'huile d'o-
lives, ne bouillent pas encore ; ce qui
indique ici une différence très - finguliere ; car l'alcohol, quoiqu'il foit
une huile inflammable très-fubtile,
bout beaucoup plus vîte que l'eau. Mais
l'huile de térébenthine, qui eft plus
légere que l'eau, & qui eft inflammable
& très-fubtile, ne donne cependant
aucune marque d'ébullition dans ce
dégré de chaleur, non plus que l'huile d'olives. Il ne faut donc pas chercher la raifon de cette différence dans
l'inflammabilité, ni dans la légéreté,
non plus que dans la volatilité; puifque l'huile de térébenthine eft fi volatile, qu'elle eft exaltée dans la diftillation par la chaleur de l'eau bouillante.

2e. Expérien-ce. Pour varier cette Expérience, au
lieu d'eau pure je mets dans le chau-
dron une faumure de fel marin auffi
forte qu'il eft poffible ; tout le refte
étant d'ailleurs dans le même état.
J'échauffe cette faumure & je la remue, comme dans l'Expérience précédente; dès que le Thermomètre indique qu'elle a 175 dégrés de chaleur, on voit d'abord l'alcohol bouil-

lir. Enfuite le Thermomètre continue à monter jufqu'à ce que la faumure même bouille, ce qui arrive au 218 dégré ; ainfi il lui faut pour cela cinq dégrés de plus qu'à l'eau pure. Cependant le Thermomètre ne s'arrête pas là ; il monte encore un peu, mais lentement, & cela parce que l'ébullition fait que l'eau s'évapore, & que le fel fe réunit, de façon que fi l'ébullition duroit long-tems, il ne refteroit plus que du fel tout pur, fans aucune goute d'eau. Ainfi quand on eft parvenu au dégré dans lequel la faumure commence à bouillir, il n'eft pas néceffaire de pouffer plus loin cette Expérience. Cependant il faut remarquer que dans ce dégré de chaleur, l'huile de Térébenthine, ni l'huile de Lin ne donnent encore aucune marque d'ébullition.

Voici une autre Expérience, mais qu'il faut faire avec beaucoup de précautions. Je remplis d'huile de Térébenthine les deux tiers de la pomme d'un petit matras : cette pomme doit être par-tout de même épaiffeur. J'échauffe lentement & également ce Matras, de peur qu'une trop grande

3e. Expérience.

chaleur subite ne le fasse sauter: ensuite je l'approche de plus en plus
d'un feu allumé dans un réchaud,
jusqu'à ce que l'huile qu'il contient
commence à bouillir, ce qui n'arrive
que quand le matras touche presque
le feu: son ébullition est très-violente
& accompagnée de bruit. Alors j'é-
loigne ce Matras du feu, & cependant l'huile continue encore à bouillir fort long-tems avec la même force; en quoi elle diffère de l'alcohol
& de l'eau, dont l'ébullition cesse dès
qu'on les ôte de dessus le feu. On sera
sans doute curieux de sçavoir quel est
le dégré de chaleur dans cette huile,
avant qu'elle parvienne à bouillir;
voici comment il faut s'y prendre
pour cela. Mettez sur le feu de l'huile
de Lin, dans un vase de cuivre; plon-
gez-y un Thermomètre de Mercure,
avec le matras où est l'huile de Térébenthine, alors vous verrez cette
derniere bouillir beaucoup plus vîte
que l'huile de Lin, dans laquelle elle
est plongée; &, si je m'en souviens
bien, cette ébullition commencera
lorsque le Thermomètre indiquera
560 dégrés de chaleur. Les parties

les plus volatiles se séparent cependant de cette huile bouillante, & ce qui reste, devenant plus épais, demande d'abord un plus grand dégré de chaleur pour bouillir, & plus ce reste s'épaissit de moment en moment, plus la difficulté de l'ébullition augmente, & plus par conséquent il faut de feu pour la produire. Ainsi les Médecins ne doivent pas être surpris, de ce que ces huiles épaisses & agitées, échauflent si prodigieusement ; & c'est là, si je ne me trompe, une observation aussi belle qu'utile. Mais je dois prendre garde de ne pas m'écarter de mon but, je me laisse trop entrainer par la variété & la beauté des sujets.

Je vais encore rapporter une quatriéme Expérience, qui n'est pas moins remarquable que les précédentes. J'expose à nud sur le feu, & avec les mêmes précautions que ci-devant, un matras, qui contient de l'huile d'amandes, exprimée par la pression. Je laisse ce matras sur le feu, jusqu'à ce qu'il soit presque sur le point de se fondre ; & ce n'est qu'alors que cette huile commence à bouillir. Son ébullition est toujours tranquille, uniforme, & sans aucun bruit ; & il est manifeste que la chaleur qui la produit va au-delà de 600 dégrés.

Quantité du feu qui peut être reçu dans l'huile.

Après qu'on a ainsi eu le plaisir de voir qu'on peut appliquer aux huiles une quantité de feu si considérable, & qui est presque le triple de celle que l'eau peut recevoir, il est aisé de comprendre que la vertu dissolvante, qui dépend du feu, doit être beaucoup plus grande dans l'huile que dans l'eau. Car la plûpart des huiles sont encore liquides, lorsque le Thermomètre est au premier dégré, au lieu que l'eau est presque déja convertie en glace au trente-deuxiéme ; & de plus, l'eau, quand elle est liquide, n'est susceptible que de 180 dégrés de chaleur, qui font toute la différence qu'il y a entre le degré de sa congélation, & celui de son ébullition ; mais l'huile de Lin reçoit au moins 600 dégrés de chaleur, depuis le premier dégré de sa fluidité, jusqu'à celui de son ébullition. Par-là il paroît que la quantité de feu qui peut entrer dans une huile de cette espéce, est à celle qui peut être ad-

mife dans de l'eau pure, comme dix
à trois. Qui auroit jamais découvert
cela *à priori ?* Mais fi l'on confidere
qu'il y a plufieurs huiles qui s'épaif-
fiffant par l'ébullition, peuvent recevoir encore beaucoup plus de feu,
on fera obligé de convenir que l'efficace du feu fur ces huiles s'étend encore plus loin.

Cependant il eft très-fûr que fi l'on
plonge entiérement dans l'huile des
corps d'animaux ou de végétaux,
ils s'y confervent fans diffipation,
fans fermentation, fans putréfaction,
& fans aucun autre changement ; &
cela en quelque faifon que ce foit,
lors même que l'air eft auffi chaud
qu'il peut l'être naturellement. Les
Infectes, dont on a tant de peine à
les garantir, ne fçauroient en approcher quand ils font ainfi dans l'huile.
Mais ce n'eft pas fimplement pendant
qu'ils font plongés dans l'huile que
ces corps fe confervent fans altération. Lorfqu'ils y ont été affez long-
tems, & qu'ils en font bien pénétrés,
il femble qu'alors ils deviennent prefque incorruptibles, puifqu'on voit
que quand on les en retire, on peut

les conserver pendant un très-grand nombre d'années ; comme il est aisé de le prouver par les cadavres qu'on conserve de cette maniere. C'est sur cela qu'est fondé principalement l'art d'embaumer les corps , dont on peut expliquer ainsi l'origine & l'efficace.

Effet de l'huile bouillante sur ces mêmes corps. Quand on jette tout d'un coup ces corps dans de l'huile bouillante, alors il se forme très-promptement autour d'eux une croute, qui approche presque de la pierre par sa dureté , & qui acquiert une couleur telle que celle que le feu donne ordinairement, c'est-à-dire qu'elle est d'abord jaune, & qu'ensuite elle devient rouge, & enfin très-noire. Mais la substance qui est cachée sous cette croute, étant agitée par la chaleur de l'huile bouillante qui l'environne, & son mouvement étant refléchi, empêché & comme suffoqué, elle est changée, cuite, digerée d'une façon très-singuliére, enfin elle se durcit, & devient telle qu'elle doit être pour durer très-long-tems. Quand les corps qu'on jette dans l'huile bouillante sont remplis d'humeurs aqueuses, comme les chairs dont la furface eſt féchée, ou les Poiſſons, alors ces humeurs concentrées ſous cette croute extérieure, & pénétrées d'une chaleur qui ſurpaſſe celle de l'ébullition, font que les corps dont il s'agit, retiennent tout leur ſuc, deviennent fort tendres, & par là même très-propres à être digerés & à nourrir. Les alimens qu'on prépare de cette façon peuvent ſe conſerver très-long-tems, car tous les principes, dont ils ſont compoſés, unis étroitement par cette coction, & ſe perfectionnant les uns les autres, ſe convertiſſent en un corps, ſur lequel les cauſes extérieures n'ont aucune priſe.

Il découle de ce qui vient d'être dit quelques vérités, auxquelles on ne s'attendoit pas & qu'il eſt à propos d'indiquer en peu de mots. 1°. Les dégrés de chaleur, que le feu peut communiquer aux corps ne font pas en raiſon des denſités des corps échauffés. 2°. Cependant le même corps, qui devient inviſiblement plus denſe, peut recevoir plus de feu, à meſure qu'il devient de plus en plus ſolide. 3°. La propriété qu'un

Corollaires qui découlent de ce qu'on vient de dire.

corps a de recevoir une plus grande quantité de feu, ne dépend pas de sa combuſtibilité. On ne connoît rien de plus combuſtible que l'Alcohol, & cependant c'eſt de toutes les liqueurs connues, celle qui peut recevoir le moins de feu ou de chaleur. Ainſi je répéterai une remarque que j'ai déja faite, c'eſt qu'on cherche en vain des Propoſitions qui ſoient généralement vrayes ; & que ſi l'on veut connoître les véritables propriétés de la Nature, il faut tâcher de les découvrir par l'examen de chaque corps en particulier. De ces diverſes vérités, qui ont été démontrées, il ſuit pluſieurs conſéquences, & entr'autres celle - ci, qui eſt une des principales ; c'eſt qu'on peut diſſoudre ſi parfaitement des métaux dans des huiles bouillantes, qu'il en réſulte un mêlange qu'il eſt très-difficile de décompoſer enſuite. On eſt même parvenu à découvrir par-là pluſieurs ſecrets d'une très-grande utilité tánt dans la Mécanique que dans la Médecine ; ſecrets dont on n'auroit pu ſe paſſer ſans de grands inconvéniens, & qui cependanr n'au-

roient jamais été trouvé sans ce secours.

Mais revenons aux expériences. *Expériences sur les mé-taux.* En voici une cinquiéme qui n'a encore jamais été faite, de la maniere que je vais la décrire. Je mets dans un matras, tel que celui dont il a été parlé ci-devant, une demie once de minium, & je verse dessus une once & demie d'huile d'olive. Je sécoue ensuite le tout pour le bien mêler ; après quoi j'échauffe le matras en l'approchant du feu peu à peu ; enfin je le place de façon qu'il touche presque le feu, & je le laisse dans cette situation jusqu'à ce que l'huile bouille. Lorsque l'huile est parvenue à ce point, elle dissoud le minium, & se mêle avec lui pour ne former plus qu'une même masse ; mais elle n'a aucune prise sur lui avant qu'elle ait atteint ce haut dégré de chaleur. On comprend aisément que l'on a par ce moyen un baume métallique, un ciment excellent qui résiste à l'eau. Mais voici encore une sixiéme expérience plus surprenante, & toute nouvelle. Je mets dans un matras une demie once de dragée de Plomb, avec une once d'huile d'Olives ; j'approche ce matras du feu avec les mêmes précautions que ci-devant. L'on aura peine à croire ce qui arrive alors. Le métal se fond & court dans le Verre comme de l'eau, avant que l'huile donne aucun signe d'ébullition, ou que même il en sorte des vapeurs ; d'où l'on doit conclure que le verre se fond plus difficilement que le Plomb. Si je laisse l'huile sur le feu, jusqu'à ce qu'elle bouille, alors elle commence aussi à dissoudre le métal ; mais quelque dégré de chaleur qu'elle ait, elle ne sauroit produire cet effet sur le Verre. Nous avons donc encore ici la raison pourquoi le Plomb fondu est moins brûlant que l'huile bouillante : & même au point que si l'on a les mains enduites d'une couche de craye séche, on peut le manier impunémenr dès qu'on l'ôte de dessus le feu. Au reste il importe très-fort à ceux qui voudrout répéter cette expérience, d'être avertis qu'il faut bien prendre garde qu'il ne tombe aucune goute d'eau dans le matras : car elle feroit tout sauter en un instant avec une prodigieuse impétuosité,

pétuofité, & jetteroit par-là les affif-
tans dans un très-grand danger. Il
arrive même quelquefois qu'il s'é-
léve de l'huile bouillante des vapeurs aqueufes, qui fe condenfant
dans le col du matras, retombent
en forme de goutes; ces goutes pourroient produire le même effet: on
doit y être attentif, & fe bien ref-
fouvenir qu'il y a une très grande
antipathie entre le Plomb fondu &
l'eau. La feptiéme expérience que je
rapporterai ici eft femblable à la
précédente, excepté qu'au lieu de
plomb, on employe de l'étain rapé.
Je mets, fur le feu avec les précautions indiquées, une demie once de
ce dernier métal avec une once &
demie d'huile d'olives ; l'étain fe fond,
coule comme de l'eau, fe mêle avec
l'huile, en eft diffout, & ne forme
plus enfin qu'une même maffe avec
elle. Il y a encore une huitiéme expérience, par laquelle je terminerai cet
article. Je prends un mêlange compofé de parties égales de plomb &
d'étain : j'en mets une demie once
dans un matras, & je verfe deffus
une once & demie d'huile d'olives ;

L

je place enfuite le tout fur le feu comme ci-devant ; alors on voit le mélange fe fondre avant que l'huile commence à bouillir, & plus vîte même que le plomb ou l'étain, s'ils avoient été feuls, ne fe feroient fondus. Je pourrois ajouter encore ici bien des chofes plus confidérables ; mais je crains d'être trop prolixe, & peut-être même qu'on eft déja en droit de m'accufer d'avoir donné dans ce défaut.

Qu'il me foit cependant permis d'indiquer quelques conféquences remarquables, qui découlent encore de ce qui vient d'être dit. 1°. Les huiles ont la propriété de recevoir & de retenir une grande quantité de feu, avant de bouillir tout-à-fait. 2°. On ne connoît aucune autre liqueur, qui foit auffi fufceptible d'un plus grand dégré de chaleur que l'huile. Toutes les leffives, auffi-bien que l'huile de vitriol, bouillent plus promptement & s'échauffent moins : le mercure même bout auffi en quelque façon plus promptement, ou du moins ne bout-il pas plus tard. 3°. On peut communiquer aux huiles une très - grande quantité de feu, avant que réſoutes en vapeurs, elles ſoient exaltées. 4o. Les huiles bouillantes impriment au vaſe qui les contient la chaleur qu'elles ont reçu. Par conſéquent on peut bien cuire de l'eau dans un vaiſſeau de plomb ou d'étain, mais on ne ſçauroit y faire bouillir de l'huile ſans qu'il ſe fonde. 5o. Les métaux reçoivent la même quantité de feu qu'ont les huiles dans leſquels ils ſont plongés. 6o. Il n'eſt pas aiſé de communiquer aux huiles plus de feu, que celui de la nature a jugé néceſſaire pour leur ébullition. Si cependant on vouloit leur en donner davantage, il faudroit trouver la méthode de les comprimer, plus qu'il ne le ſont par le poids ordinaire de l'atmoſphere. Alors leur dégré de chaleur augmenteroit à proportion qu'elle ſeroit plus comprimée ; comme nous avons déja vu que cela avoit lieu, par rapport à l'air & à l'eau. De-là on peut conclure que de l'huile, qui ſeroit fort avant dans les entrailles de la terre, & ſur laquelle par conſéquent l'atmoſphere peſeroit beaucoup plus, pourroit acquérir une

L ij

chaleur prodigieuse, si elle y étoit exposée à l'action d'un grand feu. Mais si par hasard il venoit à tomber de l'eau, dans cette huile si fort échauffée, il ne pourroit qu'en résulter d'énormes tremblemens de terre. Cela n'arriveroit-il point dans les embrasemens du mont Ethna, du mont Vesuve, du mont Hecla, ou des autres volcans semblables ? Les Physiciens doivent du moins ranger cette cause parmi les autres qui y contribuent. 70. Les huiles ne souffrent pas qu'il entre plus de chaleur dans les vases qui les contiennent, qu'elles n'en reçoivent elles mêmes. Ainsi elles empêchent que le feu ne fonde un vase, qui demanderoit plus de 600 dégrés de chaleur pour être fondu. Enfin il paroît par ce qui a été dit, que l'Auteur de la Nature a fixé des bornes à la violence du feu, & qu'il a empêché qu'elle ne fût poussée à l'infini par la matiere la plus inflammable, je veux dire l'huile.

Les huiles agissent par l'eau qu'elles contiennent ; Quand on veut expliquer en quoi consiste la force dissolvante des huiles, il faut encore se ressouvenir que toutes les huiles pressées & crues

des végétaux, contiennent toujours
de l'eau. Cela se voit à l'œil, quand
on fait bouillir dans un matras de
l'huile d'amandes, exprimée par la
pression ; car alors il s'éleve de l'huile
des vapeurs aqueuses, qui conden-
sées contre les parois du col du matras, y paroissent sous la forme de
petites goutes. Il arrive même que
ces goutes venant à retomber dans
l'huile, y excitent un bruit, un mouvement & un pétillement extraordinaire. Cette eau cachée dans les huiles, agit sur les corps qu'elles doivent
dissoudre, à proportion du dégré de
feu qu'on leur applique ; les pétille-
mens qu'elle y excite, causent quelque changement dans la solution
même ; aussi voit - on que les huiles, d'où l'on a ôté toute l'eau, en les
faisant bouillir long - tems, dissolvent autrement que quand elles sont
crues.

Les huiles contiennent encore
outre l'eau, un sel subtil, acide pour
l'ordinaire, très-pénétrant & volatil,
de façon que souvent on peut de découvrir par l'odorat. Les sels de cette espéce se font voir sous la forme

d'efprits acides, qui fe réuniffent,
comme l'eau, & fe féparent de l'huile avec laquelle il eft difficile de les
remêler enfuite ; & cependant il n'eft
pas aifé de les en dégager. Si vous
prenez, par exemple, de l'huile native, qui fort d'elle-même du Sapin,
du Méleze ou du Pin, & que vous
la faffiez fondre en l'expofant fucceffivement à différens dégrés de feu,
vous ferez fortir cet efprit acide, &
cela continuellement depuis le commencement de l'opération jufqu'à la
fin, foit que vous employez un grand
feu, ou un médiocre ; à la vérité il
fortira en plus grande quantité &
plus aifément dans le commencement. La même chofe arrive plus ou
moins fenfiblement dans les autres
huiles.

& par ces deux princi- pes réunis.   Quand donc un Chymifte veut
déterminer au jufte le pouvoir que
les huiles ont de diffoudre, il doit
toujours examiner foigneufement que
l'effet qu'une huile produit, ne doit
point être attribué plutôt à l'eau, &
à l'acide qu'elle contient, qu'à fa
propre fubftance huileufe. Sans cette
précaution, il courra rifque de tom-

ber dans de groſſieres erreurs. Les Peintres, par exemple, nous apprennent que les couleurs délayées avec de l'huile cuite, pénetrent aiſément, & que les tableaux ſur leſquels on les applique, ſe ſéchent aſſez vîte; au lieu que ſi elles ſont mêlées avec de l'huile crue, elles perdent de leur beauté, & demeurent très-long-tems ſans ſe ſécher. C'eſt ainſi encore que le pouvoir, qu'on attribue à certaines huiles très-douces, de diſſoudre les métaux lorſqu'elles ſont expoſées à une chaleur modérée, ſemble devoir être attribué ſurtout à l'acide qui y eſt caché, & ne point dépendre de la partie huileuſe. Si l'on verſe de l'huile d'olives ſur de la fine limaille de fer, de cuivre, ou de plomb, & ſi on laiſſe digerer le tout ſur un petit feu, la partie métallique ſe diſſoud; ſe mêle avec l'huile, lui donne de la couleur, & lui communique ſouvent d'admirables propriétes. On a cru que c'étoit l'huile qui produiſoit ces effets; mais on a trop étendu ſon pouvoir; elle n'opere rien de ſemblable lorſque par une lon-

Liv

gue coction elle eſt privée de tout ſon acide. Auſſi les ouvriers qui poliſſent le cuivre & l'acier ont remarqué déja depuis long-tems, qu'on ne pouvoit pas empêcher les ſurfaces polies de l'un ou de l'autre de ces métaux, de contracter du verd de gris ou de la rouille, ſi l'on ne faiſoit que de les enduire d'huile crue ; mais qu'on les en garantiſſoit fort bien en les enduiſant d'huile cuite , ſur-tout ſi l'on a fait bouillir dans cette huile quelque peu de Céruſe ou de Mine de plomb , pour abſorber toute ſon acidité : c'eſt-là un moyen excellent pour conſerver la propreté & l'éclat aux inſtrumens qu'on fait avec ces métaux. Les huiles diſtillées ne ſont pas non plus exemtes de toute acidité ; c'eſt ce que le célébre Hoffmann a demontré dans ſes *Obſ. Phyſ. Chym.* p. 56. 57. Il remarque que ſi l'on broye de l'huile diſtillée de fleurs de Lavande, & de l'huile diſtillée de térébenthine avec du ſel de tartre, on peut faire ainſi un ſel neutre, qui eſt produit par cet alcali & par l'acide que fourniſſent les huiles. Enfin pour ſurcroit de preuves, ajoutons ici

qu'une diſtillation lente de ces huiles
en tire des ſels, comme nous voyons
que cela arrive avec l'huile de térébenthine & celle de genévre, qui
donnent quelque peu d'acide par cette
operation.

Toutes les huiles tirées par la diſtillation de végétaux alcaleſcents, ou
de végétaux pourris, ou de quelque
partie du corps d'un animal, con-
tiennent beaucoup de ſel alcali, & ſi
volatil qu'il ne faut qu'un petit feu
pour l'en extraire en grande quantité
& le rendre viſible ſous la forme de
glèbes ſolides & blanches comme
de la neige. Toutes les fois donc qu'on
voudra expliquer les propriétés des
huiles, il faudra en ſéparer ſoigneuſement tous les ſels étrangers, & alors
en examinant la ſeule partie huileuſe,
on ne courra pas riſque de ſé tromper
en lui attribuant des vertus qu'elle
n'a point.

Mais avant que de conſidérer les
huiles comme menſtrues, il eſt tout-
à-fait néceſſaire d'examiner combien
de tems elle reſtent huiles ; & à cet
égard il y a pluſieurs choſes très-
ſingulieres à obſerver. Les huiles qui

L v

ont été préparées avec de l'eau dans la veſſie, ou celle qui ont été tirées par une diſtillation ſeche, en paſſant par le col d'une cornue ; ces huiles, ſoit qu'elles ayent une odeur agréable, ou déſagréable, diſtillées de nouveau prudemment & ſuivant les regles de l'art, par la cornue, juſqu'à entiere ſiccité, & cela dans des vaiſſeaux luttés exactement, dépoſent une certaine quantité de terre ; mais en même tems elles deviennent plus ſubtiles, moins ténaces, plus fluides, & plus tranſparentes ; ſi l'on réitere cette diſtillation juſqu'à quatorze fois, ou au delà, après chaque opération il reſte conſtamment de la terre, & l'on a toujours une huile différente, qui devient enfin un reméde pénétrant, anodyn, & d'un très-grand ſecours dans pluſieurs maladies ; mais auſſi l'on a toujours un Menſtrue d'une autre nature. C'eſt en conſéquence de cela que Van-Helmont le pere, dans ſon Aurore de la Médecine, publiée en Flamand, page 188, prétend qu'en diſtillant ainſi pluſieurs fois l'huile de ſang humain, avec de l'eſprit de ſel, juſqu'à ce qu'elle ne laiſſe plus aucunes fèces, on peut préparer un remede diaphorétique, qui, comme un menſtrue, diſſoud dans le corps humain toutes les humeurs qui ſont épaiſſes contre nature, & qui produiſent des obſtructions mortelles. Mr. Hoffmann aſſure qu'il a préparé de telles huilles, & il les recommande très-fort pour leurs vertus médicinales. Voyez les *Obſerv. Phyſ. Chym. pag. 59.* Il y a même un autre Auteur, mais dont l'autorité n'eſt pas comparable à celle des deux précédens, qui a oſé ſoutenir que l'huile ainſi préparée, étoit un remede univerſel; c'eſt ce qui a déja été dit longtems avant lui par les anciens Chymiſtes. Ce qu'il y a de certain, c'eſt qu'on peut par ce moyen convertir ces huiles en des menſtrues, d'une efficace admirable, & preſque inimitable autrement. Raimond Lulle, & Iſaac Hollandus décrivent aſſez amplement tous les procédés néceſſaires dans ces opérations : ce qu'ils en ont dit mérite d'être lû.

Enfin il y a un principe ſubtile & volatil, qui eſt adhérent à toutes

ces différentes especes d'huiles ;
mais qui peut cependant en être
chaffé. C'eft celui dont nous avons
déja parlé ci - devant fous le nom
d'Efprit Recteur ou d'Archée. Cet
efprit agit fur nos organes de l'o-
dorat & du goût ; il eft agile ; il
eft le fils du feu ; & il produit divers
effets incroyables. Inné, retenu &
comme lié dans les huiles , il leur
communique une vertu finguliere , & affez efficace , qu'on ne trouve pas ailleurs ; mais dès qu'il en eft
chaffé tout à-fait, il les laiffe prefque
fans forces , & telles qu'à peine peut-
on les diftinguer entr'elles. Or comme une chaleur douce fuffit pour que
cet efprit s'exhale de plufieurs huiles,
& fe diffipe dans l'air ; les huiles qui
le perdent ainfi , font alors fans activité, & incapables de produire les
effets qu'elles produifoient auparavant.

Ce que j'ai dit jufqu'à préfent des
huiles , me met en état de ne rien attribuer aux huiles fimples & homo-
gènes , que ce qui leur appartient
véritablement. Leur pouvoir diffolvant femble dépendre principalement

de la propriété qu'elles ont de recevoir dans l'intérieur de leur subſtance, & de communiquer aux autres corps u[ne] très - grande quantité de feu.

Je paſſe donc aux ſolutions que les huiles operent. Premiérement la plûpart des huiles ſe mêlent avec d'autres huiles ; il y en a cependant quelques-unes qui ne ſe prêtent pas aiſément à ce mêlange ; car par exemple, dans la diſtillation de la térébenthine & du ſuccin, l'on tire par différens dégrés de feu des huiles qui different en peſanteur, en ſpiſſitude, eu couleur, qui ſont diſpoſées par couches les unes ſur les autres, & qui ne ſe mêlent que difficilement entr'elles. Mais les autres huiles ſe mêlent toutes aſſez facilement. En ſecond lieu, les véritables corps réſineux ſe fondent auſſi & ſe diſſolvent aſſez bien dans l'huile. En troiſiéme lieu, la même choſe arrive à pluſieurs corps gommeux, ſurtout s'ils contiennent quelque peu de réſine. En quatriéme lieu, les huiles figées, & qui ſont connues ſous les noms de baumes, de colophones, &

de Larmes, se délayent aussi dans les huiles. Il en est de même en cinquiéme lieu des souffres qui se trouvent dans les mines, ou de ceux qui sont produits par le feu, soit liquides soit solides ; ou même de ceux qui sont cachés dans d'autres corps. C'est ainsi que l'antimoine pulvérisé, ou sublimé en formes de fleurs, étant cuit avec de l'huile donne bien-tôt un baume d'antimoine épais & rouge. Ce baume n'est produit que par le souffre de l'antimoine, dissout dans l'huile ; car quant à la partie réguline, l'huile n'a aucune prise sur elle, & privée de son souffre, elle reste seule. La même chose a lieu dans les autres demi-métaux, qui abondent en souffre.

Des menstrues véritablement spiritueux ou de l'Alcohol.

L'Alcohol est mis au nombre des menstrues.

Les Alchymistes, qu'on prétend avoir été du nombre des Adeptes, parlent, partout dans leurs ouvrages, de l'esprit de vin. Après l'avoir rendu aussi subtil qu'il étoit possible, ils l'ont employé à la préparation de

tous les autres Menftrues fecrets. On
en a un preuve dans le *Circulatum* de
Paracelfe. C'eft là la raifon qui a fait
croire·au laborieux Weidenfeldius,
que les Adeptes avoient décrit d'une
façon très-intelligible leurs fécrets,
& qu'ils n'avoient caché que la feule
compofition de l'efprit de vin philo-
fophique, & que fi une fois cet efprit
étoit connu, on ne trouveroit plus
aucune obfcurité dans ce qu'ils ont
dit. Jai des raifons de douter que la
chofe foit telle. Il eft aifé de démontrer que cet efprit de vin, dont
divers Auteurs fameux ont décrit les
carectères, eft le même que celui que
nous avons. Sa fubtilité, fa volatilité,
la méthode de le préparer, fon odeur,
les fpirales qu'il affecte de parcourir
quand on le diftille, la propriété qu'il
a de brûler fans laiffer aucune eau
après foi, la facilité avec laquelle un
linge qui en eft humecté, s'enflamme,
fon union avec le fel de tartre, fon
aptitude à former le coagulum de
Van-Helmont, la maniére dont il tire
le fouffre fubtil des animaux, des végétaux & des foffiles, fa vertu bal-
famique fi utile pour préferver con-

tre la pourriture, tout cela prouve ce que je viens d'avancer. J'avoue qu'outre ces propriétés que nous trouvons dans l'alcohol, ces grands Alchymistes attribuent à leur esprit de vin, d'autres vertus que le nôtre n'a pas; tel est surtout le pouvoir qu'il avoit de dissoudre les sels. Mais il n'est pas décidé si cette différence ne vient point de ce qu'on a mal connu cet esprit, ou de ce qu'on n'a pas encore découvert la maniére de préparer le sel, pour qu'il puisse ainsi être dissout; & quoiqu'il en soit, il est sûr que dans tout ceci on découvre souvent des choses très-singuliéres, inconnues auparavant. De très-habiles Chymistes ont soutenu publiquement que l'alcohol ne pouvoit pas s'unir avec de l'alcali fixe & pur: cela n'est pas surprenant, car si une simple vapeur aqueuse s'est introduite dans l'alcohol ou dans le sel, il ne sera pas possible d'unir jamais ces deux substances.

Il peut s'unir à du sel fixe. Mais quand on applique du véritable alcohol à du sel de tartre parfaitement sec, aussi-tôt il en extrait une teinture assez forte, & ainsi ces

deux substances s'unissent réellement ensemble.

Comme donc l'Alcohol mérite
d'être placé le premier parmi les
Menstrues spiritueux, à cause de ses
excellentes propriétés, on ne sauroit
rechercher avec trop de soin qu'elle
est sa nature. L'alcohol ne se tire que
des végétaux, & cela uniquement
par la fermentation & la distillation.
Le meilleur est celui qui se fait avec
du vin, de l'hydromel, ou de la biére.
Si l'on jette ces liqueurs dans le feu,
elles l'éteignent ; mais déphlegmati-
fées par la distillation, elles deviennent
un peu grasses, limpides, d'un goût
piquant, d'une odeur forte, & elles
font déja alors des esprits qui prennent feu, & s'enflamment aisément;
quoique cependant elles se mêlent
très - vîte avec l'eau. Si l'on continue à les débarrasser autant qu'il
est possible de tout leur phlegme,
alors on a un véritable alcohol,
tel que nous l'avons décrit ci-devant en parlant de l'aliment du feu.
Ainsi l'alcohol paroît être presque à
tous égards une huile végétable,
très-subtile. Quand cette huile étoit

plus épaisse, elle étoit composée de parties qui s'attiroient fortement les unes les autres, se réunissoient en goutes, repoussoient l'eau, & refusoient de se mêler avec elle ; mais ces parties, devenues de l'alcohol, ont perdu de leur force attractive & répulsive. Lors donc que l'huile peut se mêler avec l'eau, & brûler entiérement, sans qu'il en reste rien, on lui donne le nom d'alcohol. Mais la putréfaction peut aussi tellement agir sur les corps des animaux & des végétaux, que leurs huiles se changent, & deviennent si subtiles & si volatiles, qu'étant répandues dans l'air, elles prennent feu. Par des distillations réiterées ces huiles parviennent aussi à un tel dégré de ténuité, qu'on peut les mêler en quelque façon avec l'eau, quoi qu'avec plus de peine que les esprits précédens. Quand donc on voudra décrire la vertu dissolvante de ces esprits, il faudra auparavant déterminer exactement quel est l'esprit dont on parle. Car l'esprit de vin ordinaire est composé d'une grande quantité d'eau, d'un sel acide, liquide &

volatil d'une huile de mauvais goût, & d'alcohol. L'esprit de vin rectifié contient moins d'eau, autant de sel acide volatil, moins de cette huile désagréable, mais plus d'alcohol. L'alcohol parfait, préparé sans addition d'aucune matiére étrangére; contient de l'alcohol, & encore quelque peu d'acide. Celui qui a été distillé lentement dessus du sel alcali fixe, est très-pur. Lors donc qu'il s'agit de ces esprits, il ne faut rien déterminer qu'avec beaucoup de ménagement.

L'alcohol qui est bien pure dissoud *Quels sont les corps qu'il dissoud.* 1°. l'eau, & toutes les substances aqueuses, comme il en est dissout à son tour; 2°. toutes sortes de vins; 3°. toutes les liqueurs spiritueuses, fermentées, acides, & toutes les espèces de vinaigres; 4°. toutes les huiles pures; 5°. toutes les véritables résines végétables; 6°. la plus grande partie des gommes-résines; 7°. les sels alcalis volatils, purs; 8°. les sels alcalis fixes, bien secs; 9°. la plupart des savons; 10°. les souffres dissouts & ouverts par des alcalis.

Mais il n'a aucune prise sur les sels *Quels sont les*

ceux qu'il ne diſſoud pas?

compoſés, natifs, tels que ſont le ſel marin, le nitre, le ſel ammoniac. Il ne diſſout pas non plus la terre pure, le ſouffre, le mercure, les métaux, les demi - métaux, les pierres, les pierres précieuſes.

Des Menſtrues a'calis & acides, dits ſpiritueux.

Le nom d'eſprit, eſt un terme ambigu dans la Chymie.

Pluſieurs Chymiſtes ont rapporté aux Menſtrues huileux & ſpiritueux deux ſortes de menſtrues, qui auroient plutôt dû être rangés dans la claſſe des menſtrues ſalins ou compoſés. Cela eſt arrivé parce que ces menſtrues s'offroient preſque toujours à la vûe ſous la forme de corps gras, volatils, liquides & très - ſubtils. Ceux dont je veux parler ici ſont des alcalis & des acides, qui paroiſſent à la vérité les uns & les autres volatils, & quelque peu de gras, mais qui cependant différent tellement entr'eux, qu'il ſeroit difficile de trouver deux ſubſtances, entre leſquels il y eut une plus grande différence. Parmi les eſpèces mêmes qui appartiennent à l'un ou à l'autre de

ces genres, il y a aussi une très-
grande diversité. Pour suivre ici
quelqu'ordre, il faut donc premiérement diviser les menstrues salins-
spiritueux en alcalis & en acides.
Ensuite il faut distinguer les alcalis
entr'eux; car les uns sont composés,
les autres sont simples. Les plus simples de tous sont un mêlange d'eau,
& de sel alcali, très-subtil, & très-
volatil, qui forme une liqueur limpide, subtile, & un peu de grasse.
Tel est l'esprit alcali de sel ammoniac. Tels sont encore tous les autres esprits presque sans nombre qui
se tirent des animaux & des végétaux, lorsqu'ils sont séparés de toute
l'huile qui leur est adhérente. Ces esprits sont très-communs; on trouve
par tout des gens qui les préparent.
Toutes sortes de plantes anti-scor-
butiques, tout végétable pourri, &
toute partie du corps d'un animal,
en donnent dans la distillation. Ceux
de ces Menstrues qui sont plus composés, peuvent se séparer en trois
principes, qui sont de l'eau, du sel
tel que je viens de le décrire, & de
l'huile fétide. Ces menstrues paroîs-

sent plus gras que les précédens ; ils sont formés par un Savon & un alcali volatil, délayé dans une quantité d'eau, qui ne pourroient pas en dissoudre davantage. Les Chymistes donnent à ces liqueurs acides le nom d'esprits, parce que comme les esprits elles sont volatiles, subtiles, & coulent le long des parois des vases, dans lesquelles on les distille par filets un peu gras. Cependant si on les examine attentivement, on trouvera qu'elles ne sont autre chose que des sels acides, délayés dans de l'eau pure. Car si l'on distille plusiéurs fois avec de l'eau de l'huile de vitriol, qui d'ailleurs est assez fixe au feu, la plus grande partie devient volatile. La même chose arrive à l'esprit de souffre fait par la Campane.

Plusieurs d'entr'eux appartiennent à la classe des sels.

En réflechissant sur tout cela, j'ai cru que je ferois bien de retrancher tous les menstrues dont il est parlé dans cet article, de la classe des esprits, & de les ranger plutôt dans celle des sels ; c'est aussi la méthode que je vais tacher de suivre.

Des Menſtrues ſalins ſimples.

Quiconque ne connoît pas les ſaveurs des ſels, ne parviendra jamais à connoître nos ſecrets. C'eſt-là une ſentence des Alchimiſtes, qui eſt fondée en raiſon; car les différens ſels ſont des diſſolvans très-efficaces; & ſi même il en faut croire les Maîtres de l'Art, ce fameux diſſolvant, je veux dire le *Circulatum* de Paracelſe, étoit fait de ſel marin. Ce qu'il y a de ſûr, c'eſt que par-tout les ſels occupent le premier rang entre les menſtrues. Cette raiſon m'a engagé à travailler long-tems ſur ces corps, pour y découvrir quelque choſe de certain & d'utile ; & cela dans la vûe de pouvoir mettre de l'ordre dans cette matiere, qui a été traitée ſouvent avec beaucoup de confuſion.

Il eſt néceſſaire de connoître les ſels.

Ce que nous entendons par ſel eſt un corps qui peut ſe diſſoudre dans l'eau, ſe fondre ſur le feu, s'il ne s'envole pas auparavant dans l'air, & affecter l'organe du goût par cette ſenſation à laquelle on donne le nom de ſaveur.

Ce qu'on entend par ſel.

Si l'on examine du sel pur, &
débarrassé, soit naturellement, soit
artificiellement, de toute matiere
étrangére, on le trouve composé
de glèbes si petites, que jusqu'à
présent nos yeux, armés de meilleurs microscopes, n'ont pu parvenir à découvrir quelques-uns de ses
élémens isolés ; ainsi nous ne pouvons rien déterminer sur leur figure.
D'ailleurs, lorsque des corps salins
sont résouts dans les élémens qui les
composoient auparavant, alors ils
semblent devenir tout-à-fait volatils ; leurs particules séparées les unes
des autres, & dégagées de toute
matiére étrangére, se dissipent dans
l'air. C'est ce qui est démontré clairement par l'expérience, comme
nous l'avons vû ci-devant pag. 656
& suiv. dans l'Histoire de la Terre.
Quand donc les principes du sel pur
se joignent pour former de petits
corps solides qui tombent sous nos
sens, alors ils sont toujours mêlés
avec quelque chose d'étranger, qui
les tient unis en une masse ; & ce
qui leur sert ainsi de lien est sur-tout
l'eau & la terre. Nous comprenons
donc

donc clairement par-là que les élé-mens des fels, ne pouvant que très-difficillement être contenus dans des vafes, tout ce qu'on peut dire fur leurs propriétés chymiques & au-tres, fe réduit à fort peu de chofe. Mais quand une fois ils paroiffent fous une forme ftable & qui tombe fous les fens, alors ce font des fels compofés fur lefquels on peut pro-noncer avec plus de certitude.

Mais pour cela, il importe de faire attention aux différences qu'il y a en-tr'eux ; & je crois qu'il faut fur-tout chercher ces différences dans les prin-cipes falins qui les compofent. Car quoique nous ne puiffions pas avoir & examiner féparément ces princi-ces, & quoiqu'ils foyent tous vola-tils, nous fommes cependant fon-dés à dire que chacun d'eux eft d'une nature diftincte de celle des autres. Ils varient auffi par rapport à l'autre principe, qui uni à leurs élémens falins, forme ce fel qui tombe fous nos fens : car pourquoi ce fecond principe ne varieroit-il pas auffi bien que le premier ? Nous diftinguerons donc les fels en diverfes efpèces,

Diverfes for-tes de fels.

M

suivant qu'ils diffèrent ou dans leur principe salin, ou dans la base par laquelle ce principe est retenu, ou dans l'une & l'autre de ces choses. En ne considerant que le principe salin, on peut assez commodément rapporter les sels, & par là même les Menstrues salins, à certaines classes, qui sont 1. Les alcalis fixes. 2. Les alcalis volatils. 3. Les acides natifs des végetaux. 4. Les acides de végétaux qui fermentent. 5. Les acides de végétaux fermentés. 6. Les acides de végétaux préparés par la combustion. 7. Les acides des végétaux préparés par la distillation. 8. Les acides fossiles natifs. 9. Les acides fossiles préparés par la combustion. 10. Les acides fossiles tirés par la distillation. 11. Les sels neutres, natifs, tels que le borax, le nitre, le sel fossile, le sel gemme, le sel de fontaine, le sel marin, le sel ammoniac. 12. Les autres sels qui sont composés de ces différens sels simples. Si nous voulons connoître à présent les forces dissolvantes de ces différens sels, & ne leur attribuer que celles qu'ils ont véritablement, il faut les examiner

tous féparément. Commençons donc
par l'alcali fixe.

De l'Alcali fixe confidéré comme Menftrue.

Le mot Cali ou Kali, nous eft *Alcali fixe.*
venu de l'Orient & de l'Egypte:
c'eft le nom d'une plante qui contient beaucoup de fel, & qui croît
fur les bords de la Mer, fur ceux du
Nil, & fur ceux du Belus en Syrie,
comme Pline nous l'apprend d'après
des Auteurs anciens. Si l'on brûle
par un feu vif cette plante, quand
elle eft mûre, elle laiffe des cendres,
dans lefquelles on connoît aifément
qu'il y a beaucoup de fel par le goût
âcre & falé qu'elles ont. Ces cendres
cuites dans de l'eau bouillante donnent une leffive âcre, falée, forte, &
qui eft produite par le fel qui paffe
des cendres dans l'eau : quand on fépare cette leffive du refte, on trouve
au fond du vafe l'autre partie dont les
cendres étoient compofées, & qui
n'eft plus qu'une matiere indiffoluble
dans l'eau, incombuftible, infipide
& terreftre. Si l'on épaiffit cette lef-

M ij

sive dans un vaisseau de fer, jusqu'à ce qu'elle soit tout-à-fait séche, l'on a une masse blanche, solide, d'un goût très-caustique & très-âcre, & qui se dissout entiérement dans l'eau. Comme le mot Latin *Lix* signifie les cendres du foyer, & *Lixa* un homme qui soufle les cendres, Pline a donné au sel dont il s'agit le nom de *Cinis lixivus*, L. XXXVI. C. 27. ou de *Cinis lixivius*, L. XIV. C. 20. Columelle donne le nom de *Lixivium* ou de lessive à l'eau imprégnée de ce sel & filtrée, L. XII. C. 41. Ainsi dans la suite nous pourrons appeller tous ces sels, des sels lixivieux. Les noms par lesquels on les désigne ordinairement, sont ceux d'Alcali, de sels alcalins, de Rochette, de Soude ou Zoude. C'est avec ce sel & la chaux qu'on tire de toutes sortes de pierres qui donnent du feu, quand on les frappe avec un morceau d'acier, que se prépare la Fritte, qui sert à faire le verre. On l'employe aussi à la composition du savon ; pour cela on le rend plus pénétrant par la chaux vive, & on le mêle avec de la graisse. Le meilleur que nous ayons

à préfent, nous eft apporté d'Alexan-
drie en Egypte, & de Tripoli. Comme toutes les connoiffances que nous
pouvons avoir en Phyfique, tirent
premiérement leur origine de ce que
nos fens découvrent dans les corps,
ce n'eft auffi que par les marques qui
tombent fous nos fens que nous
pouvons diftinguer les corps les uns
des autres. Ainfi je rapporterai ici
les caracteres de l'Alcali que nous
appercevons par nos fens ; ils suffi-
ront aux Chymiftes & aux Phyfi-
ciens.

L'Alcali donc 1. fe produit de
végetaux ; mais 2. on ne peut l'en
tirer qu'en réduifant en cendres la
plante par l'action du feu. 3. Quand
il eft ainfi préparé il réfifte affez
long-tems au feu, ce qui prouve fa
grande fixité. 4. Dans un air humide
il fe réfoud en liqueur, & dépofe des
féces ; il ne peut pas refter long-tems
fec, lors même qu'on le conferve
dans des vafes affez bien bouchés.
5. Si on le goûte, il imprime à la
langue un goût favoureux, accompagné d'une fenfation âcre & cauftique ; il y excite auffi un goût d'u-

*Caracteres de
de l'alcali.*

rine ; & cela eſt cauſe qu'on lui a donné le nom de ſel urineux , mais mal-à-propos : car le goût propre de ce ſel, n'a aucun rapport avec celui de l'urine, comme on peut s'en convaincre au premier inſtant qu'il touche la langue. Si on le garde quelque tems dans la bouche, il excite la ſalive par ſon âcreté, & alors les ſels animaux neutres, dont la ſalive eſt imprégnée, ſont privés par l'Alcali de leur partie acide qui les fixoit, & ce qui en reſte devient volatil, alcali, & affecte la langue à peu près comme l'urine l'affecteroit. C'eſt-là la véritable origine de ce déſagréable goût urineux. 6. Quand ce ſel eſt parfaitement pur, ſans mêlange d'aucune matiere étrangére, il n'a aucune odeur, & cela n'eſt pas ſurprenant, puiſqu'il eſt même très-fixe dans le feu. Mais comme il eſt fort avide de toutes ſortes d'acides, dès qu'il peut toucher quelqu'autre corps qui contient du ſel alcali volatil lié par un acide, qui l'empêche de ſe manifeſter par ſon odeur, auſſi-tôt il attire auſſi l'acide à ſoi ; & alors l'Alcali ſe trouvant libre, reprend ſa volatilité,

& répand de tout côté une odeur alcaline, qu'on attribue mal-à-propos
à l'Alcali fixe. On a une preuve con-
vaincante de cela, si l'on jette dans
de l'urine fraîche & chaude du sel
Alcali fixe ; car alors cette liqueur,
qui n'avoit aucune odeur auparavant, répand dans un moment une
odeur alcaline très-désagréable.
7. Lorsqu'on mêle ce sel avec quelqu'acide, aussi-tôt il bout, produit
une effervescence, & ensuite s'unit
si étroitement avec lui en une seule
masse, que si la saturation est bien
entiere, on ne découvre plus aucune
marque d'Acide ou d'Alcali dans ce
mêlange, qui est alors une troisiéme
espéce de sel, connu sous le nom de
sel neutre. 8. Si l'on mêle de l'Alcali
fixe & pur avec des sucs de Tour-
nesols, de Roses ou de Violettes, il
change en verd leur couleur naturelle
qui approche de la couleur de pourpre. 9. Quand on l'applique pendant
quelque tems sur une partie chaude
du corps humain, d'où il s'exhale
par conséquent quelque humidité,
il y produit une inflammation très-
douloureuse, accompagnée de tous

ſes ſymptômes ordinaires, & qui ſe convertit bien-tôt en une eſcarre dure, morte, de couleur cendrée, ſouvent noire, & qui enfin pourroit dégénerer en véritable ſphacèle. 10. Ce ſel a la force de nettoyer & d'ôter les taches; propriété qu'on ne trouve jamais dans les ſels neutres. Voilà les marques auſquelles on peut reconnoître les Alcalis fixes, & les diſtinguer de tous les autres; ainſi il eſt aiſé d'éviter ici toute confuſion dans l'hiſtoire des Menſtrues.

Son origine. Ce n'eſt pas ſeulement avec la plante, nommée Kali, qu'on peut préparer des ſels alcalis fixes, toutes ſortes d'autres végétaux, cruds, récents, & réduits de la même maniere en cendres, en donnent auſſi. A la vérité il y en a quelques-uns qui n'en donnent qu'une très-petite quantité; tels ſont ceux qui frappent l'odorat par une odeur âcre, & qui fait venir les larmes aux yeux. Leur partie ſaline eſt preſque toute volatile, & par conſéquent l'action du feu fait qu'elle ſe diſſipe dans l'air. Je range parmi ces derniers

végétaux l'Ail, la racine de Muf-
cari, les Oignons, l'herbe aux Cuil-
lers, la Cardamine, la Roquette,
le Velar, le Creffon, les Navets,
les Raiforts, la Scille, les Poireaux,
la Moutarde, & autres femblables :
la Nature a tellement perfectionné
les fels alcalis dans toutes ces plantes, qu'elle les a même rendu volatils, comme ceux des animaux.

    Ces fels lixivieux ont été connus
prefque de tout tems par les Anciens. Ariftote, *Meteor. II. c.* 3.
dit que les cendres de Joncs & de
Rofeaux brûlés, cuites dans l'eau,
donnent une grande quantité de
fels. Varron, *de R. R. L. I. c.* 7.
nous apprend que quelques habitans
des bords du Rhin, qui n'avoient ni
fel foffile, ni fel marin, y fuppléoient
par du charbon falé, qu'ils prépa-
roient avec certains bois brûlés ; ce
qui femble prouver qu'ils connoif-
foient la méthode qu'a fuivie Tachenius pour préparer ces fels, de
façon qu'ils fuffent moins âcres,
& plus approchans de la nature des
fels natifs & neutres. Pline, L. XVII.
C. 28. affure que les cendres ont les

M v

propriétés du fel, mais moins fortement. Il attribue, L. XIV. C. 20.
à la lie de vin brûlée, la force du
Nitre, & ailleurs il parle de la cendre nitreuse du Chêne brûlé. Il remarque aussi L. XXXVI. C. 27.
qu'on employoit les cendres dans la
Médecine, quand il dit qu'une po-
tion de cendres lixivieuses est un
remede utile. Tout cela & bien
d'autres choses que je pourrois ajouter, prouve suffisamment que la découverte des fels alcalis n'est pas
aussi moderne qu'on la croit.

Le sel alcali se prépare uniquement par le feu.

    Parmi toutes les productions que
la Nature que je connois, il n'y a
aucun fel naturel auquel les caracteres que j'ai indiqué conviennent.
Tous les fels alcalis font faits de
matiere végétable, & produits uniquement par le feu. Mais depuis la
création du Monde jusqu'à présent,
on a continuellement brûlé partout
des végétaux, & par conséquent il
s'est toujours produit une prodigieuse quantité de ces fels, qui épars
de côtés & d'autres avec leurs cendres, font tous enfin retombés dans
la Terre. Or pendant le grand nom-

bre de siécles, qui se sont écoulés depuis que le Monde dure, il semble que ces sels auroient dû remplir toute la Terre, & s'y manifester par leurs propriétés, de même que dans l'Isle d'Ormus où on voit des montagnes de sel.

Comme on n'observe rien de semblable, il est démontré que les sels de végétaux brûlés rendent souvent fertile la terre dans laquelle ils s'insinuent ; mais que cependant ils perdent bien-tôt leur vertu alcaline, & revêtent la forme d'un autre sel, sous laquelle ils agissent dans la suite. *Mais il périt ensuite.*

A cette occasion il importe de remarquer, que tous les végétaux qui ont crus sur le terre depuis le commencement du monde jusqu'à présent, & qui sans être réduits en cendres par l'action du feu, se sont pourris & ont été consumés par le tems, n'ont jamais donné un seul grain de sel alcali fixe. Au contraire, ils ont été dispersés en parcelles volatiles, qui ne sçauroient tomber sous les sens, ou du moins qui n'ont communiqué à la terre aucune propriété sensible. Ce fait qui arrive partout, & *Il ne naît pas naturellement dans les plantes.*

dont la certitude eſt confirmée par
une expérience de pluſieurs ſiecles,
prouve que la nature n'employe jamais aucun alcali fixe dans la compoſition des plantes, ſoit qu'il s'agiſſe
de leurs ſucs, ou de leurs parties ſolides. De là je conclus encore que
les ſels alcalis fixes ſont produits par
l'action du feu, qui brûle une plante, & non par aucune opération naturelle aux végétaux. Cela eſt auſſi
démontré par cette autre expérience,
qui arrive toujours de la même maniere. Faites pourrir entiérement ſuivant les regles de l'art des végétaux,
qui auroient donné une très-grande
quantité de ſel alcali fixe, ſi on les
avoit brûlé, ils acquerront une odeur
fétide, & preſque inſupportable ;
ils deviendront volatils pour la plus
grande partie ; & ſi alors vous les
brûlés par un feu découvert, vous
n'en tirerez pas un ſeul grain d'alcali fixe ; tout ce que vous aurez ſe
réduira à des cendres inſipides, purement terreſtres, blanches, & dans
leſquelles vous chercherez inutilement du ſel. Qu'on faſſe bien attention à ces diverſes expériences, &

l'on fera de plus en plus convaincu que les sels alcalis fixes, qu'on tire des végétaux, car on n'en connoît pas d'autres, font des corps produits uniquement par la combustion que le feu opere, & qu'ils font l'ouvrage du feu seul, aussi bien que le verre, qui est fait de cendres lixivieuses, réduites en fusion par l'action d'un feu très-violent. Les uns & les autres de ces corps font dans le même cas ; comme personne ne soupçonneroit que le verre est ainsi fait de végétaux, on ne devineroit pas non plus que le sel alcali ait la même origine.

Je démontrerai aussi dans la derniere partie de ce Livre que ces sels alcalis fixes se résolvent très-facilement en une grande quantité de matiere saline, dure, amere, & approchante de la nature du verre, en une terre simple, & enfin en un sel alcali fixe, plus fort & plus pur qu'auparavant. Cela nous apprendra que ces sels ne font nullement des corps simples, mais qu'au contraire ils font composés de diverses substances réunies. C'est encore le feu seul qui unit ces différens principes en un corps

Il est formé de diverses substances, jointes ensemble par l'action du feu.

qui paroît homogène. De-là il suit
que la Nature, à en juger par ce
que nous en connoiſſons juſqu'à
préſent, n'employe jamais dans ſes
opérations les ſels alcalis fixes, comme des inſtrumens qui lui ſoient propres. Elle n'en fait uſage que quand
elle les trouve tout préparés par l'action du feu; & encore alors, ſi elle
agit par leur moyen, c'eſt entant
qu'ils ſont compoſés des trois principes que je viens d'indiquer, & auſquels on en peut même ajouter un
quatriéme, qui conſiſte dans quelque
peu d'huile qui leur eſt adhérente,
comme pluſieurs preuves le démontrent.

Par conſé-
quent il y a
diverſes ſor-
tes de ſels al-
calis. Il découle encore une autre conſéquence de ce que j'ai dit; c'eſt qu'à
meſure qu'on décompoſe ces ſels alcalis fixes, en ſéparant leurs principes les uns des autres, on a toujours
un ſel différent. Car le ſel qui reſte
après la ſéparation d'un principe, eſt
plus ſimple, & par là même agit autrement qu'il ne faiſoit auparavant.
Prenons pour exemple les cendres
qu'on appelle gravelées, & qui donnent un très-bon ſel alcali. Une gran-

de partie de ces cendres eſt un ſel amer, dur, pellucide, & qui ne ſe fond pas aiſément dans l'eau ; ſi l'on ſépare ſoigneuſement ce ſel du reſte, l'on aura un alcali, beaucoup plus pur, & plus propre pour divers ouvrages qui ſe font avec les alcalis, que s'il n'avoit pas été ſéparé. Il faut auſſi remarquer que ces ſels alcalis ſont ſouvent changés d'une façon très-ſinguliere, ſi pendant qu'on les prépare par la combuſtion, il tombe par haſard dans les cendres quelque matiere étrangere, qui puiſſe ſe mêler avec eux, & qui ſoit fixe au feu. Suppoſons, par exemple, qu'il y tombe du nitre, auſſi-tôt ce nitre fixé avec le ſel végétable formera un alcali, d'où l'huile de vitriol fera ſortir une fumée fétide, qui a l'odeur de l'eſprit de nitre : or c'eſt ce qui n'arrive jamais avec de l'alcali pur. On comprend aiſément que la même choſe doit avoir lieu, s'il y tombe du ſel marin, ou quelqu'autre Sel. Enfin pour éclaircir d'avantage la doctrine de ces ſels, il importe d'obſerver qu'ils varient ſuivant la méthode qu'on employe pour brûler les plantes avec lesquelles on les produit ; car on sçait que la même plante brûlée toute à la fois , & promptement par un feu violent, donne un sel différent de celui qu'on en tire en la confumant par un feu lent & étouffé ; on en a une preuve dans la préparation du sel suivant la méthode de Tachenius. Mais il eſt tems de faire connoître les principales eſpeces d'alcalis fixes que les Chymiſtes employent le plus fouvent.

Alcali des cendres gra-velées. Le plus commun de ſes ſels eſt celui qu'on nomme Potaſſe. On nous l'apporte toutes les années par mer des pays ſeptentrionaux , & fur-tout de la Courlande , de la Ruſſie , & de la Pologne, dans de grands tonneaux de bois. On le prépare avec du bois verd de ſapin , de pin, de chêne , & d'autres arbres ſemblables , qu'on amaſſe par tas, dans des creux faits exprès en terre ; on y met le feu, & on l'entretient juſqu'à ce que tout ſoit réduit en cendres ; on fait enfuite paſſer ces cendres par le tamis, & c'eſt ce qu'on appelle à préſent cendres gravelées, en latin *Cinis clavellatus*, & autrefois *Lix*. Le nom de *Cinis clavellatus* ſemble venir de *clava*, d'où l'on a fait *clavula*, & enſuite *clavella*, qui ſignifie une buche de bois. On fait encore diſſoudre ces cendres dans de l'eau bouillante, après quoi l'on verſe doucement la liqueur ou la leſſive qui ſurnage ; & enfin l'on fait cuire pendant trois fois vingt-quatre heures cette leſſive dans de grandes chaudieres ; alors on a ce ſel qu'on nomme Potaſſe, c'eſt-à-dire cendre de pots, à cauſe des pots ou chaudiéres dans leſquelles on le prépare. Quand ce ſel eſt encore chaud, on le met dans des tonneaux, dont les douves ne ſoient imbibée d'aucune humidité ni d'acune huile ; c'eſt le moyen de le conſerver ſec ; car ſi on le laiſſe expoſé à l'air, ſurtout à un air un peu humide, il ſe réſoud en une liqueur graſſe, très-peſante, dans laquelle l'air ne pénétre pas, qui eſt alcaline, & de même nature qne l'huile de tartre faite par défaillance. Ainſi réſout, il donne des féces terreſtres en aſſez grande quantité ; car d'une livre de ſel, il m'eſt arrivé de tirer par ce moyen ſix dragmes de ces féces dans une premiere opération. Qu'on le fasse fondre en versant dessus de l'eau chaude, & qu'après l'avoir laissé tranquille pour que les féces aillent au fond, on filtre la liqueur qui surnage, & qu'ensuite on épaississe dans un verre net, en la faisant évaporer jusqu'à ce qu'il n'en reste que la moitié, & qu'enfin on la mette dans un lieu froid & tranquille, bientôt elle donnera des glèbes dures, adhérentes au verre, d'une figure réguliere, pellucides, qui ne se résolvent jamais en liqueur dans l'air quoique humide, qui se dissolvent assez difficilement dans l'eau , qui sont fragiles comme le verre, d'un goût très - amer & tout-à-fait ressemblantes à ce sel qu'on nomme fiel de verre, parce qu'il est rejetté au-dessus de la surface de la matiere avec laquelle on fait le verre. Ces glébes salines sont donc d'une nature singuliere ; tandis qu'elles se forment ainsi en assez grande quantité, il se produit encore de nouvelles féces terrestres, qui montent à quatre scrupules par livre, & alors si l'on épaissit la liqueur qui reste, jusqu'à

entiere ficcité, l'on a un fel alcali
fixe, blanc, affez pur, & qui mêlé
avec du fable, fait de très-bon verre.
Quand on expofe long-tems ce dernier fel à l'action d'un feu violent,
il fe fond, & devient toujours plus
âcre. Si après cela on le place de
nouveau en plein air, dans un vafe
de verre plat, il fe réfoud encore en
liqueur & dépofe de nouvelles féces.
Toutes ces opérations, réitérées
plufieurs fois, font que ce fel devient tout volatil, comme je l'ai déja
obfervé ci-devant dans l'hiftoire de
la terre; & qu'il fe réfoud entierement en une matiere imperceptible
qui s'évapore, en ce fel amer dont je
viens de parler, & en féces terreftres; & qu'ainfi il perd toute fon
acrimonie & fa ficcité. Souvent
même il change de nature, & fe
convertit en un fel neutre qui fe fond
au feu avec autant de facilité que de
la cire. La-deffus quelques Chymiftes ont crû poffeder le merveilleux
fecret de faire ce fel alcali fixe incé-
ré, auquel les Anciens ont attribué
tant d'excellentes propriétés. Mais
tout ce qui arrive ici, fe réduit à ce

que l'acide volatil, dont l'air eſt chargé, s'unit avec cet alcali ; d'où il réſulte d'abord une nouvelle eſpéce de ſel compoſé d'acide & d'alcali, & qui par conféquent ſe fond aiſément par le feu, mais qui a perdu cependant ſa vertu alcaline. Au reſte il faut remarquer que l'alcali fixe, produit comme je viens de le dire, eſt celui qui poſſéde dans le dégré le plus éminent les caractères que j'ai donné ci-devant de l'alcali ; ainſi on peut le regarder comme réuniſſant en ſoi les marques de cette claſſe de ſels, & comme le modèle avec lequel on doit comparer les autres ſels, ſur la nature deſquels on aura quelque doute. Je ſuis donc autoriſé à répéter encore ici ce que j'ai déja dit, c'eſt que les ſels alcalis, produit par la combuſtion, ſont compoſés de trois principes différens, ſçavoir d'alcali pur, d'un ſel amer & de terre. Ce qu'ils ont de matiere ſaline eſt en moindre quantité qu'on ne le croit ; quand elle eſt ſeule, elle eſt volatile & échappe par-là à nos ſens, ainſi on ignore qu'elle eſt proprement ſa nature.

Le fuc des raifins murs, & exprimé par la preffion fermente de lui-même. Pendant que cette fermentation dure, on lui donne le nom de Mouft; quand il ceffe de fermenter on le laiffe tranquille dans le tonneau, les plus épaiffes de fes féces vont au fond, il devient liquide, pellucide & pur. C'eft alors du vin nouveau, & ces féces dont il fe décharge font ce qu'on appelle lie de vin. Ces lies font premierement mêlées avec le Mouft; enfuite elles s'élévent au-deffus en forme de fleurs, & enfin elles tombent & fe raffemblent au fond. Quand le vin eft ainfi purifié & clarifié on le tranfvafe. Les Vinaigriers fe fervent de la lie qui refte dans le tonneau, ils la font paffer à travers une toile forte & épaiffe, en exprimant ainfi un vin trouble avec lequel ils font de très-bon vinaigre. Ils font fécher enfuite le marc de cette lie, en forme de pains, ils le brûlent & le convertiffent en cendres, qui tamifées, diffoutes dans l'eau, & féparées de la terre qui va au fond dans la folution, produifent une leffive limpide. Cette leffive épaiſſie dans de grandes chaudieres, donne un ſel fort reſſemblant au précédent, mais plus pur cependant & plus âcre. C'eſt-là une autre eſpéce de cendres gravelées, rendues vraiſemblablement plus ſubtiles par la fermentation. Voilà donc une seconde méthode de produire du ſel alcali avec la lie de toutes ſortes de vins.

Alcali fixe de vin.   Mais ſi on laiſſe repoſer long-tems le vin même, après qu'il a ceſſé de fermenter, qu'on l'a ôté de deſſus ſa lie, & qu'on l'a tranſvaſé, on remarque qu'il s'y produit inſenſiblement des petits corps reſplendiſſants, & qu'on prendroit pour des particules de verre. Ces petits corps ſe joignant les uns aux autres, forment des glèbes plus ſenſibles, qui répandues uniformément ſur toute la ſurface intérieure du tonneau, s'y attachent, & la couvrent peu à peu d'une croûte qui approche de la pierre par ſa dureté, & qu'à cauſe de cela les Allemans appellent Pierre de vin ; les Chymiſtes lui donnent à préſent le nom de tartre. Ce tartre eſt toujours d'un goût acide, & il doit uniquement ſon origine au vin qui a fermenté & qui eſt purifié. Il eſt très-différent de la lie, ſurtout en ce que celle-ci eſt dans un état de fluidité, & tombe au fond du tonneau ; au lieu que le tartre égale la pierre en ſolidité & en dureté, & s'attache partout aux douves. Au reſte, il faut remarquer que ſuivant le vin dont il eſt formé, il eſt ou rouge, ou cendré, ou blanc, ou plur pur, ou plus impur, ou plus acide ou plus doux. Les vins acides & après en donnent beaucoup ; ceux qui ſont doux en produiſent moins. Ce ſel diſtillé dans une cornue de verre net, & cela par un feu de ſable, qu'on doit avoir ſoin d'augmenter par dégré, donnent d'abord un eſprit que les Chymiſtes appellent *Spiritus ſilveſtris*, & qui eſt ſi volatile qu'on ne peut pas le renfermer dans un vaſe ; enſuite il donne d'autres eſprits un peu acides ; & après ceux-ci d'autres, qui ſont plus épais & gras ; & enfin une huile, plus pénétrante qu'aucune autre huile connue.

Ce qui reſte alors dans la cornue eſt une maſſe fort noire, tout-à-fait alcaline & très-âcre. Je ne connois *il ſe prépare uniquement par la diſtil-lation.*

point d'antre maniere de produire
ainsi dans un vaisseau fermé du sel
alcali fixe, végétable & âcre. Toutes les autres matieres végétables distillées dans la cornue par un violent
feu, donnent aussi à la vérité du charbon noir ; mais jamais, que je sache,
elles ne produisent aucun sel alcali ,
à moins qu'ensuite on ne les brûle
par un feu ouvert. Ce charbon noir,
alcalin & tartareux , brûlé de même, donne un sel alcali blanc, le
plus pur & le plus âcre de tous les
alcalis fixes. Cette singuliere expérience nous fait voir que la fermentation avance considérablement la production de l'alcali dans les végétaux ;
quoiqu'elle contribue aussi beaucoup
à la production de l'acide, qui semble presque n'avoir point d'autre
cause. Il est donc prouvé que l'acide
& l'alcali se produisent plus facilement là où il y a fermentation , que
là où il n'y en pas. Cette remarque
est très - importante ; & cependant
peu de gens y ont fait attention.

Tous les alcalis fixes, de quelque
matiere végétable qu'on les ait tiré,
& de quelque façon qu'on les ait produit,

font précisément de la même nature, & ne different presque point
les uns des autres, lorsque par le
plus haut dégré de feu on les a
porté à leur plus grande perfection
alcaline. La seule différence qu'il y
a entr'eux, & qui même est trop peu
de chose, se remarque quand on les
employe à faire du verre ; on a observé que les verres, quoique préparés avec les mêmes cailloux, varient
souvent en couleur, suivant l'espece
d'alcali fixe qu'on fait entrer dans
leur composition : ceux qu'on fait,
par exemple, avec de l'alcali de fou-
gere, different de ceux où l'on mêle
quelqu'autre alcali. Mais personne
n'ignore qu'une légere cause suffit
pour changer beaucoup la couleur
du verre ; car si l'on pile seulement
dans un mortier de métal ou de mar-
bre, le sel qu'on destine à faire du
verre, aussi-tôt on remarque un changement assez sensible dans la couleur
de ce dernier. Cela m'a fait soupçonner quelquefois, qu'il s'insinue peut-
être dans les végétaux quelques particules métalliques, qui fixes au feu,
laissent parmi leur sel quelque chose

N

qui peut se manifester ensuite dans le verre. Du moins est-il certain que le fer se mêle dans divers corps, & peut-être cela est-il vrai aussi du cuivre.

Alcali fixe, nitre du nitre. Les Chymistes ont découvert une autre méthode très-singuliere de produire du véritable alcali fixe ; & Glauber nous en donné une description fort exacte ; la voici. Faites fondre sur le feu du nitre bien pur, dans un creuset net, vous n'y remarquerez aucun mouvement sensible ; mais jettez-y un petit charbon allumé, aussi-tôt vous entendrez un grand bruit ; le le charbon est poussé de côté & d'autre sur la surface du nitre fondu, & enfin se consume ; après quoi le nitre reprend sa premiere tranquillité. Jettez-y un nouveau charbon, vous verrez toujours les mêmes phénomènes. Continuez cette opération, jusqu'à ce que le nitre ne fasse plus de bruit, ou qu'il ne s'allume plus avec le charbon : alors tout ce qui reste dans le creuset est un sel qui a tous les caracteres, tant physiques que chymiques, de l'alcali fixe ; car il a la même acrimonie caustique ; il excite dans la bouche un goût d'urine ; il produit

une efferverfcence avec tous les acides connus ; lorfqu'il eft bien impregnée d'un acide, il fe convertit en
un fel compofé, dont la nature eft
déterminé par l'acide qui y eft mêlé; il produit des changemens de couleur comme les alcalis précédens ; il
opere auffi les mêmes précipations,
& des folutions femblables pour ne
pas dire les mêmes. Cependant il en
differe toujours en quelque circonftance ; car il retient encore quelque
peu de nitre qui n'eft pas entiérement
changé, & qui ne fe manifefte ordinairement que quand on verfe deffus de la bonne huile de vitriol ; cette
huile en fait fortir une vapeur, qui a
l'odeur de l'efprit de nitre, ou de l'eau
forte, ce qui prouve que cette maffe
alcaline conferve encore une partie
de cette même matiere que l'huile de
vitriol fait fortir du nitre pur. D'ailleurs cette huile mêlée avec cette alcali devient ordinairement noire, ce
qui nons apprend qu'il refte auffi
quelque peu de charbon dans ce dernier. Ainfi Glauber a raifon de dire
que cet alcali de nirre eft un peu dif-
rent de l'alcali végétable ; mais quand

il met ses propriétés si fort au-dessus de celles de tous les autres alcalis, n'a-t'on point raison de le soupçonner de quelque partialité en faveur de ses découvertes ?

Je ne dois pas oublier ici une troi-
Alcali fait siéme méthode de produire du sel al-
de tartre & cali très - promptement & en fort
de nitre. grande quantité. Prenez du bon tartre très-sec, & du nitre en quantité
égale ; réduisez le tout en poudre fine
& seche ; jettez ce mélange à divers
reprise & par petites portions dans
un pot de fer, bien net & presque
rouge, vous verrez que cette matiere
s'enflammera aussi tout d'un coup, &
qu'elle produira une très - grande
quantité de sel blanc, alcali, fixe,
qui a tous les caracteres de l'alcali
végétable, mais qui en différe aussi de
même que le précédent. Car si vous
en voulez faire du tartre vitriolé,
aussi-tôt il s'en exhale une odeur d'eau
forte, & il devient noir ; ce qui prouve manifestement que ce qui a lieu
dans le cas précédent, a aussi lieu ici.
Voyez là-dessus Hoffmann. *Observ.*
Phys. Chym. p. 241.

Alcali pro- Enfin on prépare presque en un

moment du fel alcali fixe, avec du nitre, & cela d'une façon affez fin- guliere. Lorfqu'on a féparé de l'an- timoine, autant qu'il a été poffible, tout le fouffre qui lui étoit adhérent, ce qui refte eft la partie metallique qui paroît pure, & à laquelle on don- ne le nom de régule. Mettez ce régu- le dans un creufet net fur le feu, & quand il eft tout-à-fait fondu, fur huit parties de Régule jettez une partie de nitre pur & bien fec ; vous ferez furpris de voir que le nitre, qui fe fond très-promptement lorfqu'il eft expofé à un feu vif, ne peut être ré- duit en fufion dans cette opération, que par un feu auffi violent que celui dont on a befoin pour fondre le cui- vre. Mais il y a encore ici quelque chofe de plus fingulier. Dès que ce nitre eft fondu par ce prodigieux feu, il prend une couleur d'or, & fi on le verfe dans un culot, on le voit fur- nager fous la forme d'un gâteau do- ré. Quand en frappant fur le culot, on fépare ce gâteau du refte, on trou- ve que c'eft une fubftance qui ne peut pas fouffrir l'état de ficcité, & qui eft devenue tellement alcaline & âcre,

duit par l'an-
timoine attiré
par le nitre.

N iij

que presque à l'égard de tous ses effets c'est une matiere entiérement
ignée. Jusques à présent les Chymistes les plus experts ne connoissent aucun moyen de communiquer une aussi
grande acrimonie à quelqu'autre sel
que ce soit. Nous voyons donc dans
cette expérience que le nitre, qui est
le plus froid de tous les sels, & qui
auparavant n'a aucun caractere de
l'alcali, fondu par la violence du feu
avec la partie métallique de l'antimoine, acquiert une prodigieuse acrimonie, & cela ce semble par le seul attouchement de ce demi-métal. A la
vérité, il est apparent que le souffre
de l'antimoine se mêle intimément
avec lui ; car si pendant que ce sel
est encore bien sec, & fort chaud,
on le jette dans de l'alcohol très-pur,
aussi-tôt il se produit une teinture
d'un beau rouge, & si excessivemeut
caustique, qu'il n'est pas possible d'en
supporter l'effet. Au reste j'ai remarqué que ce changement subit arrive,
soit qu'on employe un régule d'antimoine préparé avec du fer, suivant
la méthode de Suchtenius, soit qu'on
se serve de celui qui est fait avec du

tartre & du nitre, fuivant la méthode ordinaire. Mais ce même changement n'a pas lieu , auffi longtems
qu'il y a quelque fouffre attaché ex-
térieurement à l'antimoine ; pour que
l'expérience réuffiffe , il faut avoir
foin de féparer cette partie fulphureufe, afin qu'il n'y ait que la régule
pur qui fe fonde avec le nitre. Ce
changement dont on n'a pas d'autre
exemple , eft d'autant plus furprenant , que jamais le nitre uni avec le
fouffre ne devient alcali, mais qu'il fe
convertit en un fel polychrefte amer,
qu'il refte immuable & fixe, quelque
tems qu'on le retienne feul fur le feu,
& qu'enfin il ne contracte aucune al-
calefcence lorfqu'il y a du fouffre
joint à l'antimoine ; pendant qu'en
uu moment il devient tout-à-fait alcali , lorfqu'il eft fondu avec le régule feul. Cela nous apprend que des
corps combinés enfemble fuivant de
certaines loix , peuvent quelquesfois
produire des effets auffi fubits qu'extraordinaires , & qu'il eft impoffible de prévoir ; d'où nous devous
encore conclure que nous fommes
très-peu en état d'avancer quelques

propofitions phyfiques , qui foient généralement vraies. Avant que de paffer à un autre article , remarquons encore avec quelle facilité toute la fubftance du nitre devient alcaline ; il fuffit prefque pour cela qu'il touche l'antimoine fondu ; car il ne fe mêle point avec lui ; puifqu'au contraire il en eft comme rejetté , & qu'il nage tout entier au-deffus. Enfin obfervons comment ce fel, qui fe fond ordinairement très-vîte, devient tel en un moment que pour fe fondre il demande un plus grand dégré de feu que tout autre corps connu. Voilà tout ce que mes lectures , ou mes propres obfervations ont pu me faire découvrir fur l'origine des fels alcalis fixes , & fur quelques-unes de leurs propriétés ; découverte qui m'a facilité les moyens de ranger ces fels dans les claffes aufquelles ils appartiennent véritablement.

Propriétés des alcalis fixes. Paffons à préfent à l'examen des diverfes actions phyfiques de ces fels. Pour rendre la chofe plus facile, qu'il me foit permis de répéter ici ce que j'ai déja dit ci-devant ; favoir que la nature & l'art humain font

toujours occupés à produire une pro-
digieuſe quantité de ces ſels alcalis,
par la combuſtion des. végétaux ; &
que cependant on n'en trouve nulle part ; d'où il faut conclure, ou
que ces ſels périſſent, ou qu'ils changent continuellement de nature.
Quand ils ſont dans leur état de perfection, on decouvre dans tous les
propriétés ſuivantes.

1. Ils attirent à une aſſez grande
diſtance l'eau qui eſt dans les corps
qui les environnent, quels que ſoient
ces corps. Cela ſe voit à l'œil ; car
quand on ôte un ſel alcali d'un très-
grand feu, il s'humecte & ſe reſoud
d'abord quoiqu'on le tienne près du
feu, & par conſéquent dans un air
très-chaud, où tout autre moyen ne
ſauroit nous faire découvrir de l'eau.
Si l'on fait ſécher ſur le feu cet alcali
ainſi humecté dans un vaiſſeau de
verre bien ſec & bien net, il s'en
exhale une vapeur, qui reçue & condenſée dans un alembic, donne l'eau
pure qui avoit été attirée. Si l'on
mettoit d'autres ſels humides, là où
l'alcali ſec s'humecte, ils perdroient
toute leur humidité, & ſe ſécheroient

parfaitement. Les alcalis font donc de véritables Aimans qui attirent l'eau, qui se mêlent intimément avec elle, qui sont dissouts par elle, qui la retiennent très fortement, & qui ne s'en séparent qu'avec beaucoup de difficulté. De-là vient qu'une fois dissouts dans l'eau, une chaleur égale à celle de l'eau bouillante ne sauroit les rendre parfaitement secs.

& restent unis fortement avec elle.

Pour rendre la chose sensible, ayez dans un vase de l'huile de Tartre par défaillance, plongez y un thermomètre de mercure, & exposez le le tout à une chaleur de 214 dégrés, le sel ne se séchera pas. Si vous voulez le sécher, il faudra que vous le mettiez dans un vase de métal, & qu'en le remuant continuellement vous lui appliquiez un feu qui surpasse 600 dégrés ; ainsi nous ne connoissons presque aucun corps qui se sépare plus difficilement de l'eau qui lui est adhérente. J'ai travaillé à connoître avec quelle force, en quelle quantité, & à quelle distance ce sel attire ainsi l'eau. Voici les expériences que j'ai fait dans cette vue.

Ils l'attirent

Ayant mis une once de sel alcali

pur & bien fec dans un plat de verre net, je l'expofai à l'air dans une ca-même d'aſſez loin. .
ve, fermée de tout côté, & où le vent ne pouvoit pas entrer; bien-tôt je vis que l'eau étoit attirée de cet air tranquille fur la furface étendue du fel, qui continua d'en attirer toujours de nouvelle, jufqu'à la quantité d'environ trois onces; alors pleinement faturé, il n'attira plus. Or il a fallu au moins fix pieds cubiques d'air pour fournir cette quantité d'eau. Car fi nous fuppofons que le poids de l'air eft à celui de l'eau, comme un à mille, & qu'un pied cubique d'eau péfe foixante-quatre livres, il s'en fuivra que tous les corpufcules qui ont quelque gravité dans un pied cubique d'air, péfent enfemble $\frac{8}{25}$ d'une livre; fuppofons de plus qu'une moitié de ces corpufcules foit de l'eau pure, & que l'autre moitié foit compofée de toutes fortes d'autres particules, il eft clair qu'un pied cubique d'air doit contenir environ une demie-once d'eau. Si donc ce fel a la force d'attirer à foi toute l'eau d'un fi grand efpace, voilà dans la nature une vertu attractive très-finguliére; ainfi

N vj

Sendivogius a eu raison de dire que plus un alcali eſt calciné par le feu, plus auſſi il attire avec force & en quantité l'eau qui eſt contenue dans l'air. On dira peut-être que l'attraction, que déploye l'alcali, ne s'étend que juſqu'à l'air qui environne immédiatement ce ſel, mais que l'eau qui eſt dans l'air plus éloigné s'avance ſucceſſivement pour prendre la place de celle qui eſt attirée. Je ne diſconviens pas que cela ne puiſſe être, & tout ce que je ſai là-deſſus eſt que l'air, d'où l'eau a été attirée, étoit fort tranquille.

malgré les plus exactes précautions.

Pour pouſſer plus loin mes recherches à cet égard, j'ai pris une grande bouteille de verre, auſſi nette & auſſi ſéche que ſi elle ſortoit des mains de l'ouvrier ; après l'avoir échauffée, j'y ai jetté du ſel de Tartre, très-ſec, fort chaud, & pulveriſé de la maniére que j'ai indiquée ci-devant. Enſuite j'ai fermé ſoigneuſement la bouteille avec un bouchon de liége, autour duquel j'ai attaché une veſſie amollie dans de l'huile. Cette précaution n'a pas empêché le ſel, qui étoit adhérent anx parois intérieures du verre , de s'humecter par l'eau qu'il avoit attirée de l'air renfermé avec lui , & qui étoit chaud , quand je fermai la bouteille.

2. Les alcalis semblent agir sur l'air d'une maniére tout-à-fait oppo- sée; car s'ils attirent l'eau & ils paroissent repousser l'air proprement ainsi nommé , je veux dire l'air élastique & élémentaire. Mettez dans un plat de fer du bon sel alcali fixe , que vous viendrez de retirer de dessus le feu , & qui sera même encore fondu , il attirera très-promtement l'eau qui est dans l'air , & vous serez porté à croire qu'il attire l'air en même tems , sur-tout si vous réfléchissez sur ce qui a été démontré ci-devant , c'est que l'eau privée d'air , ne sauroit rester dans cet état , & qu'elle s'impregne bien-tôt d'une nouvelle quantité de cet élément : ce qui contribuera encore à vous fortifier dans cette idée , c'est que la violence du feu qui a fondu ce sel , doit en avoir chassé tout l'air qu'il pouvoit contenir auparavant. Ainsi loin de penser que ce sel repousse l'air , vous conclurez plutôt, qu'il en renferme beaucoup.

Cependant examinez le par la machine pneumatique, vous ne verrez rien qui vous indique qu'il en fort de l'air, lors même que vous l'échaufferez ; ce qui femble prouver que les alcalis ne repouffent pas feulement l'air, mais que même ils chaffent celui qui étoit dans l'eau qu'ils ont attirée, & que par conféquent ils ont la propriété de fuir l'air, & de l'éloigner d'eux.

Où ils l'attirent, mais très - fortement.

Mais d'un autre côté, fi l'on fe rappelle ce que j'ai déja dit ci - devant fur cette matiére, on fe refouviendra, que par diverfes expériences, je fuis parvenu à faire voir qu'il étoit affez vraifemblable que les alcalis attiroient l'air avec beaucoup de force, & qu'ils s'uniffoient à lui étroitement, qu'on ne pouvoit les en féparer que par le plus haut dégré de feu, ou par quelque effervefcence. Voyez pag. 526. 538. 539. Ainfi quand je réfléchis fur-tout cela, je ne fçai fi je dois dire que les fels alcalis fixes repouffent tout-à-fait l'air loin d'eux, ou qu'ils l'attirenr plus fortement, & s'uniffent plus étroitement avec lui, que ne le fait tout autre corps. Il faut certainement que l'une de ces deux choses ait lieu, mais je n'oserois déterminer quelle. Les diverses expériences, faites sur ce sujet avec le soin possible, aboutissent donc à nous laisser dans le doute entre deux sentimens directement opposés l'un à l'autre. C'est là le fort de la vraye Physique, dans laquelle nous ne ferons jamais de grands progres, si nous prétendons qu'elle nous conduise toujours à la certitude. Au reste ce doute peut produire un très bon effet, en ce qu'il nous excite à pousser plus loin nos recherches sur le sujet dont il s'agit.

3. Quand on mêle des alcalis fixes, bien purs, très-secs & très-chauds, avec le meilleur alcohol qu'on puisse avoir, ils l'attirent & s'unissent avec lui. Mais si l'un ou l'autre de ces corps contient la moindre goute d'eau, celle-ci est d'abord attirée, & l'alcohol est repoussé sans qu'il soit possible de l'empêcher. Ainsi les alcalis purs sont très-propres à diviser l'esprit de vin rectifié en deux parties qui ne peuvent plus se mêler entr'elles ; l'une est de

3. Ils ne fuyent pas l'alcohol.

l'eau imprégnée d'alcali, & l'autre eſt
de l'alcohol pur qui nage au-deſſus.
Ce qui démontre encore clairement
la force réciproque par laquelle l'eau
& l'alcali s'attire mutuellement. Pour
rendre la choſe ſenſible, prenez une
livre d'alcohol bien pur, mêlez y auſſi
peu d'eau qu'il vous plaira, & enſuite
jettez-y du ſel alcali très-ſec; d'a-
bord vous verrez l'alcali attirer cette
eau, & reſter adhérent aux parois du
vaſe ſous la forme d'une huile ténace
ſans qu'il s'uniſſe en aucune façon
avec l'alcohol. Ce qui nous fait aiſément comprendre que les ſels alcalis
fixes doivent opérer pluſieurs changemens phyſiques très - ſinguliers,
ſur des liqueurs produites par la
fermentation, lorſqu'ils attirent ou
repouſſent l'alcohol, ou lorſqu'ils ne
font qu'attirer l'eau. Ils agiſſent encore à un autre égard ſur cette liqueur: tout eſprit, tiré par le feu de
quelque eſpèce de vin que ce ſoit,
contient toujours quelque acide volatil qui étant attiré avec force par l'alcali, abandonne l'eſprit & le laiſſe
plus pur: par conſéquent cet eſprit eſt
tout différent de ce qu'il étoit avant

cette opération : quant à l'alcali il est aussi tout-à-fait changé par là, & devient un mêlange d'alcali & d'acide ; & s'il étoit pleinement saturé, ce seroit le sel purgatif de tartre de Sennert. Remarquons encore que c'est à cette observation que nous devons la maniere de préparer de l'alcohol pur dans le froid, sans feu & sans aucune distillation. Il faut pour cela mêler une quantité suffisante de cendres gravelées avec de l'esprit de vin commun, & bien agiter le tout ensemble ; par cette seule opération l'eau passera dans l'alcali, l'esprit nagera au-dessus, & en le versant doucement par inclination pour le séparer du reste, on aura dès la premiere fois de l'alcohol ; mais si l'on doute de sa pureté, on n'a qu'à y mêler de nouvelles cendres gravelées, l'agiter & le verser comme auparavant : en réiterant ainsi cette manœuvre, on lui donnera facilement le dégré de pureté qu'on souhaite. Cependant il se produit toujours dans cette opération quelque peu d'huile grasse, qui ne paroissoit auparavant ni dans l'esprit de vin, ni dans l'alcali, & qui ne se manifeſte que par ce mélange.

4. C'eſt principalement ſur les hui-les végétables diſtillées que ces ſels alcalis agiſſent avec efficace. Si l'on jette de l'alcali auſſi âcre, auſſi pur, auſſi ſec & auſſi chaud qu'il ſera poſ-ſible dans de l'huile diſtillée, il at-tirera cette huile à ſoi avec beauconp d'avidité, de bruit & de ſifflement, & ſe joindra ſi bien à elle, qu'il pro-duira au moment même une eſpèce de ſavon, qu'on pourra perfection-ner enſuite en le laiſſant repoſer dans un lieu ſouterrain, pour que le mê-lange devienne plus intime. Alors ces deux ſubſtances parfaitement unies, deviennent demi volatiles, & ſe convertiſſent en une maſſe ſoluble dans l'eau, & qui eſt recommanda-ble par ſes vertus médicinales; c'eſt ce qu'on a appellé l'élixir des ſages, le ſavon de Van-Hélmont, le ſel vo-latil de tartre ſuivant la méthode de Starkeyus, & enfin le Correcteur du MaîtreMatthieu.Ce remède a d'abord eu beaucoup de réputation en An-gleterre, & enſuite dans tout le reſte de l'Europe. Il eſt bon pour fondre & réſoudre toute concrétion ténace dans

les humeurs du corps humain ; & par
là même il coupe, atténue, diffipe ce
qui produit des obftructions dans les
vaiffeaux, en même tems qu'il fti-
mule les vaiffeaux mêmes, & leur
communique un mouvement plus
vif, mais modéré cependant ; ainfi à
ces deux égards c'eft un remede apéritif, & qui emporte par la tranfpiration, par les fueurs & par les urines,
cette matiere prefqu'indomptable qui
produit les maladies chroniques. Si
on le fait digérer avec des fubftances
fimples, il change fouvent entierement leurs propriétés, & parlà dompte
quelquefois les forces venimeufes de
quelques-unes, & leur communique
des vertus différentes. Cependant les
Chymiftes, fuivant leur coutume,
ont trop exagéré fes vertus, en
voulant le donner pour un reméde
univerfel. Au refte, remarquons ici
qu'on ne parviendra jamais à faire
ce mélange, s'il y a la moindre goute
d'eau adhérente au fel ou à l'huile, ni
par conféquent, fi l'on y employe du
fel froid, ni même, s'il y a feulement
une petite portion du fel qui s'éléve
au-deffus de l'huile, & qui contigue

à l'air contracte quelqu'humidité.

& les huilès exprimées par la pression.

Les alcalis se joignent aussi facilement aux huiles qui sont exprimées par la pression, tant des végetaux que des animaux, lorsque cuits suivant les régles de l'art avec de la Chaux vive & de l'eau, on en fait le savon, qui est connu de tout le monde. Ce savon est très-efficace pour produire plusieurs effets qu'on ne produiroit que très-difficilement sans son secours; effets dont les principaux ont déja été rapportés dans l'article précédent.

5. Ils attirent aussi les acides,

5. Les sels alcalis attirent sur tout les acides, de quelque espèce qu'ils soient, & il n'importe pas s'ils font secs ou humides, purs ou délayés; & même ils agissent sur les acides avec beaucoup plus de force que sur l'eau; car en les attirant, ils chassent toujours avec assez de violence tant l'air qu'ils contenoient eux-mêmes, que celui qui étoit dans les acides; ce qui forme grand nombre de bulles d'Air, qu'on voit naître & créver bien-tôt. Pendant qu'ils font occupés à cette attraction, ils repoussent aussi l'eau d'une maniere assez sensible; & après

qu'ils font bien faturés de ces acides,
on peut les fécher aifément, & les
priver ainfi de toute leur eau, qu'auparavant ils retenoient avec tant de
force. L'huile acide de Vitriol, par
exemple, ne peut être déphlegmatifé
qu'avec beaucoup de peine; il en eft
de même de l'huile de tartre; mais mêlez enfemble ces deux liqueurs, vous
les dégagerez tellement par-là d'avec
leur eau, que vous verrez au-deffous
de l'eau qui fera chaffée une concrétion faline prefque féche; cela fe remarque manifeftement dans la préparation du tartre vitriolé. Ce que je
viens de dire de l'huile de vitriol, eft
auffi appliquable à tous les autres
acides; & cela répand beaucoup de
jour fur plufieurs queftions très-em-
barraffantes qui appartiennent à l'hiftoire des Menftrues. Cependant ce
pouvoir qu'ont les alcalis d'attirer les
acides, eft renfermé dans certaines
bornes, au-delà defquelles il n'a plus
lieu; ce qui eft encore ici une nouvelle fource de variétés, mais qui font
plutôt dues à la différence qu'il y a
entre les acides, qu'à celle qui fe
trouve parmi les alcalis. M. Hom-

berg, à son ordinaire, a exposé for
clairement cette importante observation, dans les Mémoires *de l'Académie Royale des Sc. Tom. I. p. 52.*
On me permettrra bien de rapporter
ici quelques-unes de ses remarques.
Voici ce qu'il dit. Pour saturer une
once de sel de tartre par le vinaigre
distillé, il en fallut quatorze onces;
le phlegme étant évaporé, le poids
du sel de tartre s'est trouvé augmenté
de trois dragmes, trente-six grains,
& ce qui est resté du vinaigre n'a été
que de l'eau insipide; ce qui fait voir,
pour le dire en passant, la proportion
qu'il y a entre l'acide du vinaigre,
& sa partie aqueuse. Pour saturer une
once de sel de tartre par l'esprit de
sel, il en a fallu deux onces cinq dragmes; & après l'évaporation du phlegme le sel de tartre s'est trouvé augmenté de trois dragmes quatorze
grains. Pour saturer une once de sel
de tartre par l'esprit de nitre, il en a
fallu une once deux dragmes dix
grains. Pour saturer une once de sel
de tartre par l'eau forte, il en a fallu
une once ou deux dragmes, trente
grains; & après l'évaporation, le

sel s'est trouvé augmenté de trois dragmes six grains. Pour saturer une once de sel de tartre par l'huile de vitriol, il en a fallu cinq dragmes; & après l'évaporation, le sel s'est trouvé augmenté de trois dragmes cinq grains. Comme ce sont là les principes acides, voici les conséquences qui découlent naturellement de ces expériences. 1º. Les acides qui different le plus par la quantité de leur masse, sont d'un poids égal lorsqu'ils ont saturé l'alcali : car le vinaigre, qui est le plus léger de tous les acides, augmente autant le poids d'une once de sel de tartre qu'il a pleinement saturé, que l'huile de vitriol qui est l'acide le plus pesant & le plus pur. La même chose est vraie des autres acides, puisque la plus grande différence entre les poids communiqués par ces acides à l'alcali est de trente & un grains; & encore est-ce le vinaigre qui a communiqué le plus grand poids, ce qui n'est pas surprenant, parce qu'il est très-difficile de déphlegmer le tartre régénéré. 2º. L'eau qui délaye ces acides paroît être la principale cause de la différen-

ce qu'il y a entr'eux, puifque l'acide pur qu'on en tire a toujours le
même poids. Si donc l'on pouvoit
parvenir à concentrer quatorze onces
de bon vinaigre en cinq dragmes,
fans en changer ni diminuer l'acide,
par la feule féparation du phlegme,
ce vinaigre ainfi concentré, ne fe-
roit-il point un acide auffi fort que
l'huile de vitriol ? Au moins il pourroit alors faturer une égale quantité
d'alcali. 3º. Nous pouvons déterminer la quantité d'eau qu'il y a dans
ces acides. 4º. Il eft vraifemblable
que fi l'on pouvoit parvenir à avoir
des fels acides purs, & parfaitement
déphlegmés, ils paroîtroient fous une
forme folide ; mais jufqu'à préfent,
il n'y a pas eu moyen d'en venir à
bout ; à la vérité on en approche de
fort près, en employant pour cet
effet un très-grand froid ; cependant
on n'a pas encore atteint par-là le
point de perfection néceffaire. 5º. Il
eft aifé de comprendre que des menftrues alcalis doivent produire des effets très finguliers, lorfqu'ils travaillent à diffoudre des corps dans lefquels il fe trouvent de l'acide caché,

&

& qui même doivent souvent à l'acide leur solidité, qu'ils perdent en se résolvant en leurs élémens, dès que cet acide leur est enlevé. On voit alors une violente effervescence, & il se produit quantité de bulles légeres, qui s'élevent très-promptement, qui se succedent les unes aux autres, & qui crevent avec une espece de sifflement; & en produisant un air fort élastique, tous ces effets, qui sont souvent très - subits, ne sçauroient être bien compris, sans ce que je viens d'exposer de la doctrine des alcalis. Au reste, il faut se ressouvenir que si l'on verse lentement & prudemment des esprits acides sur des alcalis, dans des liqueurs chaudes & dans de grands vases, & si à chaque fois qu'on a versé quelque quantité d'acide, on a soin de secouer le mélange, on parvient enfin à un point où il ne se fait plus aucune ébullition; c'est-là le point de saturation. Tout l'acide qu'on ajoute au-delà ne produit pas plus de mouvement que si l'on mêloit de l'eau avec de l'autre eau. Alors on a un sel composé, qui n'est ni alcali ni acide, mais qui par-

O

ticipe de tous les deux ; aussi lui don-
ne-t-on un nom qui désigne la nature, car comme on appelle les acides des sels masculins, & les alcalis
des sels féminins, on nomme herma-
phrodite ce sel composé. On a encore donné d'autres noms à ces sels ; les
alcalis ont été appellés sels vuides,
ou le chaos ; les acides, sels qui rem-
plissent, ou qui fécondent. Remarquons encore ici que l'ébullition &
l'effervescence qui se produisent par
l'expulsion de l'eau, quand on mêle
des alcalis avec des acides, arrivent
peut-être parce que ces sels s'attirant
fortement les uns les autres chassent
tout ce qui est entre deux : & si cela
est, le mouvement qui en résulte ne
sera pas une suite du combat, mais
plutôt de l'étroite union de ces principes. Conclura-t-on delà que les acides contiennent une très - grande
quantité d'air , & que les alcalis n'en
renferment point ? Ce qu'il y a de
certain c'est que le plus fort sel alcali , tiré tout brûlant du feu , & privé
vraisemblablement par là de tout air,
produit une très-grande effervescence si on le jette dans une liqueur aci-

de? Est-ce donc par cette raison que les acides produisent tant de vents dans les corps des animaux lorsqu'ils y dominent ? Les sels formés par la combinaison d'un alcali avec un acide, ont-ils donc perdu la plus grande partie de l'air qu'ils avoient avant le mélange, & est-ce pour cela qu'ils ne sont presque point venteux ? Ces remarques qui viennent d'être faites, ne nous apprennent-elles pas encore pourquoi il n'y a que les substances acides, ou du moins ascescentes, qui soient propres à la fermentation ? pourquoi l'air produit tant d'agitation dans la fermentation ? pourquoi la fermentation tend à l'acidité, au lieu que la combustion opérée par un feu violent panche vers l'alcalescence ? Pourquoi la fermentation qui produit l'acide, ne demande qu'une petite chaleur, pendant que la putréfaction, qui dispose le corps des animaux à l'alcalescence, en demande une plus grande ? Observons de plus ici que quand ces sels composés sont une fois pleinement saturés, ils restent alors tranquilles, & qu'on n'y excitera plus aucun mouvement en y jettant

O ij

des fels alcalis, ou des fels acides: Il faut donc ranger au nombre des caufes phyfiques , qui operent de nouveaux mouvemens de la nature , les alcalis & les acides dans le tems qu'on les mêle enfemble ; car dés que ce mêlange eft entiérement fini , toute leur efficace à cet égard ceffe. Au refte on ne peut pas douter que par cette action des alcalis fur les acides , l'eau ne foit auffi bien chaffé que l'air ; car ces fels liquides lorfqu'on les mêle , deviennent folides lorfqu'ils fe réuniffent , & fe changent en glébes falines , qui ont la forme de petits criftaux tranfparens; le phlegme qui eft chaffé furnage , & fi la faturation eft bien faite , ce phlegme eft de l'eau pure fans aucun goût falin. Ces fels ainfi déphlegmés & féchés, fe couvertiffent en une poudre farineufe, opaque & féche ; & même il ne leur faut pour cela qu'un feu doux ; au lieu que les alcalis & les acides, auxquels ils doivent leur origine, ou ne peuvent pas fe fécher , ou ne peuvent devenir fecs que très-difficilement. Mais fi ces fels compofés fe féparent faci-

lement d'avec l'eau, il n'en eſt pas de
même de leurs principes conſtituans :
il eſt très difficile d'en détacher par
la ſeule force du feu, ou l'acide ou
l'alcali, de façon qu'on ait ces deux
principes ſéparés tels qu'auparavant.
Qu'on faſſe, par exemple, du ſel
ammoniac avec de l'eſprit alcali de
ſel ammoniac, & de l'eſprit de ſel
marin : on pourra bien le ſublimer
par le feu, mais on ne parviendra pas
à le diviſer en ces principes ſalins qui
le compoſent. Il en eſt de même du
tartre vitriolé, du ſel marin régéneré,
du nitre reſſuſcité, du tartre régéneré
& autres ſels ſemblables. On a cependant découvert certains moyens de
décompoſer ou de réſoudre ces ſels
en ſéparant les acides & les alcalis
qui les compoſent. La connoiſſance
de ces moyens nous conduit à la découverte des opérations les plus cachées de la Chymie ; mais pour l'acquérir nous devons continuer l'examen des autres propriétés des alcalis.

Les alcalis attirent à la vérité tous
les acides connus ; cependant ils attirent les uns avec plus de force que
les autres. Il eſt aiſé de prouver la

*6 Les alcalis
n'attirent pas
tous les acides
de la même
maniere.*

chofe par des expériences. Ayez du Tartre regéneré, ou de l'alcali pleinement faturé par du vinaigre ; versez-y de l'efprit de nitre, ou de fel, ou de fouffre, ou de vitriol, & d'abord vous verrez l'alcali caché attirer à foi cet acide, & repouffer l'acide de vinaigre dont il étoit faturé auparavant ; & alors il vous fera aifé de féparer par un feu doux ce dernier acide, pendant que le fel nitreux régéneré reftera affez fixe au fond du vaiffeau. Si vous verfez de l'efprit de fel marin, fur cet alcali, ainfi faturé par de l'efprit de nitre, & fi vous diftillez enfuite ce mêlange, tout ce qui fera exhalté fera de l'eau régale, & ce qui reftera au fond fera un fel nitreux, mais différent de ce qu'il étoit auparavant. Ayez au contraire de l'alcali pleinement faturé par de l'efprit de fel, de façon que ce foit du véritable fel commun ; verfez-y de l'efprit de nitre, & diftillez enfuite le tout, vous aurez encore de l'eau régale, & il reftera au fond du vaiffeau un fel nitreux, qui brûlera avec des matiéres inflammables, mais qui cependant fera

d'une nature différente de celle du
fel & du nitre. Nous voyons donc
dans ces deux cas, que comme il n'y
a pas une fort grande différence entre l'acide du nitre & celui du fel,
par rapport à leurs effets, ces deux
acides fe chaffent en quelque façon
l'un l'autre, & qu'ainfi ils montent
tous deux en partie dans la diftillation,
& reftent en partie adhérent à la bafe
alcaline. Verfez encore de l huile de
vitriol fur de l'alcali faturé par de
l'efprit de nitre, auffi-tôt l'efprit de
nitre pur fera chaffé, l'acide de vitriol
reftera uni à la partie alcaline du nitre, & laiffera au fond un fel qui.a
en quelque façon les propriétés du
Tartre vitriolé, quoiqu'il en différe
à certains égards, mais qui n'a prefque rien de commun avec le nitre. Si
vous verfez de l'huile de vitriol fur
du fel marin artificiel ou naturel, il
en fortira d'abord un efprit très volatil, fumant, acide, & qui a prefque
toutes les propriétés connues du fel
marin, dont il ne différe qu'en ce
qu'il eft plus fumant, plus volatil, &
nuifible par les exhalaifons fuffocan-
tes, qui s'en détachent lorfqu'il n'a
O iv

pas encore été rectifié oòmme il faut.
Tout cela nous prouve donc manifestement, 1°. Que les acides, qui
dans leur état naturel font délayés
par une petite quantité d'eau, fe
joignent toujours aux alcalis avec
plus de force, que ceux qui font naturellement mêlés avec une plus grande quantité. C'eft là une regle qui
fe trouve conftamment vraye, & à
laquelle je ne connois aucune exception ; on l'exprime d'une maniere générale, en difant que les acides plus fort
chaffent d'une bafe alcaline l'acide plus
foible qui lui étoit adhérent. 2°. Que
ces acides plus forts fe joignent toûjours à cet alcali dont ils ont chaffé
un acide plus foible, & qu'ainfi ils
fe logent dans la place que celui-ci
a abandonnée. 3°. Que le fel ainfi
régéneré, après avoir perdu les propriétés qui lui avoient été communi-
quées par ce premier acide, qui a
été chaffé, devient d'une nature fort
approchante de celle du fel, d'où a
été tiré l'acide qui s'eft uni le dernier
avec fa bafe alcaline. 4°. Qu'il y a
cependant toujours une différence
affez remarquable entre les fels qui

ont été ainſi produits., & entre les ſels naturels qui ont fourni les acides qu'on a employé pour cette production. Le ſel admirable de Glauber, par exemple, qui ſe fait par la diſtillation du ſel marin avec de bonne huile de vitriol, eſt d'une nature très différente de celui qu'on prépare avec de l'huile de vitriol & de l'huile de tartre, combinées enſemble pour former du tartre vitriolé. De même le ſel qu'on prépare, par la diſtillation de l'eſprit de nitre, fait ſuivant la méthode de Glauber, eſt tout différent de ce ſel admirable, quoique cependant on croye qu'ils doivent l'un & l'autre leur naiſſance au même acide & au même alcali. Il me ſeroit aiſé de rapporter pluſieurs autres exemples ſemblables. De très-habiles Chymiſtes poſent donc une regle trop générale, quand ils diſent que les acides communiquent toujours à l'alcali la nature du ſel d'où ils ont été tirés, & qu'ainſi ce ſel ſe trouve conſtamment régéneré ; ce qu'ils avancent en cela doit être entendu avec reſtriction. 5°. Il faut encore remarquer ici que quand ces acides, versés sur des sels composés, en chaffent les premiers acides, dont ils prennent la place en s'uniffant avec la bafe alcaline, cette union se fait sans aucune effervescence ; le premier acide en fort, & le fecond y entre sans aucune agitation confiderable ; ce qui eft bien différent de ce qui arrive quand un acide entre dans un alcali pur, avec lequel il produit une très-grande effervescence. Au refte quand un fecond acide s'infinue ainfi dans un alcali, il ne s'y produit pas non plus de nouvel air, quoi qu'auparavant il en foit forti une prodigieufe quantité. Faut-il chercher la raifon de cela en ce que la premiere faturation ayant chaffé tout l'air par l'effervescence qu'elle a occafionnée, le fecond acide ne fait qu'entrer dans un alcali faturé, où il ne trouve aucun air qu'il puiffe chaffer ou attirer ? Ce qui femble confirmer cette explication, eft que fi l'on mêle avec du nouvel alcali, cet acide ainfi chaffé par un acide plus fort, il excite une effervescence auffi violente que la premiere fois qu'il a été employé ; la chaleur, le bruit, la production de l'air se rencontrent également dans cette seconde opération ; au lieu que rien de tout cela ne paroît dans la nouvelle saturation du sel composé. Ce qui vient d'être dit nous met donc en état de comprendre ces merveilleuses métamorphoses & régénerations des sels acides, d'où depend la pratique de plusieurs arts, & qui opérent sur les corps plusieurs changemens extraordinaires : changemens dont on ne voit pas d'autres exemples, qui ne paroissent pas être produits par aucun instrument sensible, & qu'on ne sauroit par conséquent expliquer par aucun autre principe connu. Il importoit de faire ces remarques, en traitant des alcalis, considerés comme menstrues, parce que sans elles on ne sauroit pas rendre raison de plusieurs phénoménes qu'on observe tous les jours en appliquant ces sels à différens corps.

Il a encore ici d'auttes choses, sur lesquelles on n'aura peut-être aucun doute ; mais qui cependant doivent être examinées plus purement, avant qu'on puisse les regarder comme démontrées ; qu'il me soit permis de

Problêmes proposés à l'occasion de ce que a été dit.

O vj

les indiquer ici en forme de Problè-
mes. Tous les alcalis fixes doivent-ils
leur origine au feu seul, comme à leur
cauſe productrice ? Tous les alcalis
volatils ſont ils uniquement produits
par la chaleur de la putréfaction ? Eſt-
il poſſible que dans la Nature une alcali fixe ou volatil, expoſé en plein
air, reſte long-tems alcali ? Eſt-ce
que rencontrant continuellement par-
tout de l'acide, ou quelque ſubſtance
huileuſe il ne ſe convertira pas plutôt
en un ſel neutre, ou en ſavon ? Cela
n'arrive-t-il pas auſſi dans les corps
des animaux & des plantes ? Par conſéquent ne ſe produit-il pas tous les
jours une très-grande quantité de ſels
neutres, & de ceux-là ſur-tout qui
doivent leur origine à ce ſel, dont l'a-
cide eſt répandu par-tout en abondance ? Comme il y a toujours par-tout
des acides de végetaux, qui ſe produiſent d'eux-mêmes ou par la fermentation ; ne s'enſuit-il pas que le
ſel le plus commun dans la Nature eſt
de la même eſpèce que le tartre régénéré, ou l'eſprit ophthalmique de
Mindererus, qui ſe fait par la combinaiſon d'un ſel alcali pur & volatil

avec des esprits, tirés du vinaigre par la distillation, & qui n'est pas âcre, mais très-pénétrant, fort mobile & cependant assez insipide. Mais ce qu'il importe le plus d'examiner ici, c'est l'origine primitive & la nature de ces sels, qui sont les plus connus à cause de l'usage qu'on en fait, & parce qu'on en trouve par-tout, je veux parler du sel de fontaine, du sel gemme, du sel marin & du nitre. Il faut sur-tout rechercher si ces sels naissent de la combinaison de l'acide dans lequel la Chymie peut les résoudre, avec un alcali végétal fixe, ou si créés simples par la Nature, ils sont moins divisés par la force du feu que changés? Je sai bien que les Chymistes, principalement depuis que François Travagini, vénitien, & le fameux Oto Tachenius ont écrit sur l'acide & l'alcali, prétendent que tous ces sels sont formés d'acide & d'alcali, & qu'ils doivent leur existence à l'union de ces deux principes qui existoient avant eux : mais quand je réfléchis là-dessus, je rencontre bien des difficultés. Il est très-apparent, par exemple, qu'il y a eu du sel dans

la Mer, avant que l'esprit acide du
sel marin ait donné aucune marque
de sa présence, & avant qu'on ait
trouvé aucun alcali fixe, fait de Plantes brûlées. De plus, personne jusqu'à
présent n'a pu parvenir à tirer par aucun moyen connu, un seul grain d'alcali fixe, du sel marin. Voici un fait
que je sai par expérience. Prenez du
sel marin bien pur & bien sec, &
trois fois autant de bol commun
aussi très-sec; pilez long - temps le
tout emsemble pour le bien mêler ;
ensuite pressez ce mêlange par le
plus haut dégré de feu ménagé avec
art ; vous en tirerez toujours une
quantité déterminée d'esprit acide de
sel ; mais quoique vous fassiez ensuite, vous ne sauriez en tirer davantage. Cependant le bol qui restera
au fond du vaisseau sera encore salé.
Otez-lui tout son sel en le délayant
dans l'eau; après quoi épurez cette
lessive par la filtration, & en la faisant évaporer , christallisez le sel
qu'elle contient. Qu'aurez - vous a-
lors ? Du sel marin tout pur, dans
lequel je n'ai jamais pu découvrir aucun alcali. D'ailleurs je ne sai pas que

jufqu'à préfent quelqu'un ait découvert d'autre efprit acide de nitre, ou
de fel marin que celui qui a été tiré de
ces fels par Art , ou par le feu &
alors on peut dire que cet efprit eft
plutôt produit par le changement que
par la féparation des principes. J'a-
voue que ces acides, verfés fuivant
les régles de l'Art fur des alcalis,
produifent des fels régénérés, qui
reffemblent beaucoup aux fels compofés, d'où le feu a fait fortir ces
efprits acides. Mais cependant il y a
toujours quelque différence entre
ces fels natifs , & les fels régénérés. Tout cela bien confideré nous
prouve que ce qu'on avance fur la
compofition & la réfolution de ces
fels, n'eft pas auffi folidement établi
qu'on le prétend. Quoiqu'il en foit ,
fouvenons-nous de bien faire attention à toutes les circonftances, lorfque nous appliquons des alcalis à des
corps que nous voulons diffoudre.
Car un alcali peut d'abord être changé par l'addition de quelqu'autre fubftance & devenir un fel d'une nature
différente , qui n'agira plus uniquement par fes propriétés alcalines ,

mais par celle de cet autre Sel dont il
a revêtu la nature. Je crois qu'en voilà affez fur cette matiere , il eft tems
de paffer a une autre.

7. Une de plus fingulieres propriétés qu'ayent les alcalis fixes, bien purs,
eft celle-ci. Quand on les applique
à certains corps qu'on veut diffoudre tout-à-fait, ils femblent d'abord.
produire l'effet qu'on en attend ;
mais bien-tôt ils fe convertiffent enfuite avec ces corps , en maffes qui
ne peuvent prefque plus être diffoutes
par aucun Menftrue, & qui paroiffent plus differer de l'alcali que
tout autre matiere connue. On pile
cent parties de fable très - pur, ou
de cailloux calcinées, jufques à ce
qu'on les ait réduits en une pouffiere auffi fine que de la farine, après
quoi on les mêle auffi exactement qu'il
eft poffible avec cent & quinze parties
de fel alcali fixe, très-pur & bien pulvérifé : enfuite pour mieux incorpo-
rer ces matieres on les expofe dans
un fourneau à calciner pendant une
heure à un feu modéré,& l'on a foin de
les remuer continuellement;après cela
on augmente le feu , & on y laiffe le

mêlange pendant cinq heures, en
continuant de le remuer ; & alors on
a une fritte telle qu'il la faut pour faire
de très-bon Verre. Cependant fi l'on
met cette fritte dans des tonneaux
biens fecs, & qu'on la laiffe enfuite
repofer pendant quatre ou cinq mois
dans un endroit chaud, le mêlange
de l'alcali & des cailloux devient encore plus intime. Lorfque cette fritte
a ainfi reçu toute la préparation qui
lui eft néceffaire, on la met dans des
pots & on l'expofe à toute l'ardeur
d'un fourneau de verrier; là elle fe
fond & fe convertit en une liqueur
ténace, épaiffe & graffe. [Cepen-
dant (a) il s'en exhale une matiere
faline, qui vitrifie la voûte du fourneau, quoiqu'elle foit faite d'une efpéce de pierre qui n'eft point faline,
& qui par conféquent n'eft pas vitrifiable par elle même ; & ce qui
nous prouve qu'une partie de l'alcali fixe devient volatile dans cette

(a) Ce paffage , & le fuivant , compris
entre deux crochets , ont été tirés d'une
addition manufcrite que l'Auteur a fait
à la marge de l'Exemplaire dont il s'eft
fervi.

opération.] Quand la fritte bout dans le pot, elle jette une écume qui nage sur sa superficie ; cette écume s'augmente de plus en plus jusques-là même qu'elle monte souvent au quart de la masse : à mesure qu'elle paroît on l'enleve, & quand toute la matiere est ainsi bien écumée, on la retient en fusion pendant deux ou trois jours ; & c'est alors ce que les Ouvriers appellent leur métal. Ce métal devient solide dans le froid, & donne un excellent verre : [sur quoi il faut remarquer que sa dureté & sa solidité augmentent, à mesure qu'il reste plus long-tems exposé au feu, & que le feu est plus violent.] Si cela n'étoit pas confirmé par une expérience journaliere, jamais personne ne soupçonneroit que l'alcali qui est un dissolvant, qui se résout de lui-même en liqueur dans un air sec, puisse, quand il est rendu très-actif par le plus haut dégré de feu, se convertir avec le corps qu'il dissoud en une masse qui a tous les caractères des métaux, à l'exception peut-être de la malléabilité. C'est-là surement une propriété des sels alcalis, qu'il importe de ne pas oublier, quand on les confidere comme des Menftrues. Car lorfque le feu rend l'alcali fluide comme de l'eau, il lui communique en même tems affez de force pour pouvoir fondre de la même maniere la poudre de cailloux ; opération qui le change tellement, qu'il ne conferve plus rien de fa premiere nature, & qu'il acquiert des qualités toutes nouvelles. Cette vitrification nous fait voir encore comment des Menftrues, & ceux là même qui font les diffolvans les plus efficaces, s'uniffent fi étroitement avec les corps qu'ils ont entiérement diffouts, qu'il en réfulte une maffe d'autant plus folide, que la folution a été parfaite. Apprenons donc par cette expérience, que quand les alcalis diffolvent le mieux, ils fe changent quelquefois fi fort, qu'ils perdent abfolument toute leur nature faline. Car s'il y a un corps, dans le monde, qui paroiffe éloigné de la nature du fel, c'eft certainement le verre, dans lequel cependant il y a près d'un tiers d'alcali. Admirons encore la promptitude avec laquelle ce fel fe dépouille de toute fon alcalef-

cence, lorsqu'il eft occupé à diffoudre, & dès le moment qu'il eft converti en verre; alors il ne lui refte pas
une des marques aufquelles on reconnoît l'alcali. Il n'a aucun goût. Il ne
produit aucune effervefcence avec
quelqu'acide que ce foit. Il n'opere
aucun changement de couleur. Il eft
très-doux, & ne conferve plus rien
de fon acrimonie ignée. Il eft même
plus fixe, que quand il étoit fous fa
premiere forme alcaline. Remarquons
auffi qu'il devient très-difficile à fondre, puifqu'il faut employer un très-
grand feu, continué fort longtems,
pour le rendre liquide. Mais ce qu'il
nous fait voir de plus étonnant, c'eft
que par la fufion & la vitrification,
il fe convertit en une maffe ténace &
ductile comme de la poix, de façon
qu'on peut lui donner la forme qu'on
veut, & que même il refte à la canne
ou pelle, avec laquelle on le tire du
pot. Ajoutons encore ici qu'on ne
peut qu'être furpris de voir deux
corps très-opaques, unis en une maffe folide, former un corps fi tranfparent, que quand il eft bien fait,
il égale prefque l'eau en pellucidité.

Enfin pour ne nous pas arrêter trop longtems ſur cet article, finiſſons par cette réfléxion ; c'eſt que la ſolution produit ici un corps, qui ne peut être diſſout par aucun menſtrue connu, & que même ce corps eſt fait d'alcali fixe, qui eſt celui de tous les ſels qui ſe diſſoud avec plus de facilité. L'eau, les eſprits, les huiles, les acides, les alcalis, les ſubſtances ſalines, les ſubſtances ſimples, les ſubſtances compoſées, & même les ſels circulés, & le mercure des Philoſophes n'ont aucune priſe ſur lui ; car les Adeptes conviennent de bonne foi, que tous ces menſtrues ſe produiſent dans le verre ; ils avouent auſſi unaniment que c'eſt dans le verre qu'ils operent par leurs menſtrues les digeſtions, les diſtillations, les circulations, les fixations, & les ſolutions de tous les corps. Enfin, c'eſt dans des vaiſſeaux de verre que doit agir ce fameux alcaheſt, qui convertit à ce qu'on prétend, tous les corps en eau ſans endommager le verre. Avant que de déterminer cet article, remarquons encore que tout ce qui vient d'être dit nous prouve combien il eſt difficile d'expliquer l'origine de quelque corps naturel que ce soit, surtout il s'agit d'assigner les principes, par la combinaison desquels il a été formé, & de les séparer ensuite les uns des autres pour être en état d'en réformer un corps tout-à-fait semblable. Car supposons un homme qui n'ignorât aucun des secrets de la Physique, excepté l'art de faire le verre, dont il n'auroit jamais entendu parler : quelqu'habilité qu'il eût, que pourroit-il penser d'un morceau de verre qu'on lui présenteroit ? Je ne crois pas qu'il y trouvât le moindre indice qui put lui faire soupçonner que ce corps est composé uniquement de sel alcali, & de poudre de cailloux, combinés ensemble par un feu très-violent. A quoi s'engagent donc ces Philosophes, qui peu munis d'expériences s'avisent de disputer sur l'origine, la nature & les principes des cristaux naturels, & mêmes des pierres précieuses ? Ils feroient mieux d'avouer ingénument leur ignorance, que d'entreprendre une chose qui est fort au-dessus de leur portée. Pour y réussir ils devroient non seulement connoître la nature des principes, qui concourent à la formation de ces corps, mais il fautoit encore qu'ils euffent de juftes idées fur l'efficace finguliere du feu, qui change ces principes dans le tems qu'ils fe réuniffent.

Après avoir ainfi examiné l'origine & la nature des menftrues alcalis, & expofé les effets qu'ils opérent fur les principales efpeces des corps fur lefquels ils ont prife ; remarquons ici, avant de paffer à autre chofe, que quand on prépare du fel alcali, par la combuftion de quelques végétaux, il peut y refter plus ou moins de ce fel acide qui fe trouve dans les plantes ; & alors l'alcali doit être différent de ce qu'il feroit, fi tout l'acide en avoit été entiérement chaffé. Nous pouvons encore dire la même chofe de l'huile & de la terre ; tous ces principes fuivant qu'ils font adhérens en plus grande ou en moindre quantité aux alcalis, doivent mettre entre ces fels une différence très-confiderable. Ainfi il n'eft pas furprenant que des Auteurs rapportent certaines expérien-

Les alcalis varient fuivant qu'ils font plus ou moins purs.

ces, faites avec des alcalis, qui n'ont
pas reuſſi à d'autres qui ont voulu
les répéter. La différence de l'alcali
qu'on aura employé peut en être la
cauſe.

On communique auſſi aux alcalis
une force cauſtique preſque incroyable, en le mêlant avec de la chaux
vive faite de coquillages brûlés, ou
de plantes marines pierreuſes, ou ſur
tout de pierres alcalines calcinées.
Ce mêlange donne un ſel ſi cauſtique
& ſi âcre, qu'il fond & diſſoud preſque toutes les parties ſolides tant des
animaux que des végétaux, avec leſquelles on le fait boullir. Voilà donc
le plus âcre de tous les alcalis produit
par les mêmes principes, qui, comme nous venons de le voir, compoſent le verre, corps ſans force &
ſans activité. Aprés qu'on a ainſi
préparé l'alcali avec la chaux vive, &
qu'on l'a ſéché par un feu très-violent, il ſe fond preſque auſſi aiſément
que la cire : & alors il agit ſur les
corps qu'on y plonge, & les diſſoud
d'une façon tout-à-fait ſinguliére.
N'eſt-ce point en cela qu'a conſiſté
l'artifice ſecret, par lequel on prétend

tend que quelques anciens Chymiftes ont opéré plufieurs chofes mer-
veilleufes en fe fervant d'un alcali
que le feu rendoit aifément fluide ?
Ou n'eft-ce point leur *Sal Tartari
inceratus*, ainfi nommé, parce qu'il
fe fondoit auffi facilementque la cire ?

Je crois m'être fuffifamment étendu fur ce qui regarde l'alcali. Cependant je dois encore remarquer ici
que les alcalis ne produifent aucun
effet fur le Mercure par leur vertu
diffolvante ; car de quelque maniere
qu'on mêle enfemble ces deux efpeces de corps, on n'obferve pas
qu'il arrive aucun changement au
mercure quand il eft pur. Par conféquent ces métaux, que les Adeptes
difent être compofés d'un mercure
très-pur, fixé par un efprit ignée,
métallique & fulphureux, ne font
point diffouts par les alcalis, quant
à leur partie mercurielle. Ainfi l'alcali ne produit aucun changement,
qui me foit connu, fur l'or ni fur
l'argent. Il agit d'avantage fur les
autres métaux, peut-être parce que
leur partie mercurielle eft jointe avec
une autre fubftance, qui tient da-

Le pouvoir de l'Alcali eft limité.

P

vantage de la nature de la graisse ou d'une espece de souffre sur lequel l'alcali a prise. Car comme ce souffre extérieur ne se sépare pas aisément de la glebe métallique avec laquelle il s'est incorporé, il arrive souvent que les sels alcalis agissant sur lui, semblent aussi changer la partie mercurielle, qui lui est intimément adhérente, quoiqu'ils n'alterent aucunement la nature même du mercure. C'est ce que j'ai manifestement éprouvé en fondant de l'antimoine commun avec du sel de tartre : j'ai vu alors toute la masse, tant sulphureuse que mercurielle de l'antimoine, se dissoudre en une substance brune, sans déposer aucun régule. Mais si l'on fond avec de l'alcali fixe, du régule d'antimoine, d'où l'on a séparé auparavant le souffre extérieur, alors l'alcali en fusion surnage, & tire encore quelque peu de souffre qui lui donne une couleur d'or ; mais la partie réguline & mercurielle de l'antimoine, plus pure & plus approchante de l'argent par l'éclat de sa couleur, se réunit au fond. Ainsi le pouvoir dissolvant des alcalis sur les métaux,

paroît être limité. Car quoiqu'on applique ces sels à des métaux calcinés,
il ne semble pas que la force du feu
puisse les faire pénétrer jusqu'à ce
souffre qui fixe le mercure métallique,
& qui lui fait prendre la forme déterminée d'un métal particulier. Comme on n'a pas pu jusqu'à présent,
quelque moyen qu'on ait mis en œuvre, parvenir à produire avec des
alcalis fixes du mercure métallique;
il y a de très grands Chymistes qui
ont cru que ce mercure existoit plutôt en idée qu'en réalité. Ce que
j'en puis dire, c'est qu'après avoir
fait bien des efforts, pour en venir à
bout . je n'ai pas eu le succès attendu. Si donc ce que Mrs Boyle, Tachenius, Homberg & autres, disent
sur les mercures métalliques ressusci-
tés, est vrai, il faut qu'il y ait quelque
méthode secrete pour faire pénétrer
les alcalis ressuscitans jusqu'au souffre métallique qui fixe ces mercures.

Ainsi sans m'arrêter davantage à cet
article, voici en quoi je fais consister *Actions des alcalis.*
la premiere & la principale vertu des
alcalis. Si l'on peut appliquer des alcalis, soit fixes soit volatils, & dé-

terminer leur action fur des concrétions animales, végétables & foffiles, entant qu'elles font huileufes,
balfamiques, gommeufes réfineu-
fes, gommi-réfineufes, c'eft-à-dire
entant qu'elles font formées de fubftances huileufes, combinées de quelque façon que ce foit, ces fels ouvrent profondément toutes ces concrétions, les atténuent, les réfolvent,
& les rendent telles qu'elles doivent
être pour fe mêler intimément dans
l'eau, dans l'alcohol, & dans les
huiles. Ils produifent auffi le même
effet fur les fouffres propres & purs,
ou fur les fouffres compofés, & unis
avec d'autres fubftances. Ainfi les alcalis font le principal inftrument qui
opere les teintures chymiques. C'eft
par leur moyen qu'on prépare des remedes qui, fuivant au moins d'habiles Chymiftes, furpaffent tous ceux
que la Médecine fournit. La gomme
du lierre, celle du genevrier, la lac-
que, la myrrhe & autres fubftances
femblables, ne donnent que très-difficilement prife fur elles à l'eau & à
l'alcohol, mais lorfqu'elles ont été
préparées auparavant dans des alcalis

délayés & échauffés; elles font aifément diffoutes par ces mêmes liqueurs, & fi alors on les feche par un
feu doux, l'on a toutes leurs vertus
en folution parfaitement réunies. La
feconde propriété que j'attribue aux
alcalis, eft celle-ci : lorfque les élémens de certains corps font coagulés
enfemble par l'interpofition de quelque acide qui fert de colle ou de lien
commun, fouvent il arrive qu'on peut
réfoudre ces corps par des alcalis qui
attirent à eux l'acide ; & alors les élémens n'étant plus retenus unis fe féparent les uns des autres. Souvent à
la vérité, les acides font fi fortement
adhérens avec ces élémens, que les
alcalis ne peuvent pas d'abord les attirer entiérement, ni fort promptement, mais cependant ils font enfin
obligés d'obéir. Le mercure, par
exemple, bien corrodé par l'efprit
de nitre, & converti enfuite par la
force du feu en mercure précipité rouge, ne redevient pas d'abord de l'argent vif courant, dès qu'on verfe
deffus de l'huile de tartre par défaillance ; il fe change en une poudre
d'une autre efpece. Mais mettez cette

P iij

poudre dans la cornue & par un très-grand feu ; forcez-la à se séparer d'avec le sel alcali , alors vous aurez du mercure courant , qui a laissé son acide dans l'alcali. La troisiéme remarque que j'ai à faire sur l'action des alcalis est la suivante. Quand on applique des alcalis purs à des corps qui ont été dissouts auparavant en particules très-petites par des menstrues acides , ces alcalis acquierent souvent par là une nouvelle vertu , qui les faisant pénétrer plus avant dans la sustance de ces corpuscules , est cause qu'ils dissolvent ceux-ci plus parfaitement qu'ils ne les auroient dissouts , si la corrosition par les acides n'avoit pas précédé leur action. C'est pour cette raison que les Alchymistes qui ont tâché de produire du mercure courant avec des métaux , ont dit presque toujours qu'il falloit calciner les métaux avec des acides , & ensuite les agiter par des alcalis.

Alcali vola-til. Il ne me reste plus à présent qu'à parler de l'alcali volatil , considéré comme menstrue. Je n'oserois par déterminer si ce sel existe jamais dans la nature , avant qu'il soit produit par

la putréfaction ou la diftillation des
animaux & des végétaux. Peut-être
me dira-t-on que ce qu'il y a de falin dans les eaux minérales, eft un
fel de cette efpece ; mais c'eft là une
chofe, qui, à mon avis, doit être
bien examinée, avant qu'on puiffe la
regarder comme vraie ; jufqu'à préfent on ne connoît aucun moyen de
donner à ce principe falin, tous les
caracteres des autres alcalis, quoique
M. Hoffmann ait très-bien prouvé
qu'il falloit plûtôt le ranger dans la
claffe des alcalis volatils, que dans
celle des acides. Quoiqu'il en foit, il
eft certain que tous les corps des animaux & des végétaux, qui ont été
examinés jufqu'à préfent, font tellement changés par la putréfaction, que
leur principe falin devient un alcali
volatil parfait. La feule diftillation
tire ce même fel des végétaux âcres
dont il a été parlé ci-devant, & de
tous les corps d'animaux connus.
Enfin fi l'on mêle de l'alcali fixe avec
des humeuts animales qui ne font pas
encore alcalines, ces humeurs font fi
fort changées, que leurs autres parties étant attirées par l'alcali fixe, il
P iv

exhale des vapeurs alcalines, & qu'exposées à l'action du feu, elles donnent
d'abord de l'alcali volatil. Quoique
ce sel se produise ainsi en différentes
manieres, cependant si on le purifie
suivant les regles de l'art, il a toujours le mêmes propriétés & la même forme. Ses propriétés sont à peu
près les mêmes que celles des alcalis
fixes : elles en different pourtant en
quelque façon par leurs effets. Les alcalis volatils sont toujours, par eux-
mêmes, en mouvement & en action,
ou il ne leur faut pour cela qu'un très-
petit dégré de chaleur. Les alcalis fixés au contraire demandent pour agir
un dégré de feu beaucoup plus grand.
Les alcalis volatils s'envolent lorsqu'ils sont échauffés, & quittent la
matiere qu'ils devroient dissoudre,
parce qu'elle est échauffée ; ainsi ils
ne sçauroient agir sur elle : au lieu
que les alcalis fixes, agités par le feu,
agissent constamment sur les corps
qu'on veut qu'ils dissolvent, & si ces
corps sont fixes, ils leur sont toujours
adhérens. Mais si l'on oblige les alcalis volatils à rester attachés à ce
qu'ils doivent dissoudre , alors une

chaleur modérée fait qu'ils déployent une vertu diſſolvante , qui n'agit pas ſimplement avec beaucoup de force , mais encore très promptement. L'al-cali pur d'urine nous en fournit un exemple manifeſte. Si on l'applique chaudement ſur la peau du corps hu-main , & qu'enſuite on le couvre d'a-bord d'un emplâtre ténace , auſſi-tôt il y produit une ardeur, une dou-leur, une inflammation , & une eſ-carre noire & gangréneuſe , qui pé-netre bien-tôt juſqu'aux os. Il ſuffit d'avoir indiqué ces différences , parce qu'on peut connoître les autres pro-priétés des alcalis volatils par ce qui a été dit dans l'Hiſtoire des al-calis fixes. Paſſons donc à un autre ſujet ſur lequel nous nous éten-drons moins.

Des Menſtrues Acides.

J'ai déja donné ci-devant le carac-teres phyſique de l'acide ; & j'ai prou-vé auſſi que les acides exiſtent rare-ment ſous une forme ſolide ailleurs que dans le ſel eſſentiel des plantes acides & âpres, ou dans le tartre. Les

Acides natifs des végétaux.

P v

acides de quelques especes qu'ils foient, fe trouvent dans le regne vé-gétal, ou dans le regne foffile ; juf-qu'à préfent je n'en connois aucun qui foit propre aux animaux. Les aci-des des végétaux font ou natifs, ou produits par la fermentation. Ceux qui font natifs doivent, ce fem-ble, uniquement leur origine à ce fuc que les plantes tirent de la terre qui les nourrit. On pourroit donc peut - être les ranger à cét égard parmi les acides foffiles ; & cela avec d'autant plus de raifon, que les plantes qui croiffent dans la mer fans pouffer leurs racines en terre, ne font compofées que de par-ties alcalefcentes, & qu'on en tire par la diftillation un alcali volátil huileux, comme l'expérience l'a appris au fa-meux Comte de Marfiili. Quoiqu'il en foit ces acides natifs fe diftinguent très-clairement dans certaines plan-tes , comme dans l'ofeille & dans l'alleluia ou pain à Coucou. On en trouve auffi dans tous les fucs de fruits charnus , ou de fruits d'Eté , furtout s'ils ne font pas tout-à-fait murs , car lorfqu'ils font cuits

par la chaleur du soleil , ils perdent
de leur acidité , & deviennent plus
doux. Lorsque les plantes commencent à reprendre vie au Primtems ,
leur suc contient aussi un acide parfait , & qui approche de celui du
vinaigre. Il y a aussi du véritable acide dans les autres végétaux , tels que
les bois & les aromates , mais il y est
plus caché. Auroit-on , par exemple ,
jamais soupçonné qu'il y a de l'acide dans le guayc , dans le saffafras,
dans la canelle , & autres bois semblables , si la distillation n'y en avoit
pas fait voir clairement ? Auroit-on
cherché de l'acide dans les baumes les
plus estimés , si la distillation ne nous
avoit pas appris qu'on en peut tirer
aisément & une très-grande quantité
de la térébenthine ? Au reste il est
difficile d'avoir ces acides purs ; ils
sont presque toujours mêlés avec
d'autres matieres , ce qui est cause
qu'on a beaucoup de peine à déterminer au juste leur action. Cependant
la force de quelques-uns se manifeste
d'une maniere très-sensible sur certains corps : nous voyons , par exemple , que le jus récent d'orange, de

P vj

citron & de limon diffoud le plomb, l'étain, le cuivre & le fer, & les réduit en chaux aussi bien que les acides fossiles peuvent le faire; mais on doit si prendre autrement pour convertir ces sels des végétaux en glébes solides; il faut pour cela prendre des sucs acides, très - liquides & exprimés par la pression, qu'on filtrera, qu'on épaissira, & qu'ensuite on laissera reposer dans un lieu tranquille; alors on verra qu'avec le tems ils se coaguleront en petits cristaux salins. Je montre toutes les années dans mes Colleges des sels d'oseille ainsi cristallisés, qui ressemblent fort au tartre, & qui contiennent véritablement l'acide natif de la plante.

Acides vineux tant liquides que folides, produits par la fermentation. La fermentation semble manifester de plus en plus l'acide qui est caché dans les végétaux; car lorsque leurs sucs sont bien murs & doux, on n'y découvre presque aucune acidité. Le jus du raisin, la casse, la manne, le miel, le sucre, paroissent-ils contenir quelque chose d'acide? Mais faites travailler & fermenter comme il faut ces diverses substances, aussitôt leur acide devient sensible, sur-

tout lorſque le vin qu'elles donnent
eſt clarifié. On ne diſtingue non plus
aucune marque d'acidité dans le bled,
lorſqu'il eſt mur ; cependant à peine
a-t-il été agité par une courte fermentation, qu'il eſt entiérement acide.
Comme les acides qui ſe produiſent
ainſi ſont différens, & plus ſubtils que
les acides natifs, afin qu'on ne les con-
fonde pas enſemble, je les appellerai
dans la ſuite acides vineux. Ces acides ſont encore de deux ſortes ; car
ou ils ſont répandus dans le vin en
forme d'acide liquide, ou ils ſe réuniſſent avec le tems dans le vin même, & forment une croute ſolide ſur
la ſurface intérieure du tonneau ; c'eſt
là ce qu'on appelle tartre. Au reſte
ces acides vineux fermentés, ont preſque les mêmes vertus que les acides
natifs, dont on vient de parler.

Il y a d'autres acides de végétaux,
produits auſſi par la fermentation,
& qu'on me permettra de nommer
acides acéteux. Ils ſe font avec toutes ſortes de vins, qu'on fait fermenter une ſeconde fois avec des acides
âpres & cruds ; quand cette nouvelle
fermentation eſt bien dirigée, les vins

ſe convertiſſent en vinaigres, ils con-
ſument leur propre tartre, & acquié-
une acidité beaucoup plus forte, &
plus conſtante. La diſtillation rend
encore cet acide du vinaigre plus pur
& plus actif, & alors on lui donne le
nom d'acide acéteux rectifié par la
diſtillation. Cette acide eſt d'un ſi
grand uſage dans la Chymie, qu'il
a fait appeller vinaigre tous les autres Menſtrues, témoins les vinaigres des Philoſophes.

Acides fer-
mentans.

    Il ne faut pas oublier ici les aci-
des fermentans ; qui ſont des ſucs
de végétaux actuellement occupés
à fermenter, & qui tiennent le milieu entre les acides natifs, & entre ceux dont la fermentation eſt
entiérement finie. La partie élaſti-
que de ces ſucs fermentans acquiert
une propriété que je crois unique
dans la nature des choſes. Il s'en exhale un eſprit indomptable, acide &
qui a une grande force exploſive. Si
cet eſprit ſort d'une grande quantité
de liqueur par une petite ouverture,
il agit tellement ſur l'organe de l'o-
dorat, que l'homme le plus robuſte,
qui en eſt frappé directement, perd la

vie au moment même, ou tombe dans une apoplexie subite, ou dans une démence accompagnée d'une paralysie de tout le corps, ou simplement dans des vertiges, suivant qu'il en est affecté plus ou moins fortement. Tout cela n'est que trop prouvé par de tragiques exemples. Ainsi nous pouvons nous former ici quelqu'idée sur la cause prochaine de l'yvresse & du tremblement de nerfs, qui en est une suite. Nous pouvons aussi comprendre la raison d'un Phénomène assez singulier que rapporte le fameux Cornaro, dans son excellent traité sur la louange de la sobriété. Cet auteur nous dit qu'étant assez avancé en âge, il lui arrivoit toutes les années de tomber dans une langueur accompagnée d'une défaillance de forces, & cela toujours peu de tems avant la vendange; que quelque remede qu'il prît il ne pouvoit pas arrêter les progrès de ce mal, qui alloit toujours en augmentant. Mais dès qu'il pouvoit boire du vin nouveau, aussi tôt il recouvroit ses forces & sa premiere vigueur qui lui restoient jusqu'à ce que le vin commençât à devenir vieux ; alors il retomboit dans sa foiblesse ordinaire, & attendoit impatiemment le vin nouveau de l'année suivante. Tout cela nous prouve que cet acide fermentant peut affecter avec beaucoup de force, soit en bien soit en mal, le corps humain. Car quelle est la cause de cette maladie, qu'on nommé *Cholera morbus*, ou *Trousse galant*, parce que ceux qui en sont attaqués meurent très-promptement ? Elle est sur-tout produite par du moût, ou des fruits d'Eté murs, qui viennent à fermenter dans le ventricule, & dans les intestins grêles, & qui par leur explosion occasionnent souvent des spasmes funestes dans les muscles qui agissent sur ces parties. Nous en avons un exemple remarquable dans les transactions Philosophiques, où un habile Anatomiste, nommé Saint André, a donné une description exacte de cette maladie & du cadavre d'un homme qui en étoit mort, pour avoir trop bû de biere forte, dont on avoit suffoqué la fermentation en la mettant en bouteille. Mais ce n'est pas en cela simplement que consiste toute l'efficace du cet acide ; il est encore très - vraisemblable que ces esprits, considerés comme menstrues, produisent souvent des effets singuliers sur d'autres corps. J'ai douté quelques fois si ces esprits n'étoient point fixés dans le Tartre, & si ce n'étoient pas eux, qui dégagés par la force du feu, lorsqu'on distille ce sel, produisent une explosion si violente, que souvent ils font sauter les plus grands vases. Ce qu'il y a de certain, c'est que les corps qu'on mêle dans des liqueurs qui font actuellement occupées à fermenter, se dissolvent tout autrement que si on les mêle avec ces mêmes liqueurs dans le tems qu'il n'y aucune fermentation. On peut s'en convaincre en jettant dans du moût ou de la biere qui fermettent, des herbes fraîches ; par par ce moyen on aura une liqueur où toutes les vertus de ces herbes feront combinées ensemble très-uniforme- ment, & agiront comme ne formant qu'un tout homogène. Il en est de même de la Thériaque ; elle est com- posée de divers ingrédiens, qui réduits en une maſſe homogène, par le miel avec lequel on les mêle, operent par leurs vertus réunies.

Les végétaux, expoſés à l'action du feu, donnent auſſi des acides acéteux, purs, ſubtils & qui approchent aſſez des acides natifs. Si l'on met ſur un feu vif, du bois verd, de façon que ſes deux extrémités s'étendent au delà du foyer, alors le feu agitant la ſubſtance intérieure du bois, fond & chaſſe les humeurs qui y ſont renfermées & qui ſortent avec ſiflement par les deux extrémités, en forme d'eau & d'écume. Si l'on examine cette liqueur, on trouve qu'elle a véritablement toutes les propriétés & toute la force diſſolvante des acides. Par là nous pouvons expliquer pourquoi la fumée du bois, ſur-tout du bois verd, fait cuire les yeux, en les affectant fort douloureſement ; l'acide âcre du bois produit cet effet, en ſe répandant de tous côtés. Lorſque ce même acide pénètre dans des chairs ou dans des poiſſons, expoſés à cette fumée, il leur donne une couleur rouge, & il les empêche

de fe pourrir & de contracter un
goût de rance. Au refte ces acides
font tout-à-fait femblables aux acides natifs qui exiftent dans la plûpart des arbres.

La diftillation, tant celle qu'on *& par la dif-*
nomme *per adfcenfum*, que celle qui *tillation.*
fe fait *per defcenfum*, tire encore
des végétaux certains acides balfamiques & huileux, d'une nature
tout-à-fait finguliere. La rapure féche
du bois de Guaiac, par exemple, ou
de Genevrier, ou de Chêne & de
plufieurs autres femblables, expofée
à un feu ménagé avec prudence, &
diftillée par la cornue, donne une
liqueur limpide, rougeâtre, un peu
huileufe & dont l'odeur approche
de celle d'un harang fumé. Cette liqueur eft très acide, fur-tout fi elle
eft filtrée, repofée & rectifiée. Elle
eft un menftrue acide d'une efficace
toute particuliere. Elle produit des
effets merveilleux dans le corps humain, en atténuant, en préfervant,
en ftimulant, en réfiftant à la putréfaction, & en faifant fortir par les
urines & par les fueurs ce qui pourroit nuire. Si l'on extrait, par le

moyen des menſtrues de cette eſpéce, les vertus médicinales des herbes,
on a d'excellentes ſolutions, qui opérent tant par l'acide particulier, ſubtil & pénétrant, dont elles ſont compoſées, que par les propriétés des
corps qui y ſont diſſouts. Il eſt donc
vrai en général que tout ces acides
végétables peuvent diſſoudre pluſieurs corps d'animaux, de végétaux,
de foſſiles & de métaux. Digerés &
cuits avec des cornes, des ongles,
des os & des chairs d'animaux, ils
diſſolvent tout-à-fait ces corps ; ils
corrodent entiérement les écailles
des poiſſons & des autres animaux,
& les convertiſſent en une liqueur
pellucide ; enfin, comme je l'ai deja
dit, ils diſſolvent auſſi les métaux,
excepté le mercure, l'argent & l'or.

Acides foſſiles.   L'art a cherché a découvrir d'autres acides qui peuvent diſſoudre ces
métaux, je veux dire le mercure,
l'argent & l'or, auſſi bien que les autres foſſiles ; ces acides, ne donnent
aucune priſe ſur eux aux acide végétables, & ne ſont pas ſurmontés
auſſi aiſément que ce derniers par
l'action du corps animal. Car les aci-

des végétables peuvent être tellement changés par les forces d'un animal robuste, & surtout d'un animal qui se donne de grands mouvemens, qu'ils perdent leur nature acide, & se convertissent en une autre espéce de sel ; mais ces acides qui peuvent dissoudre l'or, l'argent & les mercure, ceux au moins qui nous sont connus, ne sont pas ainsi domptés par les forces concoctrices des animaux ; au contraire ils leur sont supérieurs & les détruisent pour l'ordinaire ; aussi sont-ils presque des poisons pour les animaux, excepté dans un petit nombre de cas. On peut les employer lorsque la pourriture & l'alcalescence prévalent dans le corps, comme quand des venins alcalis agissent, & quand les humeurs sont tout-à-fait corrompues, ou lorsqu'on a lieu de craindre les prompts effets du venin de la peste, & de la petite verole.

On trouve très-rarement des acides fossiles natifs, depuis qu'il est démontré que les eaux minérales, qu'on croyoit acides, ont plutôt tous les caracteres des alcalis. Il est vrai qu'on est souvent exposé dans les mines à une vapeur, qui approche de l'acide sulphureux, par son odeur suffocante, & qui porte même d'autres marques d'acidité ; mais cette vapeur se trouve très-rarement seule & pure, en forme de liqueur.

On trouve souvent de ces sels acides fixés.

Mais il arrive souvent qu'elle rencontre quelque corps solide, qui a la propriété d'attirer l'acide qu'elle contient ; & alors cet acide s'unit avec ce corps, il se condense & devient palpable ; & quand ensuite on le tire du corps qui l'a fixé, nous pouvons l'examiner par nos différens sens ; & autant que nous sommes en état d'en juger, nous trouvons toujours qu'il est d'une seule & même espéce.

Dans le soufre.

Si cet acide, comme je l'ai deja dit ci-devant, vient à s'unir avec quelque substance fossile grasse, il forme diverses espéces de souffres. Quand on brûle ces souffres, la fumée qui s'en exhale étant rassemblée, refroidie & mêlée avec un air humide, donne ce qu'on appelle esprit ou huile de souffre par la Campane. Si l'on distille cette huise en la laissant exposée

long-tems à la chaleur de l'eau bouillante, dans un vaiffeau de verre, on
en tire un quantité confiderable d'eau
pure, qui a paffé de l'air dans cet
acide pendant que le fouffre brûloit;
& ce qui refte au fond eft un acide
pefant, épais, cauftique, & femblable à tous égards à l'huile de vitriol
bien pure, excepté qu'il ne contient
aucune matiere métallique & volatile, telle qu'il s'en trouve toujours
plus ou moins dans l'huile de vitriol.

Quand cet acide ronge des pierres *Dans l'Alun.*
à chaux, il fe condenfe avec elles,
& forme des aluns, qui différent fuivant la qualité des matieres qui entrent dans leur compofition. Si l'on
calcine tous ces aluns, & qu'enfuite
on les expofe à l'action du plus haut
dégré de feu, les vapeurs qui s'en
exhalent donnent une liqueur, qui
rectifiée fuivant les regles des l'art, ne
différe prefque en rien de la liqueur
précedente, qu'on tire du fouffre brûlé.

Si l'on frit fécher par une chaleur
moderée, du vitriol vert, natif & *Dans le vi-*
pulvérifé, jufqu'à ce qu'il devienne *triol de fer.*
blanc; & fi enfuite on lui donne peu
à peu les plus hauts dégrés de feu, il en

sort de nuées blanches, qui se condensent en une liqueur ; lorsque cette
liqueur est rectifiée, elle est précisément la même que celle qu'on tire
de souffre & de l'alun.

*Dans le Vi-
triol de cui-
vre.*

Le vitriol de cuivre, ou vitriol
bleu, donne aussi, après les mêmes
opérations, une liqueur, qu'on ne
peut pas distinguer des précédentes,
lorsqu'elle est bien rectifiée.

*Propriétés
de ces acides.*

Si l'on expose les liqueurs acides
qui se produisent de cette maniere
à l'action d'un feu de 560 dégrés,
elles commencent à bouillir, & il s'en
exhale un fumée qui se répand de
tous côtés sous la forme de nuées
blanches, & qui tue au moment
même tous les animaux connus, sans
excepter les insectes. Lorsque mal-
heureusement elle est irritée par l'in-
spiration dans les poumons d'un
homme, elle excite d'abord une toux
très-aigue que rien ne peut arrêter,
ensuite elle produit une suffocation
accompagnée d'une difficulté de res-
pirer, qui se termine par une prompte
mort, ou qui laisse un asthme fâcheux
pour toute la vie. L'huile de souffre,
celle d'alun, & celle de vitriol, tant

du

du vitriol de mars que de celle de cuivre, ont à cet égard la même efficace : pour qu'elles opérent de la même maniere, il suffit de les réduire en vapeurs, en les faisant brûler, distiller, ou bouillir. Ces huiles font même tellement semblables, que si l'on en prend une, n'importe qu'elle, & qu'on l'unisse avec de la graisse, elle donne du souffre ; si on la joint avec de la terre à chaux, elle produit de l'alun ; si on la combine avec du fer, elle forme du vitriol de fer ; & si on l'incorpore avec du cuivre, elle fait du vitriol de cuivre. De tout cela nous devons conclure que cet acide natif, pésant, qui bout difficilement, & qu'on trouve dans le regne fossile, est un seul & même acide, lorsqu'il est pur & dégagé de toute matiere étrangere. Cet acide a les propriétés suivantes· 1. Il est naturellement le plus pésant de tous les acides ; car son poids est à celui de l'esprit de nitre comme 11 à 9 ; à celui de l'esprit de sel comme 11 à 8 ; à celui de l'eau forte comme 11 à 9, & à celui du vinaigre distillé environ comme 11 à 7. Voyez *les Mémoires*

Q

*de l'Academie Royal. des Sc. Année
1699. pag.* 47. 2°. Il est aussi le plus
fixe de tous les acides : car la chaleur de l'eau bouillante n'en fait sortir aucune fumée, à moins qu'il ne
soit mêlé avec de l'eau ; mais alors
c'est l'eau & non l'acide qui fume.
Avant que ce dernier bouille, il lui
faut un chaleur de 560 dégrés, &
alors il donne d'abord cette fumée
nuisible dont j'ai parlé. 3°. Quand
cet acide a été soigneusement dé-
phlegmatisé par l'action d'un feu violent, & qu'il est presqu'aussi pur, aussi
pésant, & aussi âcre qu'il peut l'être,
il attire promptement & avec beaucoup d'avidité l'eau qui est dans l'air,
il se délaye & augmente en pésanteur. 4°. Quand il est bien pur, il
s'échauffe tout d'un coup dès qu'on
le mêle avec de l'eau froide qu'on
verse goûte à goûte. 5°. Cet acide
excité par le feu, change tellement
le sel marin, le sel de fontaine &
le sel gemme, qu'il en fait sortir l'esprit de sel dans la distillation : mêlé
avec le nitre, il en chasse l'esprit de
nitre ; il produit aussi le même effet
sur plusieurs autres substances dissou-

tes par des esprits acides ; il en sépare ces esprits , en les rendant volatils , & souvent même il prend leur place. C'est en conséquence du cela que si l'on mêle de l'alun & du vitriol calcinés, avec de nitre , ils donnent de l'eau forte , ou que si on les mêle avec du sel marin , ils donnent de l'esprit de sel marin ; car il reste toujours dans le colcothar quelque peu d'acide de vitriol très-fort & très-fixe, que la violence du feu n'a pas pû faire sortir ; cet acide du nitre est exalté en forme d'eau forte, qui est un esprit de nitre pur , sans aucun mélange d'huile de vitriol ; quant à l'acide vitriolique qui étoit resté dans le colcothar, il s'unit au fond du vaisseau avec le nitre , & produit un sel très-fixe , semblable au nitre vitriolé. La même chose arrive avec le sel marin. 6°. Cet acide dissoud promtement le fer ; il dissoud le cuivre un peu plus lentement ; il a beaucoup de peine à dissoudre l'argent , & il n'opére aucune solution sur le mercure que dans un chaleur de 560 dégrés : il n'a aucune prise sur le plomb & sur l'étain. Quant à

Q ij

ſes autres propriétés, il ne différe en rien des autres acides ; & il a ceci de commun avec quelques-uns, c'eſt qu'il reſoud parfaitement le camphre en un huile liquide, qu'on peut convertir de nouveau en véritable camphre, en la mêlant avec une grande quantité d'eau.

Acide de ni-tre.

Il y a un autre acide foſſile que l'art tire du nitre, ſans que la nature nous l'offre jamais tout préparé. On mêle auſſi intimément qu'il eſt poſſibile du nitre avec trois fois autant de bol, d'argile de briques pilées, ou quelques autres corps ſemblables : on expoſe ce mêlange à un feu très-violent, qui en fait ſortir une grande quantité de fumée rouge ; & cette fumée ſe condenſe en une liqueur à laquelle on donne le nom d'eſprit de nitre. On peut avoir auſſi cette même liqueur, en diſtilant du nitre ſec avec de l'huile de vitriol, en quantités égales, & cela à un feu de ſable, qu'il faut avoir ſoin de pouſſer peu à peu juſqu'au plus haut dégré. Enfin le nitre broié avec une égale quantité de chaux rouge de vitriol, ou de chaux d'alun, & diſtillé au

plus haut dégré de feu, donne les
mêmes fumées & de l'esprit de nitre
auffi bon & auffi pure que les précédens, mais que les Artiftes appellent
eau forte, eau ftigienne, eau doci-
maftique. De quelque maniere qu'on
prépare cet esprit il a toujours les
mêmes caracteres & les mêmes propriétés, ou s'il y a quelque différence,
elle n'eft prefque pas fenfible. Lorfqu'il eft expofé à la chaleur du feu,
il en fort toujours une fumée fort
rouge; il diffoud l'argent & le convertit en criftaux très-amers, & fort
cauftiques : efpéce de folution particuliere à cet efprit, & qu'on ne fauroit operer qu'avec beaucoup de peine par tout autre acide; l'huile pure
de vitriol n'en vient à bout que très-
difficillement. l'efprit de nitre diffoud
auffi le mercure, le plomb, le cuivre;
mais il n'a aucune prife fur l'Or, &
il ne diffoud l'étain qu'avec peine.
Quad cet acide s'eft bien mélé avec
les métaux qu'il a diffout, il leur eft
tellement adhérent, quil refte uni avec
eux, lors même qu'il eft expofé à un
affez grand feu. Cela fe voit dans l'argent diffout, qu'on peut convertir par

la fufion en pierre infernale, fans qu'il
fe fépare de fon diffolvant nitreux. Le
mercure précipité rouge, quand il eft
bien fixé, peut auffi refifter long-tems
à un feu très-violent avant que d'a-
bandonner l'acide auquel il eft joint.

Acide de fel marin. On ne découvre dans le fel marin,
non plus que dans le nitre, s'il eft
bien pur, aucune marque d'acidité.
Cependant il fe convertit, de la même maniere que le nitre, en un acide
liquide & volatil. Car mêlé avec trois
fois autant de terre, pour qu'il ne
fe fonde pas, & expofé enfuite à l'action d'un feu pouffé peu à peu au plus
haut dégré il fe diffoud en fumées
blanches, denfes, qui fe répandent
de tous côtés, qui font volatiles, &
qui fe condanfent en une liqueur acide de couleur d'Or ou verdatre. Diftillé avec de l'huile de vitriol, il
donne une liqueur de même nature,
mais plus volatile : & enfin la même
chofe arrive, fi on le mêle avec du
marc de l'alun diftillé, ou de vitriol,
& qu'on le preffe par un feu vif.
Qu'elle que foit celle de ces trois
opérations qu'on employe, l'efprit
de fel a toujours précifément les mê-

mes propriétés; & même on n'y apperçoit aucune variété soit qu'on le fasse avec du sel marin, ou avec du sel gemme, ou avec du sel de fontaine. Cet esprit a ceci de particulier, c'est que lorsqu'il a été tirée d'un sel bien pur & qu'on l'a distillé pour la seconde fois avec du nouveau sel, il donne des fumées blanches dès qu'il est exposé à l'action du feu, & qu'il dissout l'or, qui ne peut être pénétré par aucun autre acide. Il dissoud aussi l'étain le fer, le cuivre, le mercure, & quand il agit sur ce dernier il produit toujours des flatuosités brûlantes. Il n'a aucune prise sur l'argent, il ne dissoud pas entierement le Plomb. Il constitue donc une espèce d'acide tout-à-fait singuliere.

Quoique l'esprit de nitre pur, & *Eaux régales* l'esprit de sel, soient deux liqueurs *acides.* très-différentes, cependant on ne peut qu'être surpris de la ressemblance qu'il y a entr'eux, & de la facilité avec laquelle l'un peut revêtir la nature de l'autre. C'est là un fait auquel il importe de bien faire attention lorsqu'on traite des menstrues, ainsi arrêtons nous quelques momens à le

confiderer. Cohobez dans une cornue
de verre de l'efprit de nitre, fur du
nitre très-fec, & purifié avec tout le
foin poffible de façon qu'il foit entierement dégagé de tout fel marin ;
alors vous aurez un efprit de nitre
toujours plus efficace à mefure que
vous réitéretez les cohobations Mais
fi vous faites la cohobation fur du nitre commun, qui n'aura pas été purifié
par la chriftallifation, votre efprit de
nitre ne reftera plus le même ; il ne
diffoudra plus l'argent, mais il ac-
querra la propriété de l'efprit de fel
marin, ou de l'eau régale, & il diffoudra l'or. Si l'on examine avec un peu
d'attention ce changement, on en
découvrira bien-tôt la raifon. Le nitre dans fon état naturel contient encore quelque peu de fel marin, qui fe
mêle avec l'efprit dans la diftillation,
& le convertit en eau régale. C'eft ce
qui eft prouvé clairement par l'expérience fuivante. Prenez une partie de
fel marin pur, fec, décrépité, &
pulverifé ; jettez le dans une cornue
bien nette, fur quatre parties d'efprit de nitre ou de bonne eau forte ;
diftillez-le tout jufqu'à entiere ficcité,

par un feu de fable très-vif fur la fin ; cette opération vous donnera un efprit acide, qui ne fera plus une eau forte mais une eau régale, qui diffoudra l'or fans agir fur l'argent. Quand au fel qui refte au fond de la cornue, fi vous l'examinez foigneufement, vous trouverez après que vous l'aurez diffout, filtré & chriftallifé, que c'eft un véritable nitre inflammable. Voyez *Du Hamel Hift. de l'Acad. Royal. des Sciences*. p. 158. *& Boyle Or. Form.* 215. Mêlez encore une partie de nitre bien pur, avec deux parties de bon fel marin & diftillez le tout fuivant les règles de l'art dans la cornue, vous aurez un efprit qui diffout l'or beaucoup plus facilement & plus promptement, que ne le fait ordinairement l'efprit de fel marin : & le fel qui refte au fond de la cornue eft auffi du bon nitre inflammable, après qu'il a été diffout dans l'eau, filtré & criftallifé. Voyez *Boyle. ibid. depuis la page* 215. *jufqu'à* 224. *Bohn. Chem.* 35. 36. 163. *& Hoffman. Diff. Chim. Phyf. Lib. III. Obf.* 20. l'eau forte fe convertit donc en eau régale, dès qu'on mêle de l'ef-

Q v

prit de sel de quelque maniere, & en quelque proportion que se fasse ce mélange. On peut même produire toujours en un moment de l'eau régale en mêlant avec l'eau forte quelque peu de sel ammoniac, de sel gemme, de sel marin, de sel de fontaine, de sel fébrifuge de Sylvius, ou de véritable esprit de sel.

Corollaires.

Voilà tout ce que je me suis proposé de dire dans l'histoire des acides; cependant avant que de passer à autre chose, il importe de faire encore quelques remarques sur ce que cette Histoire nous offre de singulier. La premiere chose qui mérite d'être observée, c'est que des acides se produisent très-aisément avec des corps qui ne sont point tels; comme on l'a vû ci-devant dans l'article des acides végétables. M. Homberg nous apprend que du bon vin, qui n'avoit aucune marque d'acidité, suspendu dans une bouteille nette & bien bouchée, à l'aile d'un moulin à vent, s'est converti dans l'espace de trois jours en un fort vinaigre. Voyez *Mem. de l'Acad. Roy. des Sc. Tom. II. p. 11.* Mais, en second lieu, il n'eſt pas moins ſurprenant de voir que dès qu'une fois ces acides ſont produits, il ne ſouffre preſque aucun changement par l'action d'un feu continué pendant très-long-tems. De l'eau forte, de l'eau régale, de l'eſprit de nitre, de l'eſprit de ſel, de l'huile de vitriol renfermés dans des vaiſſeaux ſcellés hermétiquement, & mis en digeſtion pendant quatre ans à la chaleur uniforme d'un athanor, n'ont rien perdu de leur force diſſolvante. Le vinaigre ſeul eſt devenu inſipide par cette opération, & a acquis une odeur aromatique ; & l'eſprit de ſel commençoit à ronger le verre qui le contenoit. Cependant, & c'eſt ici ma troiſiéme remarque, ces mêmes acides changent de nature, pendant qu'ils agiſſent entant que menſtrues ſur les corps qu'ils peuvent diſſoudre, comme M. Homberg l'a démontré par une expérience très-fatiguante, faite avec du mercure & de l'eſprit de nitre. Voyez *du Hamel. Hiſt. de l'Acad. Royal. des Sſ. p.442. 443.* Cette expérience nous apprend que l'acide le plus fort, occupé à diſſoudre un corps, ſe change en une

Q vj

matiere fluide, infipide, fans activité, privée de fa force diffolvante &
affez femblable à l'eau. De-là ne fe-
roit-on peut-être pas autorifé à conclure que les acides naiffent & périffent comme les autres corps ? Jamais on n'a découvert dans l'Univers une feule partie de l'efprit de
nitre, qui n'ait pas été tiré d'un nitre préexiftant. Or le nitre doit fa
naiffance à une terre impregnée d'ex-
crémens d'animaux, de chaux & d'alcali, & expofée à l'action de l'air ; il
s'y produit quand l'efprit de nitre
pur eft attiré dans du fel alcali, fur-
tout dans de l'alcali fixe. Il arrive
auffi que des terres graffes & fertiles,
fur lefquelles on empêche la pluie de
tomber pour que leur fuc ne fe confume pas en nourriffant les végétaux
qu'elles pourroient ptoduire, s'im-
pregnent avec le tems d'un nitre fé-
cond, fi feulement l'on en éloigne
tout fel marin. Voyez *Boyl. Chym.
Sc.* 177. Cela ne prouve-t'il pas que
le feu produit l'efprit acide du nitre par le changement qu'il opere fur le nitre même, & que le nitre
fe forme fans aucun efprit préexif-

tant. En quatriéme lieu, les acides s'uniffent & fe coagulent fi étroitement avec les corps qu'ils diffolvent, & ils font fi fort changés, qu'il réfulte de leur. folution un très-grand nombre de corps différens. L'efprit de nitre, par exemple, diffoud l'argent, le plomb, le mercure, le cuivre, le mercure, le nitre, l'antimoine, le zinc, l'émeri, & ils change l'étain d'une façon très-finguliere : mais par fon action fur ces diverfes fubftances, il produit toujours des corps qui different entr'eux par leur odeur, par leur faveur, par leur couleur, par leur denfité & par leurs effets. Voyez *Boyl. Mech. qual.* 118. 119. Enfin tous ces acides conviennent entr'eux à certains égards, & ils different à d'autres.

Les acides conviennent entr'eux par rapport aux effervefcences qu'ils excitent quand on les mêle avec des alcalis, & aux productions de nouveaux fels qui réfultent de ce mêlange. Ils conviennent auffi à l'égard de la maniere dont ils s'uniffent avec la craie, le corail, les yeux d'écreviffes, les perles, la nacre de perles, les

coquilles de limaçons, de moules,
d'huitres, les cornes, les os, les ongles, la chaux vive, la chaux étein-
te, le fer & le cuivre. Tous ces corps
font diffouts par toutes fortes d'acides. les uns plutôt & les autres plus
tard ; les uns avec bruit & les autres
tranquilement ; chacun d'eux attire à
foi l'acide qui le diffoud, le fépare
ainfi du phlegme avec lequel il étoit
délayé auparavant, & fe convertit
par là en un corps de nature faline,
qui comme du fel peut fe diffoudre
dans l'eau, pendant tout le tems que
l'acide demeure adhérent, quoique
auparavant l'eau n'eut aucune prife
fur lui. Mais quand la matiere diffoute
eft féparée de l'acide qui l'a diffout,
alors elle fe préfente ordinairement
fous la forme d'une terre, qui ne peut
plus fe fondre dans l'eau. En ceci
nous trouvons la caufe d'une erreur
où il eft fort aifé de tomber. Souvent
trompés par l'apparence, nous croïons
avoir employé dans une certaine opération de l'eau élémentaire, au lieu
que c'étoit de l'eau qui contenoit des
corps diffouts & des diffolvans ; &
alors nous attribuons mal à propos

à l'eau fimple des effets qui font dûs
à ces matieres étrangeres dont elle
eft chargée. Cela peut arriver d'autant plus aifément, que quand les
acides font unis jufqu'à entiere faturation avec les corps dont je viens
de parler, fi l'on en excepte les métaux, ils perdent ordinairement leur
acrimonie & leur faveur . & deviennent par conféquent méconnoiffa-
bles. Faites diffoudre, par exemple,
quatre dragmes & neuf grains d'yeux
d'écreviffes dans une quantité d'efprit
de nitre telle qu'il la faut pour que la
faturation foit entiere, vous aurez
une liqueur limpide & prefque infipide ; délayez cette liqueur avec de
l'eau bien pure ; enfuite filtrez-la, &
retenez-la quelque tems dans une chaleur modérée, vous croirez avoir de
l'eau fimple. Mais verfez y quelques goutes de bon alcali fixe ; auffi-
tôt vous verrez toute cette matiére diffoute fe précipiter au fond du
vafe, de façon qu'on feroit tenté
de croire qu'elle fe détache uniquement de l'eau. Les acides conviennent encore en ce qu'en diffolvant
les corps fur lefquels ils ont prife,

non seulement ils se joignent avec
eux pour ne former plus qu'une même masse, mais qu'encore ils changent de nature, ils ne restent plus
acides, & ils perdent même leur
propriété dissolvante. De l'esprit de
nitre séparé d'avec du mercure qu'il
a dissout, ne peut plus opérer une
nouvelle solution de cette espéce.
Tous les acides agissent aussi de la
même maniere sur les sucs des végétaux, & ils leur communiquent une
couleur rouge ; il est aisé de s'en convaincre en les mêlant avec du suc
d'Héliotrope, de roses ou de violettes.
Enfin tous les acides conviennent encore en ceci, c'est qu'ils ne produisent
pas sur les corps qu'ils dissolvent des
changemens aussi grands que ceux
qui subissent eux-mêmes par cette solution. C'est-là un fait incontestable.
Le vinaigre ne reste pas tel dans le
plomb qu'il a dissout, & quand on
l'en sépare il ne redevient pas vinaigre, au lieu que le plomb est
toujours le même. Quand on retire l'esprit de nitre d'avec le mercure qu'on a dissout par son moyen,
cet esprit n'est plus tel qu'il étoit

auparavant ; mais on ne remarque abfolument aucun changsment dans le mercure. Concluons donc delà qu'on peut dire en général de tous les acides , qu'il y en a plufieurs parmi eux qui périffent journellement.

Après quoi avoir vu en quoi les acides fe reffemblent , il faut examiner à préfent en quoi ils different. La premiere différence qui fe préfente ici, confifte dans la proportion de l'acide à l'eau qui eft mêlée avec lui. Dans une once de très-bon vinaigre, il n'y a que dix-huit grains de véritable acide , tout le refte eft phlegme. Dans une once d'efprit de fel il y a foixante-treize grains d'acide , & le refte eft eau pure. Une once d'efprit de nitre , donne deux dragmes & vingt-trois grains d'acide. Une quantité égale d'eau forte en donne deux dragmes & vingt-fix grains. Enfin une once d'huile de vitriol contient quatrè dragmes & foixante - cinq grains d'acide. Voyez *les Obferva-tions de M. Homberg , Mém. de l'Ac. Roy. des Sc. T. I. p. 52.* En fecond lieu les acides de diverfes efpeces ,

Différence entre les acides.

lorfqu'ils font bien purs, different confidérablement à l'égard de leur force diffolvante. L'acide de nitre, par exemple, fait à peine quelque impreffion fur l'or avec lequel on le fait bouillir; tout l'effet qu'il produit fur ce métal, eft de le noircir; pendant qu'il diffoud d'abord l'argent. L'eau régale produit un effet tout contraire; ce qui prouve que dans ce cas ces acides n'agiffent pas comme acides, mais comme corps qui ont des propriétés particulieres. En troifiéme lieu, il y a des acides qui, quand ils diffolvent des corps, font changés tout autrement que d'autres. L'efprit de vinaigre qui ronge du plomb devient huileux & gras : mais il n'arrive rien de femblable à l'efprit de nitre. En quatriéme lieu, un même acide eft quelquefois changé très confidérablement par un corps qu'il diffoud, tandis qu'il eft à peine affecté par un autre. Le vinaigre diftillé fe change, comme je viens de le dire, en diffolvant du plomb; s'il eft occupé à corroder du fer, il devient méconnoiffable, & on ne peut plus le retirer tel qu'il

étoit auparavant ; mais si on l'employe à ronger le cuivre, & à dissoudre le vert de gris en une liqueur
d'un beau vert, il se forme dans
cette liqueur des cristaux, qui exposés dans une cornue à l'action d'un
feu violent, donnent un esprit de vinaigre très-fort, très-acide, & dans
lequel on ne remarque presque aucun changement, quoiqu'il ait été
uni si étroitement avec le cuivre. Cela ne prouve-t-il pas que le même
acide est affecté fort différemment
suivant qu'il est mêlé avec différens
métaux ? Cette différence a lieu aussi
quand il est joint avec d'autres corps.
Tous les acides peuvent être délayés
dans l'eau ; ils peuvent aussi être unis
aux esprits ; l'esprit de nitre, par
exemple, s'incorpore fort bien avec
l'alcohol, mais c'est en produisant une
très grande chaleur, suivie de fumées
rouges & d'une effervescence d'où
l'on diroit qu'il sort de la flamme.
Ils se mêlent aussi avec les huiles ; &
si l'on employe à cela de l'esprit de
nitre, il produit souvent un mouvement violent accompagné de flamme,
ou presque toujours d'une très-gran-

de chaleur. L'huile de vitriol excite aussi une chaleur fort vive lorsqu'on la mêle avec l'une & l'autre de ces liqueurs. Mais il faut remarquer que toutes les fois que des acides s'incorporent avec des substances huileuses, ils produisent ordinairement quelque matiere bitumineuse, poisseuse, ou sulphureuse, d'où il résulte souvent des changemens très-singuliers.

En voilà assez pour nous faire comprendre l'action des Menstrues acides. Passons à présent à l'examen des sels qui sont connus sous le nom de sels neutres, de sels hermaphrodites, de sels composés. C'est là un article qui ne doit pas être omis, mais sur lequel nous nous étendrons aussi peu qu'il sera possible.

Des sels Neutres, considérés comme Menstrues.

Le sel ammoniac est un menstrue. Commençons par le sel Ammoniac ordinaire. Il se dissoud très-facilement dans l'eau ; & même si vous l'exposez à un air un peu humide, il s'y fond dabord & devient une

faumure très-âcre & d'une activité finguliere, qui dans les corps des animaux attenue parfaitement, incife, ouvre, réfout toutes les matiéres épaisses, grossiéres, gélatineufes, pituiteufes, poisseufes, & les fait fortir par la tranfpiration, par les fueurs, par les urines & par la falive.

Cette faumure réfifte aussi fort bien à la putréfaction; & cuite ou digérée avec les gommes, les réfines & les matieres gommi-réfineufes des végétaux, elle les réfoud en perfection, & leur donne la préparation néceffaire pour être diffoutes dans les Menftrues aqueux, & dans les Menftrues fpiritueux fermentés. Elle ne produit pas des effets moins confidérables dans le régne minéral. La limaille de fer mife en coction avec ellé, fe diffoud très-bien, & devient un reftaurant & un apéritif admirable. Verfée fur de la limaille de cuivre, & excitée foit par le feu de digeftion ou par celui de coction, elle produit une liqueur d'une couleur charmante, dont quelques goutes, prifes à jeun, font bonnes contre les

vers, & ont souvent produit des effets antiépileptiques. Cette saumure
fournit donc un Menstrue excellent
pour les trois régnes. Ce même sel
bien purifié & réduit en fleurs, étant
bien mêlé, broyé & sublimé avec des
fossiles par le feu de sable dans un
vaisseau fermé, devient encore un
Menstrue d'une vertu incomparable;
aussi les Alchymistes l'ont-ils appellé
l'Aigle blanc, & le Pilon des Sages.
Dans cette opération les souffres,
les matieres sulphureuses, les demi-
métaux & les métaux eux-mêmes se
volatilisent, s'ouvrent, s'attenuent,
se changent totalement, & fournissent des médicamens d'une efficace,
qu'on auroit de la peine à trouver
ailleurs. Telles font les fleurs de l'Hé-
matite, celles qu'on appelle *Ens*
Veneris, *Ens Martis*, & bien d'autres. Rien n'est plus surprenant que
le changement de couleurs par lequel
l'antimoine, qui est noir d'abord,
passe dans cette préparation. En un
mot, on a souvent appellé ce sel la
clef des Philosophes, qui sert à découvrir les secrets. C'est une de ses
admirables propriétés de n'être pres-

que point altéré par la sublimation,
si on ne le mêle à d'autres choses.
Mêlé avec l'eau forte ou l'esprit de
nitre, il les change d'abord en eau
régale : avec les alcalis fixes, il donne aussitôt un alcali volatil très-pur
& très-puissant, & un nouveau sel
assez semblable à celui de Mer ; l'esprit de sel marin & l'esprit alcali volatil pur, mêlés à saturation, donnent d'abord un sel ammoniac. Il
naît aussi du mélange du sel marin
avec l'urine & la suie : d'où l'on peut
conclure que c'est un vrai sel marin
demi-volatil ; & qu'ainsi toute sa
vertu, en qualité de Menstrue, doit
se rapporter à celle du sel marin,
plus qu'à toute autre chose : aussi
n'est-il jamais meilleur que quand on
le sublime plusieurs fois dessus du sel
marin bien pur, décrépité & très-
sec, & dans un vaisseau exactement
fermé. C'est là en effet, la plus excel-
lente préparation des fleurs du sel ammoniac.

Passons donc au sel marin, dont
j'ai déja parlé si souvent ; comme c'est
absolument le même que celui qu'on
tire des Mines, & de certaines Fon-

taines, fous le nom de fel marin, je décrirai tout à la fois ces trois efpéces de fel, qui ne different que par leur origine. Ce fel que la mer, les mines & les fources diftribuent par toute la terre, paffe pour un préfervatif univerfel contre toute efpéce de putréfaction. Il fe diffoud aifément dans l'eau ; & l'air un peu humide fuffit pour le fondre, & pour le réduire en une faumure qui eft extrêmement forte. C'eft cette faumure bien clarifiée qui eft le Menftrue de fel marin ; mais un Menftrue excellent, car il produit dans les opérations chymiques prefque les mêmes effets, que la faumure de fel ammoniac dont on vient de parler, & on peut l'employer aux mêmes ufages. Ce fel marin décrépité au feu, & réduit en pouffiere dans un vaiffeau chaud & fec, fe fondra & s'écoulera dans le feu par les pores du vaiffeau qui le contient, & fe diffipera. Si à ce fel ainfi fondu vous mêlez des parties de métal, ou de demi métal, tel qu'il fe tire de la mine, il en réfultera des changemens admirables, & des production fort diverfes. Après

avoir

avoir bien mêlé & broyé huit onces
de sel marin non décrépité & un peu
humide, avec deux onces d'antimoine minéral pulvérisé, je les mis
dans un creuset, que je couvris &
luttai fortement avec un autre. J'ex-
posai cette préparation au feu de
roue pendant vingt-quatre heures,
au bout desquelles je poussai le feu
jusqu'à faire couler le sel. Ayant ensuite ouvert le creuset, j'y trouvai
une masse noire tirant sur le brun,
& dont la surface supérieure étoit
hérissée de petites pointes blanches.
Je broyai le tout & le réduisis encore
en fine poussiere : puis ayant lutté
les deux creusets, comme auparavant, j'eus une masse d'un rouge
brun, & au fond une partie plus métallique. Je me remis à broyer & à
mêler ces matieres, je luttai le creuset comme à l'ordinaire, & je poussai
le feu jusqu'à la fusion, presque tout
le sel s'écoula par les pores des vaif-
seaux ; & il resta au fond une masse
d'antimoine d'un rouge jaunâtre, &
merveilleusement changée. Cette expérience fait voir combien est puis-
sant le Menstrue sec que donne ce

R

fel aidé du feu. Au refte on peut l'employer à une infinité de chofes de
cette nature , & ce fera toujours avec
un fuccès & des effets très-différens
de ceux qu'on auroit par le moyen
de tout autre fel. Auffi s'en fert-on
en le mêlant féc avec des briques
pulvérifées , pour produire des changemens admirables dans les cémen-
tations , pour exalter les métaux ,
pour les féparer & pour les mûrir :
opérations dont Paracelfe a tant parlé , & que d'autres ont vérifiées. On
y peut rémarquer entre autres chofes , que le fel marin fec , mêlé avec
des briques pulvérifées , & expofé à
l'action du feu , fe change en efprit
volatil , prefque femblable à l'eau régale , & qui agit comme elle fur les
glébes métalliques , d'où réfultent
des effets finguliers. Voyez le même
Paracelfe , fur les cémens & les gra-
dations. Si par l'opération , dont il
a été parlé dans la defcription de
l'acide de l'efprit de fel marin , on
change ce fel en efprit , & qu'enfuite
on le diftille fur du nouveau fel bien
purifié , décrépité & très - fec , &
qu'on réitere plufieurs fois cette co-

hobation, il en réſulte un diſſolvant admirable & unique. Si l'on
veut entreprendre après moi ce travail aſſez ennuyeux, mais fort utile,
voici comment je m'y ſuis pris. Dans
deux livres d'eſprit de ſel marin, je
fis diſſoudre la même quantité de ſel
marin purifié, bien ſec, & réduit
en pouſſiere, que je ne jettois dans
l'eſprit que peu à peu, & à meſure
que la diſſolution ſe faiſoit. Je pu-
rifiai exactement cette liqueur en
la laiſſant repoſer & en la filtrant;
je la mis dans un haut matras fermé
d'un autre plus petit & bien lutté ſur
le premier; j'expoſai ce vaiſſeau à
la chaleur du Soleil, depuis le 10
de Mai juſques au 10 de Juillet;
après quoi je fis diſtiller ce mêlange dans la cornue & à feu lent,
juſques à ce qu'il ne reſta plus au
fond qu'une liqueur épaiſſe, graſſe,
qui avoit l'apparence d'une huile
légere, & où l'on voyoit des criſtaux de ſel marin d'une conſiſtence
ſolide. Je verſai enſuite dans le même vaiſſeau tout ce qui en étoit ſor-
ti par cette diſtillation, que je réï-
térai de la ſorte par trois fois :

R ij

alors le fel qui refta au fond étoit
devenu fpongieux, huileux & gras.
Je recommençai l'opération avec
beaucoup de foin & d'exactitude,
& la réiterai vingt - cinq fois : à
la derniere je verfai encore dans
le vaiffeau ce qui en étoit forti par
la diftillation , & je laiffai repofer
ce mêlange pendant cinq mois : au
bout de ce tems j'en tirai par un
feu très-lent, un phlegme prefque
infipide , jufques à ce que je vis
monter un efprit très-acide : alors
j'appliquai auffi-tôt un autre récipient, & je pouffai la diftillation
par un feu un peu plus fort : elle
donna une huile de fel très-âcre,
très-acide & pefante , que je ferrai
à part. Le fel qui demeura au fond
de la cornuea, près toutes ces diftillations , étoit encore très-acide &
affez fixe. Je l'expofai à l'air fur
une platine de verre dans un lieu
fouterrain, où il fe convertit en liqueur par défaillance. Cette liqueur
épurée par la filtration , & réunie
avec le phlegme , l'efprit , l'huile
de fel , qui en font fortis auparavant, donne par une nouvelle diftil-

lation une autre liqueur, dont la vertu diſſolvante eſt ſi efficace, qu'elle paye bien toute la peine qu'elle a couté. Voyez *Paracel. X. Archidox. c. 4.* J'ai bien voulu prendre cette peine pour m'aſſurer de ce qu'il y a de vrai dans ce que Paracelſe en a écrit. Par une digeſtion lente, mais préparée avec beaucoup d'induſtrie, à un feu de ſable médiocre, M. Boyle eſt venu à bout de tirer du ſel marin, ſans mélange d'autre matiere, un eſprit ſans phlegme, avant que le phlegme parut. *Mechan. qual.* 234. Neuf parties de ſel marin, diſſoutes, filtrées, épurées, & cryſtalliſées, donnent une partie de ſel âpre, & qui ne ſçauroit être miſe en grains. Otez-la ; le ſel qui reſte en eſt plus pur. *Du Hamel, Hiſtoire de l'Académie Royal des Sciences, pages ſeize & dix-ſept.* Si l'on fait réflexion à tout cela, on ne s'étonnera plus de voir les plus grands Artiſtes attribuer des vertus ſi extraordinaires aux Menſtrues & aux médicamens que la Chymie tire du ſel marin. Tout dépend de la préparation,

R iij

‹ration, c’eſt à quoi chacun doit pren-
garde.

*Le ſel de nitre
autre menſ-
true.*

Notre nitre commun, ſoit qu’on le
tire des ſubſtances animales, de matieres alcalines, ou de terres à chaux,
mais épuré, & par là facile à fixer
& à rendre alcali, puis acide volatil,
eſt auſſi d’un caractere ſingulier,
quand on l’applique aux corps en
qualité de menſtrue. Mais ſes opérations ſont ſouvent très-difficiles à
démêler, ce qui vient des changemens qu’il ſouffre, quand il eſt mis
au feu avec d’autres matieres. Si on
l’y met bien pur & bien ſec, comme il y devient auſſi liquide que l’eau,
& qu’il ſe fond très-vîte ſur les autres
matieres ; il en hâte extraordinaire-
ment la fuſion, les atténue, les diviſe &
ſe mêle avec elles. C’eſt tout l’effet
qu’il produit dans cette occaſion: auſſi
en répand-on ſur les métaux que l’on
veut fondre, pour en accélerer la fuſion. 2. Si dans la matiere, que l’on
met en fuſion avec le nitre, il y a
quelque choſe d’huileux, de graiſſeux,
de ſulphureux, elle éclatte auſſi-tôt
avec grand bruit, elle s’allume, elle
excite ſur le champ une très-grande

ardeur, la violence du feu en eſt tout d'un coup exceſſivement animée, augmentée & appliquée avec plus de force. Par-là le nitre cauſe de grands changemens dans le corps, il les diviſe, les fond, les ſépare beaucoup plus efficacement qu'ils ne peuvent l'être par tout autre moyen. Mais alors auſſi en même tems le nitre perd ſes qualités nitreuſes & acquiert celles du ſel polychreſte, avec uue vertu diſſolvante beaucoup plus grande que ne l'a le nitre dont il vient. On voit par-là qu'autre eſt l'action de nitre ſur les corps, avant que d'avoir été enflammé avec eux, autre pendant que la déflagration dure, autre quand elle eſt faite. 3. Le nitre mis en fuſion avec des végétaux reduits en charbon, ſe meut auſſi avec beaucoup de violence; par-là il agite & diſſoud puiſſamment les matieres qu'il a à diſſoudre, & produit en même-tems des tourbillons admirables d'une fumée très-active, qui pouſſée par le feu pénétre elle-même & diſſoud toutes ſortes de matieres. Puis quand le nitre eſt ainſi devenu alcali fixe, il

cesse alors de se fondre, si ce n'est
à un très-grand feu, il devient un
alcali âcre, pénétrant, mais toujours
d'un caractere singulier, ce qui le
rétablit dans l'état & l'activité d'un
menstrue alcali fixe, & lui donne ce
nouveau dégré de vertu dissolvante,
dont j'ai deja parlé dans l'histoire
des alcalis fixes. 4. Le même nitre,
étant mis en fusion avec les corps
qu'il a à dissoudre, s'il s'y trouve
des matieres terrestres, pierreuses,
ineuses, vitrioliques, des bri-
en poudre ou autres choses semblables, il se change aussi tôt en un
sel très-acide, très-volatil & très-
âcre, qui mis en mouvement par la
vivacité du feu, pénètre, dissoud,
cause de grands changemens, & agit
avec toute l'activité de l'eau forte
par une partie de sa masse, tandis
que par l'autre, qui demeure au fond,
il agit avec une nouvelle vertu dissolvante, très-différente de celle-là. On
conçoit par là, quel admirable effet
ce sel doit produire, lorsqu'il est
mêlé comme cément avec de glèbes
métalliques : car alors il se change
en certains esprits corrosifs, qui pro-

duifent divers changemens dans les parties métalliques. Mais c'eſt ce que j'ai deja aſſez éxpliqué , quand il étoit queſtion des acides ; on peut y avoir recours. 5. Si du nitre purifié , & mis en fuſion à un très-grand feu eſt retenu ſur le feu avec du régule d'antimoine , il devient une véritable pierre cauſtique , qui agit d'une maniere que je crois inimitable à tout autre ſel : car celui-ci étant très-fixe , très-difficile à fondre , & d'une âcreté ignée ſans égale , on voit combien doit être admirable la vertu reſolutive de ce ſel, lorſqu'on l'applique à d'autres matieres , dans le feu & avec le régule d'antimoine. 6. Le nitre fondu au feu dans un creuſet bien net, s'allume à la projection d'une peu de poudre de ſel ammoniac , comme ſi l'on y avoit jetté un charbon ardent, quoiqu'avec moins de violence ; ſi l'on continue , il change à chaque inſtant, & prend toujours un nouveau caractère , juſques à ce qu'étant impregné à ſaturation , le ſel qu'on y jette ne l'allume plus , & qu'il ſe trouve converti dans une autre

R v

efpéce de fel, qui prend, à la fin, une couleur rouge, & qui paffe pour être d'une nature tout-à-fait fingu-liere, mais peu connue & peu exa-minée des Chymiftes. Cependant le nitre & le fel ammoniac ne peuvent pas fe mêler ainfi fur le feu, avec d'autres matieres, fans qu'il en réfulte à chaque inftant des diffolutions tou-jours nouvelles, & par là même fans ceffe de nouveaux effets, tant que ce mélange eft au feu. C'eft à quoi les Artiftes ne font pas toujours l'at-tention néceffaire, mais cela même eft caufe, qu'il leur arrive des chofes qu'ils ne prévoyoient point, & que telle particularité qu'ils negligent, déroute l'expérience & la rend in-certaine. 7. Si l'on employe à quel-que diffolution une once d'efprit de nitre, ou d'eau forte. la liqueur qu'une chaleur modique en fera fortir, fera de l'eau régale, & n'agira qu'en cet-te qualité ; mais le fel qui fe trouvera au fond fera du nitre ; & après avoir été défféché, n'agira que comme tel à la fin de la même opération, au commen-cement de laquelle il avoit agi comme eau régale ; ce qui fait voir les va-

riétés de changemens qui se succè-
dent dans l'action d'un menstrue,
pendant le tems qu'elle dure. De même si sur une partie de nitre bien pur,
vous versez deux parties d'esprit de
sel marin , elles donneront par la
distillation un véritable eau régale,
pure & très-puissante : si après cela
vous continuez la distillation jusques à siccité, vous retrouverez au
fond de la cornue un véritable nitre,
à tous égards. Ce qui montre encore avec quelle attention & quelle
précaution il faut employer les menstrues pour n'y pas être trompé. Il
arrive même que si l'on mêle de l'esprit de nitre, & une certaine quantité de quelqu'alcali que ce soit ,
pour opérer quelque solution, ils ne
tardent point à redevenir nitre, &
à agir comme tel à la fin de leur
opération. Si ce qu'assure Glauber
est vrai, que le sel marin , l'alcali
fixe & la chaux vive mêlés & exposés à l'action du feu, jusqu'à devenir rouges, mis à l'air , puis hu-
mectés , donnent un vrai nitre , il
s'ensuivroit que ces matieres jointes
ensemble, & employées dans les Cé-

R vj

mens, agiroient à la fin tout autrement, qu'on n'en pourroit juger par
le commencement de l'opération. Si
l'on réflechit fur tout cela, & fi l'on
y ajoute ce qui a été dit dans l'hiftoire des alcalis, du changement du
nitre en alcali, & dans le traité des
menftrues acides, du changement du
même nitre en acide, on pourra juger de la puiffance du nitre dans les
diffolutions, & de la variété des effets qu'il y peut produire.

Le Borax efpece de menftrue.

    Le Borax natif, qui eft une production des Indes Orientales, de
Perfe & de la Tranfilvanie, étant
diffout dans l'eau, filtré, cryftallifé,
d'un goût amer, mais tirant fur le
doux; ni alcali, ni acide; ne donnant
par la diftillation, que de la véritable eau & du verre; mais un verre, que l'eau peut enfuite diffoudre:
le Borax, dis-je, mêlé avec le fable
& pouffé à un très-grand feu, ne
donne point d'efprit acide; il accelère extrêmement la fufion des métaux, & par ce moyen les mêle trèsbien, & produit quantité d'autres effets, dont on viendroit difficilement
à bout par d'autres voyes.

Tous ceux qui font bien au fait de ce que j'ai dit jufqu'à prefent des menftrues falins, comprendront aifément que par la combinaifon de differens fels, on peut former plufieurs efpéces nouvelles de ces menftrues, qui auront tous différentes propriétés diffolvantes. Cette combinaifon eft quelquefois la production de l'art, & eft faite à deffein ; mais quelquefois auffi elle arrive par hafard ; & comme alors on ne s'y attend pas, elle furprend par des effets imprévus, qui groffiffent le nombre des obfervations chymiques. C'eft de ces deux fources que tant de menftrues, décrits par les Chymiftes, ont tiré leur origine. Si l'on unit, par exemple, des alcalis volatils avec des alcalis fixes, l'action du feu rend toujours les premiers plus forts, plus durs & plus volatils, pendant que les alcalis fixes, attirant à eux ce qui refte peut-être encore d'acide dans les alcalis volatils, auffi bien que leur huile & leur terre, deviennent de nouveaux fels compofés, & acquiérent des propriétés différentes. Ces mêmes alcalis fixes, combinés avec des aci-

Menftrues falins compofés

des natifs, des végétaux, donnent une espéce de sel composé très-singulier, doux, apéritif & diurétique : cela se voit clairement si l'on joint une quantité suffisante de sel d'Absinthe, ou de quelque autre sel semblable, avec du verjus, du jus de citron, ou autres liqueurs de cette espéce : par-là on produit un sel qui a des vertus dissolvantes bien différentes de celles qui caractérisent les principes dont il est formé, ou toute autre espéce de sel. Si l'on mêle au contraire des alcalis volatils avec ces mêmes acides, on a d'abord une autre sorte de sel composé, tout différent du précédent qui est fait avec un alcali fixe. Si l'on combine comme il faut des alcalis fixes avec des acides végétables, fermentés & purs, après plusieurs phénomènes très-surprenans, l'on a enfin un sel saturé, volatil, doux, pénétrant, savonneux, qui se fond facilement sur le feu, & qui a des propriétés très-singulieres. Dans cette expérience le vinaigre rentre dans sa véritable matrice, qui est le sel de tartre, & il l'impregne de l'acide acéteux, qui lui eſt propre ; car les Chymiſtes donnent au vinaigre le nom de tartre fluide ; & c'eſt pour cela qu'ils appellent ce ſel un tartre régénéré. D'autres ont nommé ce mêlange *Acetum radicatum*, parce qu'ils voyoient le vinaigre rentrer dans ſa véritable racine. En réflechiſſant ſur les effets admirables que ce ſel produit dans le regne animal, végétal & foſſile, j'ai douté ſouvent ſi ce n'étoit point le ſel volatil de tartre de Van-Helmont, auquel ſon Auteur a attribué des vertus ſi efficaces. Ce que je puis dire avec certitude, c'eſt que dans toute cette claſſe de menſtrues, il n'y en a aucun qui mérite plus d'être examiné avec attention. Il me ſeroit aiſé de prouver cela par pluſieurs exemples, mais un ſeul ſuffira. Ce n'eſt qu'avec beaucoup de difficulté qu'on parvient a diſſoudre la Myrrhe par des alcalis ou des acides, au point que de la rendre aſſez pénétrante pour qu'elle puiſſe s'inſinuer dans les veines de de notre corps lorſqu'elle eſt dans l'eſtomac. Mais quand on la fait digérer, ſuivant les régles de l'art, avec ce ſel inimitable, elle ſe diſſoud

entiérement , & se résoud en une
masse épaisse , homogène , & estimée
par ses vertus médicinales. Ce même
sel , lorsqu'il est bien fait , s'unit très
étroitement avec l'alcohol , & donne
ainsi un menstrue qui dédommage
amplement de la peine qu'on a eu à
le préparer. Cela nous prouve que
les Chymistes modernes , qui établis-
sent par tout les acides & les alcalis
pour principes des choses , sont
dans l'erreur lorsqu'ils disent que c'est
contre les régles de l'art qu'on mêle
des acides avec des alcalis ; comme
si ces derniers perdoient par là toutes
leurs propriétés , & que ce mélange
n'eût plus aucune vertu. Zwelfer est
un de ceux qui ont soutenu ce sentiment avec le plus d'ardeur. Mais
ces Messieurs doivent savoir que l'alcali de tartre bien pur , combiné
suivant les régles de l'art avec l'acide
volatil de ce même tartre , converti
en vinaigre par une double fermentation , produit un sel neutre beaucoup plus excellent & plus efficace,
que ne l'étoit l'alcali & l'acide ,
quand ils étoient séparés ; quoique
dans cette opération tant l'alcali que

l'acide du vinaigre foient détruits &
dépouillés de leurs propriętés. Si l'on
incorpore de l'alcali bien pur avec du
bon efprit de vinaigre de vin, de façon qu'on ait attrapé précifément
le point de faturation, on a une liqueur limpide, falée légérement,
où l'on ne découvre prefque aucune
marque d'âcreté, peu odorante, affez
volatile, & fait d'un alcali & d'un
acide très-fubtils. Cette liqueur a une
admirable vertu diffolvante, qu'on
chercheroit inutilement dans toute
autre; car elle peut prefque pénétrer
à travers toutes fortes de corps, &
les diffoudre fans y caufer d'ébranlement fort fenfible. Auffi les Médecins
en font-ils grand cas quand il s'agit
de guérir des maux d'yeux ou d'o-
reille, caufés par quelqüe matiere
coagulée. Par la même raifon,
de tous les fecrets qu'on employe
pour réfoudre les humeurs froides
des glandes, il n'y en a prefque aucun plus efficace que les fomenta-
tions faites avec de l'urine humaine
pourrie & du vinaigre appliquées
chaudement à la partie malade,
qu'on doit avoir foin de frotter auparavant.

Ce qui vient d'être dit sert aussi à nous faire comprendre ce qui doit arriver quand on joint des alcalis fixes ou volatils avec dés acides fermentans : il se produit alors une effervescence subite, qui arrête tout d'un coup la fermentation ; & il se forme des sels fort semblables aux précedens ; ce qui arrive encore si l'on unit ces mêmes alcalis avec l'acide qui sort du bois qu'on brûle ou qu'on distille. Enfin si l'on combine des alcalis fixes avec de l'acide fossile natif, l'on a encore de nouveaux sels composés, mais fort différens les uns des autres. Sur de l'alun bien pur, dissout dans l'eau, & échauffé, versez goûte à goûte jusqu'à entiere saturation, de l'huile de tartre par défaillance, aussi échauffée, il se fera une précipitation d'une chaux qui tient de la nature de la craye, & vous verrez surnager une liqueur limpide composée de l'acide natif de l'alun, attiré dans l'alcali. Cette liqueur purifiée & filtrée vous donnera un sel semblable au tartre vitriolé, mais exempte de toute altération métallique, & qui n'est pas

moins eftimable par fes vertus diffolvantes que par fes propriétés médicinales. Verfez de la même maniere
de l'alcali fixe chaud , fur du vitriol
blanc , bleu ou vert , diffout dans
quatre fois autant d'eau , filtré & é-
chauffé , vous aurez auffi un fel coagulé , qui aura attiré à foi l'acide
foffile qui a corrodé le cuivre ou le
fer dans la mine ; ce qui produit encore un tartre vitriolé naturel , différent du commun , en ce que fon
acide n'a pas été expofé à un feu fi
violent , & que par là même il a
mieux confervé fes propriétés naturelles. Il eft auffi plus dégagé des
parties métalliques , à moins qu'il
n'ait été fait avec du vitriol de cuivre , dont la partie métallique refte
dans la folution , & communique
au fel une couleur bleue. Si l'on
mêle intimement de l'alcali fixe
avec quelqu'efpece de ce fouffre
que ce foit , l'acide foffile eft attiré
dans l'alcali , & l'on a un fel qui
paroît affez femblable au précédent , quoiqu'il en différe cependant
en quelque façon , comme on peut
s'en convaincre en confidérant la

forme de petits dards qu'il prend dans la criſtalliſation. Il ſemble qu'il faut chercher la principale cauſe de cette différence en ce que la partie graſſe & huileuſe, qui eſt mêlée avec le ſouffre, s'uniſſant auſſi avec l'alcali fixe, altère la partie ſaline pure lorſqu'elle eſt prête à ſe coaguler, & forme ainſi un ſel compoſé d'une odeur, d'un goût, & d'une efficace toute différente.

On peut encore juger par les remarques précédentes de ce qui doit arriver, quand on aſſocie les mêmes alcalis fixes avec des eaux vitrioliques, & alumineuſes, ou avec les matieres épaiſſes & graſſes qu'elles dépoſent, & qui ſont connues ſous différens noms. La partie métallique ou terreſtre, qui étoit diſſoute auparavant dans ces eaux, ſe ſépare ; & l'acide diſſolvant ſe coagule avec l'alcali en un ſel, qui eſt un tartre vitriolé. La vertu diſſolvante de ce ſel diffère de celle de tous les autres, comme on le voit quand on l'applique aux métaux, aux demi-métaux, aux ſouffres & aux autres glèbes foſſiles. Ce ſel conſerve auſſi ſa

vertu beaucoup plus conſtamment &
plus immuablement qu'aucun autre
ſel compoſé ; car il eſt formé par un
acide très-fixe, étroitement combiné avec un alcali qui ne l'eſt pas
mcins. Auſſi ne connoît-on aucun
autre acide qui puiſſe chaſſer celui
qui eſt incorporé dans ce tartre vitriolé, puiſque c'eſt l'acide natif de
vitriol qui chaſle, comme nous l'a-
vons déja vu ci-devant, les acides
renfermés dans les autres ſels. Si l'on
mêle avec ces acides foſſiles natifs
des ſels alcalis, volatils & purs, alors
on a des ſels ammoniacs d'une eſpece particuliere, qu'en conſéquence
de leur origine on pourroit peut-être
appeller des tartres vitriolés ſemi-
volatils, pour les diſtinguer des autres. Ces ſels méritent certainement
l'attention des Chymiſtes à cauſe de
leur ſinguliere aptitude à diſſoudre, &
celle des Médecins, parce que ce ſont
des apéritifs, des atténuans, des ré-
ſolvaus & des ſtimulans admirables.
Par-là il eſt encore aiſé de conjectu-
rer ce qui doit réſulter du mêlange
du ſel ammoniac ordinaire avec des
vitriols expoſés à l'action du feu. L'a-

cide des vitriols abforbé par la partie alcaline du fel ammoniac ; volatilife & chaffe l'efprit acide de fel, qui fait l'autre partie du fel ammoniac ; & alors l'union de l'acide vitriolé femi-volatil, eft femblable à celui dont je viens de décrire. Ce qui refte eft la maffe métallique qui faifoit auparavant partie du vitriol, mais qui s'en fépare par la précipitation, fous la forme de féces, ou qui corrodée de nouveau par l'efprit de fel, paroît fous la forme de métal diffout. Voilà donc quels font les fondemens fur lefquels on peut juger avec certitude de ce qui doit arriver, quand on combine des alcalis fixes ou volatils, avec toutes fortes d'acides foffiles natifs. Car quoique ces derniers foient fouvent profondément cachés dans les métaux, les terres, les huiles & les autres fels, leur effet eft toujours le même, & par conféquent peut être prédit. Au refte toutes ces expériences font fi certaines, & en même tems fi fidelles, qu'on ne fçauroit affez le recommander, tant pour leur utilité dans la Chymie que dans la Médecine.

Pour ne rien omettre de ce qui appartient à la doctrine des menstrues, il nous faut encore considérer ceux qui naissent de la combinaison des alcalis fixes, avec un acide produit par le moyen du feu. Si l'on rassasie pleinement un alcali fixe bien pur, d'acide de sel marin, de fontaine, ou de sel gemme, on aura un sel régénéré, qui ne paroît presque différer en rien du véritable sel marin. Si la saturation se fait avec de l'esprit acide de nitre, l'on a un sel qu'on ne peut pas distinguer du nitre ; ou enfin si elle se fait avec de l'esprit acide d'alun, ou de souffre, ou du vitriol, ce qui se produit est un tartre vitriolé, tel que celui qui a été décrit ci-devant. Mais si l'on unit de la même maniere de l'alcali volatil pur, avec de l'esprit de sel marin, de sel de gemme ou de sel de fontaine, on a du sel ammoniac commun ; si on le combine avec de l'esprit de nitre, ou avec de l'eau forte, il se forme un nitre semi-volatil ; & si on le mêle avec de l'esprit acide d'alun, ou de souffre, ou de vitriol, il naît un tartre vitriolé semi-volatil,

auſſi ſemblable à celui dont on a donné la deſcription. Tout cela nous
prouve encore qu'il s'opere ſouvent
des ſolutions très ſurprenantes, uniquement par le mêlange de certains
corps auſquels on applique enſuite le
feu, comme cauſe mouvante. On a
peine à croire combien ce mêlange
peut produire de changemens, ſoit
qu'il ſe faſſe à deſſein ou par haſard;
ſi un Chymiſte n'eſt pas au fait de cela, il n'entendra jamais bien la doctrine des Menſtrues. J'ai eu le plaiſir
de m'aſſurer par ma propre expérience de tout ce que je viens de dire:
mais la matiere n'eſt pas épuiſée;
il me reſte à examiner l'action diſſolvante qui a lieu lorſqu'on mêle des
ſels purs & ſimples avec d'autres ſels.
Les phénomènes que ces mêlanges
nous offrent, ſont très-ſenſibles. Si
l'on combine de l'alcali avec du ſel
marin diſſout dans l'eau, la ſaumure
ſe trouble, il ſe fait une précipitation
de terre, & la cryſtalliſation donne
un ſel marin pur. De l'alcali fixe jetté
dans une leſſive de nitre la trouble
auſſi, y cauſe une précipitation de
terre, & produit un nitre très-épuré.

De

De l'alcali fixe, versé dans la saumure du sel ammoniac, attire à soi l'acide qui y est, en délivre par-là l'alcali, qui devient volatil, pendant qu'il se produit au fond un sel marin pur & fixe. De l'alcali volatil pur, mêlé avec de la saumure de sel marin, la trouble d'abord, la purifie ensuite, & enfin s'enfuit; combiné avec du nitre dissout, il produit le même effet. Si on le mêle avec du sel ammoniac bien dissout dans l'eau, il le purifie de la même maniere, sans causer aucune altération dans ses propriétés, & il le quitte en conservant les mêmes vertus qu'il avoit auparavant. Les acides végétables changent peu le sel marin, le nitre; & le sel ammoniac avec lesquels on les mêle, & même le changement qu'ils y operent n'est gueres plus considérable lorsque ce mêlange se fait après qu'ils ont fermenté, ou qu'ils ont été rendus plus purs par la distillation. Quant aux changemens qui résultent dans les menstrues du mêlange des acides fossiles avec ces mêmes sels, je les ai déja rapporté ci-devant, en parlant de ces acides & de ces sels natifs. Cependant je ré-

S

péterai encore ici en peu de mots,
qu'il reste dans l'alun & dans le vitriol, calcinés jusqu'à siccité, une
grande quantité d'un acide fixe &
très-fort ; cet acide a sa propriété
singuliere de chasser des corps qu'il
peut dissoudre, tous les autres acides par lesquels ils avoient été dissouts auparavant : ce qui varie l'action de ces menstrues, & leur fait
produire des effets très-surprenans.
Donnons-en quelques exemples. Si
l'on broye du sel marin avec du vitriol calciné jusqu'à siccité, & qu'ensuite on expose ce mélange dans une
cornue à l'action d'un feu prudemment administré & poussé peu à
peu presqu'au plus haut dégré ;
on fera monter l'esprit pur du sel
marin ; car l'acide du colcothar
chasse avec force l'acide volatil du
sel marin, prend sa place dans la
partie de ce même sel qui reste fixe ; & ces deux substances ainsi unies
forment une espèce de sel admirable
de Glauber, imprégné de quelques
particules métalliques fournies par
le vitriol : ce qui a été dit ci-devant
a déja dû mettre le lecteur au fait par

rapport à cette expérience. Mais fi l'on broye du vitriol calciné avec du mercure, jufqu'à ce que le mêlange foit bien intime, & qu'on y ajoute du fel marin décrépité; fi enfuite on expofe le tout dans une cucurbite de verre, à un feu de fable, lent dans les commencemens, mais qu'on augmente par dégrés, alors l'acide de vitriol convertit encore l'acide de fel marin en un efprit, qui mû & échauffé, diffoud le mercure comme à fon ordinaire, l'éxalte & en fait un mercure fublimé pur. Ce mercure fublimé n'eft autre chofe que de l'efprit de fel marin bien pur, attiré dans le mercure & uni avec lui en une maffe homogène, vitriolique, mercurielle & foluble dans l'eau. Il y a une infinité d'autres effets furprenans dans l'Hiftoire des Menftrues, qu'on peut comprendre à l'aide de ces principes ; les faits fuivans en font une nouvelle preuve. Si l'on mêle de l'alun ou de vitriol calciné avec du nitre, & qu'on diftille le tout, on a une eau forte, qui ne contient aucun acide vitriolique, mais qui eft un efprit de nitre pur. Si l'on mêle ces mêmes fub-

ſtances avec du ſel marin, on entire par
la diſtillation un eſprit de ſel. Si on les
mêle avec du nitre & du ſel marin on a
de l'eau régale. Si l'on expoſe du nitre
& du colcothar dans un creuſet à l'action d'un feu ouvert, l'acide du nitre
ſe diſſipe & il reſte une eſpèce de nitre
vitriolé. Le ſel marin ainſi calciné avec
du colcothar devient une eſpèce de ſel
admirable de Glauber. Mais laiſſons
au lecteur le plaiſir d'amplifier cette
doctrine par de nouveaux exemples,
& ſans entrer dans un plus grand détail, contentons-nous de remarquer
qu'en combinant en diverſes manieres des ſels avec d'autres ſels, on
produit toujours de nouveaux ſels &
de nouveaux Menſtrues, que par là
on enrichit toujours la Chymie de
nouvelles découvertes, & qu'on voit
de nouveaux phénomènes, qui offrent un ſpectacle amuſant, qui nous
font connoître de nouvelles propriétés dans les corps, & font ſouvent
pour nous une ſource d'avantages,
auſquels nous ne nous attendions pas.

Enfin on produit de nouveaux
Menſtrues d'une vertu ſinguliere,
en combinant différemment enſemble

diverſes eſpèces deMenſtrues, ce qui
demande ſouvent beaucoup de travail ; en portant chaque Menſtrue au
plus haut dégré de pureté poſſible ; &
enfin en les diviſant en particules auſſi
petites que l'art & la nature puiſſe en
produire ; c'eſt en ces trois choſes
que ſemble avoir conſiſté la principale habileté des Chymiſtes les plus
diſtingués. Je ne ſaurois rapporter ici
tout ce qui eſt relatif à ce ſujet, un
exemple ſuffira. Je ſuppoſe qu'on
veuille avoir un acide végétable, fermenté, bien pur, très-fort & très-
ſubtil. Prenez du très-bon verre de
gris, qui eſt du cuivre corrodé ſubti-
lement par les exhalaiſons d'un acide
fermentant ; verſez deſſus vint fois
autant du plus fort eſprit de vinaigre
que vous pourrez trouver, faites digerer le tout , pour que le vert de
gris ſe diſſolve en une liqueur d'un
beau vert ; purifiez cette liqueur en la
laiſſant repoſer & en la filtrant, enſuite épaiſſiſſez la ſur un feu doux,
juſqu'à ce qu'il paroiſſe une pellicule
ſur ſa ſuperficie. Alors mettez-la
dans un lieu tranquille, & il s'y formera de petits criſtaux, ſemblables

à des Emeraudes, compofés d'acide de vinaigre, & de cuivre corrodé. Retirez ces petits criftaux, & épaif-fiffez de nouveau la liqueur qui reftera jufqu'à ce que la pellicule reparoiffe ; mettez à part les crifteaux qui fe formeront encore, & continuez cette opération jufqu'à ce qu'il ne fe faffe plus aucune criftallifation. Alors prenez tous ces criftaux ainfi faturés d'acide, faites les fécher fort lentement à l'air, enfuite expofez les dans une cornue de verre à un feu que vous augmenterez par dégrés, & il en fortira un acide végétable, qui n'aura rien perdu, qui fera très-fort & qui ne fera alteré par aucune particule de cuivre. Si l'on employe du plomb, de l'étain, ou du fer dans cette opération, elle ne réuffit jamais, le cuivre feul produit l'effet défiré en attirant à foi l'acide, en le féparant de fon phlegme, en le rendant fans lui caufer aucun changement ; au lieu que ces autres métaux attirent & féparent bien l'acide, mais ne le quittent jamais enfuite fans avoir alteré fa pureté. On fait avec la biere, la manne fermenté, le miel, le fucre & le cidre, du vinaigre dont on peut auſſi augmenter la force de la même maniere. En conſéquence de cela Zwelfer s'eſt imaginé fauſſement qu'il avoit le véritable alcaheſt, en quoi il a été relevé avec vivacité par Tachenius, qui ſoutient qu'il n'avoit pas autre choſe que du vinaigre fort. Au reſte ſi l'on s'applique à chercher de nouveaux menſtrues, on ne verra pas la fin de ſes découvertes : chaque Artiſte ſe vante ordinairement d'avoir à cet égard quelque ſecret particulier qui ſouvent le met en état d'opérer certains effets, qui ne peuvent pas être exécutés par ceux qui ne connoiſſent pas le Menſtrue dont il ſe ſert. Ici donc l'utilité du ſecret eſt ſouvent moins admirable que l'orgueil de ceux qui l'ont découvert eſt blamable ; car ſûrement tout homme, qui a quelque connoiſſance de la Chymie, ne manquera pas de trouver quelque nouveau Menſtrue, lorſqu'il appliquera, ſuivant les régles de l'Art, divers corps les uns aux autres. Si l'on avoit ſuivi plus exactement cette méthode on ſeroit peutêtre parvenu à trouver les Diſſolvants

S iv

de tous les corps, & par conféquent
celui de la pierre qui fe forme dans
l'homme : les Chymiftes auroient dû
feulement pour cela appliquer à cette
pierre toutes les différentes liqueurs
qu'ils ont préparés ; vraifemblement
ils auroient vû ainfi divers effets,
auxquels ils ne s'attendoient pas ; car
fuppofons que quelqu'un eût examiné
tous les Menftrues, à l'exception de
l'efprit de pain, s'imagineroit-il jamais que cet efprit fût auffi efficace
qu'il l'eft, pour opérer plufieurs folutions ? j'ai dit auffi qu'il falloit mêler des Menftrues avec d'autres Menftrues ; par-là on parvient fouvent à
en produire de nouveaux, qui font
d'une efficace admirable. Du Tartre
regénéré, par exemple, bien préparé
peut s'unir intimément avec l'alcohol
de vin très-pur, & alors l'on a un
Menftrue végétable, compofé d'un
alcali, d'un acide, & d'un fouffre
trés-fubtils & joints étroitement enfemble, auffi produit-il des effets
furprenans lorfqu'on l'employe comme Menftrue ou comme reméde.
De même, fi l'on combine avec
de l'alcohol bien pur un efprit al-

cali très - faturé & foigneufement
rectifié, on a ce qu'on appelle *Offa
Helmontiana* , & c'eft un Menftrue excellent. Ce Menftrue diffoud
parfaitement les huiles végétables diftillées , & alors on a un diffolvant
compofé d'un véritable fouffre végétable & d'alcali, & qui peut-être ce
que la Médecine & la Chymie nous
fourniffent de meilleur. De même encore fi l'on raflaffie du bon efprit
de nitre, avec de l'efprit alcali de
fel ammoniac, on a un fel de nitre
prefque volatil, & ainfi l'on peut
préparer ce nitre volatil tant recher-
ché & l'expérience pourra apprendre
s'il produit ou non les effets qu'on
en attend. On a vû des Chymiftes
paffer toute leur vie à faire des recherches à cet égard, & fe croire fuffifamment recompenfés de leur travail, par les nouvelles découvertes
qu'ils faifoienr; ainfi j'exhorte tous
ceux qui s'appliquent à la Chymie de
s'exercer dans la même carriere, de
noter exactement tout ce qu'ils dé-
couvriront, & de travailler, mais
avec prudence, à déduire de leurs
obfervations des régles plus générales

S v

que celles que nous avons eu jufqu'à préfent.

 Après tout ce qui vient d'être dit, il importe d'indiquer ici quelques corrollaires, qui regardent les menftrues. 1°. il n'eft pas encore décidé s'il y a un feul Menftrue qui ait en foi la propriété d'agir fur l'objet qu'il doit diffoudre, fans être aidé en aucune maniere par le feu. Car jamais on n'a pû faire d'expérience à cet égard que dans des lieux où il y avoit du feu, & même en affez grande quantité : c'eft dequoi il eft aifé de fe convaincre, fi l'on fe rappelle ce qui a déja été dit ci-devant, lorfqu'il a été parlé du plus grand froid connu. Il faut remarquer encore, comme une confirmation de ce que je dis ici, que prefque tous les Menftrues, connus jufqu'a préfent, diffolvent beaucoup mieux lorfqu'ils font excités par un certain dégré de feu. 2°. Les Menftrues ne produifent prefque aucun effet, fi auparavant ils ne font pas rendus fluides, ou à peu près tels. Les quatres principaux inftrumens qui peuvent leur donner cette forme, font le feu, l'air, l'eau

& le broyement, & ce font auffi là les mêmes agents qui les excitent à agir de nouveau, lorfque leur action ceffe. 3°. Quelques Menftrues ont en eux-mêmes la caufe, par l'efficace de laquelle ils femblent produire un mouvement qui ne dépend que de la proximité du corps vers lequel il eft dirigé. Ayez pendant un grand froid un aiman fufpendu à un fil, en repos tant par rapport à fes poles, qu'à ceux du monde, il ne fera agité d'aucun mouvement, & perfonne ne lui attribuera aucun pouvoir d'agir ; mais faites entrer dans la fphère de fon activité un morceau de fer ou un autre aiman, auffi-tôt vous verrez l'un & l'autre fe mouvoir, & s'approcher jufqu'à ce qu'unis enfemble ils reftent tous les deux tranquiiles. Voilà donc un pouvoir qui de foi-même & fans l'affiftance d'aucun feu fenfible, produit un mouvement & ne paroît être excité lui-même par aucun mouvevement extérieur. De même le bon efprit de nitre, gardé pendant des années dans un vafe bouché pouffe une fumée rouge, qui eft dans un

S vj

mouvement continuel, qui nage au-deſſus de la liqueur, & qui ſort dès qu'on débouche le vaſe. Il en eſt de même de l'eſprit alcali de ſel ammoniac, qui ne m'a jamais paru tranquille. L'eſprit qui ſe prépare avec le ſel ammoniac, diſtillé avec de la chaux vive, eſt encore moins ſuſceptible de repos. Les corps de cette eſpèce conſervent donc leur mouvement d'une façon tout-à-fait ſinguliere, & ſont très-propres à en mouvoir d'autres. Or qui pourra nier qu'il y ait toujours de tels Corps qui voltigent dans les entrailles de la terre, juſqu'à ce que venant à rencontrer quelques ſubſtances qui les fixent, ils s'y arrêtent, & forment avec elles diverſes ſortes de corps compoſés? Mais il faut cependant remarquer que dans tous ces cas, & même dans le plus grand froid, l'air eſt continuellement agité d'un mouvement d'oſcillation, qui peut ſouvent exciter les mouvemens dont il s'agit. Quoiqu'il en ſoit ce mouvement propre aux menſtrues, & celui auquel il donne naiſſance opérent ſouvent très-promptement des ſolu-

tions, qui ne pourroient pas être produites par un mouvement beaucoup
plus grand, mais excité par une autre caufe. Pour vous en convaincre,
prenez de bonne craye d'Angleter-
re, calcinez la par le plus haut dégré
de feu, & même expofez-la au foyer
de Tfchirnhaus, à peine le prodigieux mouvement que vous lui communiquerez par là opérera-t-il fur
elle le moindre changement. Placez-
la dans un air chaud, froid, tranquille, ou agité par une tempête, elle
n'en fera point changée. Laiffez-la
auffi longtems que vous voudrez dans
de l'eau bouillante, elle ne fe diffoudra point. Faites la cuire dans une
leffive de fel de tartre, elle reftera
craye. Mais mettez-la dans du vinaigre froid, auffitôt elle fe diffoud & difparoît. Cela prouve clairement qu'il
y a une très-grande différence entre
le mouvement qui eft excité par la
force réciproque du menftrue & du
corps qui doit être diffout, & celui
qui eft caufé par le feu, par l'air, par
l'eau, & par une impulfion. 4°. Un
menftrue qui a affez d'âcreté pour
détruire notre corps en le rongeant,

& en l'affectant douloureufement ; ne doit pas pour cela être regardé comme propre à diffoudre d'autres corps. L'huile de vitriol, par exemple, l'efprit de nitre, l'efprit de fel, l'eau régale, qui confument fi promptement les parties de notre corps expofées à leur action, n'ont aucune prife fur la cire & le fouffre, que les humeurs de notre corps diffolvent avec tant de facilité. 50. Il y a plufieurs corps qui ne fçauroient être diffouts par certains menftrues ; mais fi vous les faites diffoudre par d'autres menftrues, vous les rendrez propres à être diffouts par ces menftrues aufquels ils réfiftoient auparavant. Cuifez, par exemple, auffi longtems qu'il vous plaira, du fouffre commun dans de l'alcohol, il ne s'y diffoudra pas plus que fi c'étoit une pierre que vous euffiez mis dans l'eau. Mais faites fondre ce même fouffre avec du fel de tartre, il fe convertira en une maffe d'un rouge foncé, qui étant refroidie fe diffoudra très-vîte dans l'alcohol. Faites cuire dans l'alcohol de l'antimoine pulverifé, vous ne produirez

aucun effet ; mais cuiſez le dans une
liqueur de ſel alcali faite par défaillance, vous parviendrz à le convertir en une maſſe ſéche, d'où vous
tirerez une teinture de couleur d'or,
en verſant de l'alcohol par deſſus.
De très - habiles Chymiſtes voyant
des effets de ce genre, ont fait tant
de cas de cette application ſucceſſive
de menſtrues à d'autres menſtrues,
que Mrs. Boyle, Homberg & Tachenius ont prétendu qu'on pouvoit
par cette méthode réſoudre intimément les métaux, & ſéparer leurs
deux principes, ſavoir le ſouffre fi-
xant & le mercure régéneré. Ils
nous diſent que l'argent diſſout dans
l'eſprit de nitre, enſuite digéré long-
tems dans de l'alcali fixe bien pur,
& enfin ſublimé ſouvent avec du ſel
ammoniac, donne du véritable mercure courant ; & ils nomment ces
ſels des ſels reſſuſcitants. De même
les acides font que les alcalis peuvent pénétrer dans la ſubſtance intérieure des métaux ; & les alcalis fixes
y introduiſent auſſi les alcalis volatils, qui ne ſauroient y entrer ſans
leurs ſecours. Les métaux ſe conver-

tiſſent-ils donc ainſi en mercure,
par le moyen de ces ſels ? C'eſt là
une choſe ſur laquelle je n'oſe rien
déterminer ; car quoique j'aye fait
grand nombre d'expériences, juſqu'à préſent je n'ai rien vû de ſemblable ; cependant, parce que je n'ai
pas eu les ſuccès que j'aurois ſouhai-
té, je n'ai garde de rien avancer qui
puiſſe faire révoquer en doute l'habilité ou la bonne foi d'autrui. 6. Des
menſtrues opérent ſur certains corps
des ſolutions qu'on n'auroit jamais
cru poſſibles, avant qu'on en eût fait
l'expérience, tant à cauſe de la qualité des diſſolvants, que de la nature
des corps diſſouts. C'eſt ainſi que la
Térebenthine native , qui eſt une
ſubſtance ténue & très-viſqueuſe, devient ſi pénétrante dans les corps
humains, qu'en peu de tems elle communique à l'urine une odeur de violette, change ſa couleur & échauffe
tout le corps : ſi on la mêle avec des
huiles , elle les diſſoud ; fondue par
une chaleur très-douce elle produit
auſſi le même effet ſur les réſines, qui
d'ailleurs ſe diſſolvent ſi difficilement;
elle ſert auſſi de fondant aux Gom-

mes-réfines, telles que la Gomme-
copal & autres, qu'il n'eft prefque
pas poffible de diffoudre autrement.
Mais que doit-on penfer du jaune
d'un œuf? Si l'on en peut juger par
l'analogie, c'eft le placenta du Pou-
let, & une machine dont les organes
font fi fubtils, que les Anatomiftes
les plus experts, armés des meilleurs
Microfcopes, ne fauroient les découvrir; c'eft un corps vifqueux,
ténace, fans activité, fans odeur,
prefque infipide, & fans aucune
âcreté. Cependant broyé fuivant les
régles de l'art dans une chaleur modérée, avec toutes fortes de fubftances gommeufes, huileufes, réfineu-
fes, & balfamiques, il agit fur elles
avec beaucoup plus d'efficace, que ne
le pourroit faire tout autre menftrue;
il leur ôte leur ténacité, il les rend
propres à être diffoutes dans l'eau &
dans les liqueurs fpiritueufes, & il fait
qu'elles peuvent fe mêler aifément
avec les humeurs des animaux. La
nature nous offre donc dans ce corps
un menftrue prefque plus efficace
qu'aucun de ceux que l'art peut produire. La bile amère & jaune de tou-

tes sortes d'animaux, & surtout des Poissons qui ne respirent pas & qui sont voraces, opére à peu près de la même maniere; elle dissoud très-bien les térebenthines & les autres substances balsamiques, résineuses, ténaces, visqueuses, avec lesquelles on la mêle. La manne, le miel, & le sucre broyés & échauffés produisent aussi le même effet. Un blanc d'œuf durci & séparé du jaune, donne quand on le distille au Bain-marie, une eau limpide, presque sans odeur, insipide, & qui n'est ni saline, ni acide, ni alcaline; cependant elle agit avec tant de force sur les métaux, que Paracelse & Van-Helmont conviennent qu'ils n'ont rien trouvé de plus efficace pour la préparation de leur mercure médical, dont les vertus sont si admirables. Un blanc d'œuf aussi cuit, & exposé à l'air dans une cave, se résoud encore en une liqueur tout-à-fait insipide, & qu'on prendroit pour de l'eau pure; cependant cette eau pénetre la myrrhe, corps d'ailleurs si difficilement soluble, & la résoud mieux que ne pourroit le faire tout autre menstrue. Ceux pour qui ces effets font nouveaux, n'ont-ils pas raifon d'être furpris en voyant que des corps, qui font les plus doux de tous ceux que nous connoiffons, diffolvent des fubftances fur lefquelles tous les autres menftrues n'ont prefque aucune prife ? 70. Il fuit de-là que quoiqu'on puiffe démontrer phyfiquement qu'un menftrue eft acide, qu'il a une acrimonie lixivieufe, & qu'il eft d'une nature faline, on ne peut cependant pas en conclure *à priori* qu'un tel menftrue diffoudra un corps donné, avant qu'on foit inftruit par l'expérience de ce qui doit arriver. Car parcourez tous les acides connus, en commençant par les plus foibles, & en finiffant par les plus forts, vous n'en trouverez aucun qui aidé même par le feu, puiffe opérer la moindre folution fur du fouffre fimple, de quelque maniere que vous le mêliez avec lui. L'efprit de nitre, qui corrode en quelque façon tous les autres métaux, n'opére point fur l'or. On n'avance donc rien en difant que les acides peuvent diffoudre un métal ; puifque tel ou tel métal ne peut être diffout que par

cerrains acides déterminés. Si un
Chymiste qui seroit instruit par des
expériences réitérées de la vertu corrosive qu'un alcali caustique & trés-
fort déploye sur plusieurs corps, en
concluoit que son pouvoir s'étend sur
toutes sortes de corps, il se tromperoit grossiérement ; car il lui seroit
aisé de se convaincre que ce dissolvant ne produit aucun effet sur le
mercure, sur l'or ni sur l'argent. La
même variété d'effets se remarque encore dans les autres sels. Si l'on fait
cuire de l'argent avec de la crême de
tartre, il devient blanc ; ce qui ne lui
arrive point si on le fait bouillir avec
du sel marin. Si donc on veut parler
juste, on ne peut pas dire en général que les corps acides, alcalis &
salins soient des dissolvants ; si ce
n'est par rapport à certains objets
déterminés : dès qu'on va plus loin,
on se trouve en contradiction avec
la nature des choses. 8°. D'un autre
côté, parce qu'un Chymiste a remarqué qu'un corps a été dissout, il péche-
roit contre les regles de la prudence
s'il concluoit que la cause de cette solution est acide, alcaline ou saline, sans

que d'ailleurs aucune autre circonftance détermine la chofe. C'eft-là cependant une faute dans laquelle plufieurs Chymiftes font tombés, parce
que trop difpofés à donner dans des
généralités, auffi-tôt qu'ils ont vû une
diffolution s'operer, ils ont d'abord
crû connoître le Diffolvant. Quelqu'un, par exemple, qui feroit affu-
ré qu'un morceau d'or a été diffout
& qui fauroit en même tems que ce
métal ne peut être diffout par aucun
fel, connu jufqu'à péfent, que par
le fel marin, ou les autres Menftrues
qu'on produit avec ce fel, ne feroit
pourtant pas autorifé à prononcer que
cette folution a été operée par du fel
marin, car le mercure bien pur,
broyé avec de l'or auffi bien pur, le
pénétre, le corrompt, le rend fragile, & enfin le diffoud ; cependant
il n'y a pas dans la Nature des chofes un corps connu moins acide,
moins alcali, & moins falin que le
Mercure ; il n'y en a pas non plus
qui foit moins âcre, car il n'excite aucun fentiment douloureux lorfqu'on
en verfe dans l'œil, ou fur des nerfs
à découvert ; & tel qu'il eft, je le

répéte, il diffout l'or, qui réfifte à tout acide, à tout alcali, à tout corps âcre, & à tout fel connu, fi l'on en excepte le fel marin.9°. Mais voici encore quelque chofe de plus paradoxe ; tout ce pouvoir phyfique que nous appellons corofion, ou acrimonie rongeante, n'eft rien d'abfolu ; il eft uniquement relatif entre le corps corrofif, & tel corps particulier qui en eft corrodé, & nullement entre le corrofif & tous les autres corps.Si par exemple quelqu'un qui fe feroit fouvent convaincu par fa propre expérience, que l'eau forte eft un corrofif très-efficace pour les animaux, les végétaux & les foffiles, en concluoit qu'elle doit ronger avec beaucoup plus de facilité les autres corps qui font plus mols & plus tendres, il reconnoîtroit bientôt fon erreur,en y jettant de la cire molle, ou du fouffre qui eft un corps très-fragile. 10°.On ne raifonneroit pas mieux fi,parce que tel ou tel Menftrue eft très-doux par rapport à notre corps, fur lequel il n'a aucune prife, on en inféroit qu'il n'a pas le pouvoir d'en diffoudre d'autres. On peut par exemple fairer entrer dans son estomac & dans ses intestins près d'une livre d'huile d'olives sans en être incommodé ; & cependant cette même huile dissoud parfaitement & en peu de tems le souffre & la cire, qui resistent à tout acide corrosif. La Cire elle-même, quand elle est fondue, est un corps sans activité ; cependant on dit qu'elle extrait, quoique lentement, une teinture du corail ; remarquez que le corail pent soutenir pendant très-long-tems, sans aucune altération, le plus haut dégré de feu, & résister à toutes sortes d'alcalis. Or si des expériences particuliéres ne nous avoient pas appris cela, nous ne l'aurions pas aisément conjecturé *à priori*. Les corps qui nous paroissent les plus durs, & que nous avons même trouvés tels en les examinant par le feu, ne demandent donc pas toujours pour être dissouts les dissolvants qui donnent les plus grandes marques d'âcreté. Ceux qui se sont familiarisés avec cette doctrine ne trouveront aucune impossibilté dans la découverte d'un menstrue naturel ou artificiel, qui soit propre à dissoudre un corps particulier, quoiqu'il ne foit pas en état d'agir fur d'autres corps beaucoup plus foibles & plus mols. Le feul moyen de découvrit à cet égard quelque chofe d'utile, eft d'appliquer fucceffivement au corps qu'on veut diffoudre, toutes fortes de menftrues; car il peut arriver que cette folution s'opérera par celui qu'on croyoit le moins propre pour cela. Jufques ici les pierres, qui fe forment dans la veffie, & les cancers font à l'épreuve de tous les remèdes, cependant il ne faut pas defefperer de trouver un médicament, qui fans endommager la veffie, puiffe diffoudre la pierre qui y eft; ce qui vient d'être dit prouve que la folution de cette pierre, ne doit pas toujours emporter avec foi l'érofion de la veffie. L'efprit de pain de fegle, par exemple, a la merveilleufe propriété de diffoudre certaines pierres, cependant il ne corrode en aucune façon les parties du corps humain. De même l'eau que donne un blanc d'œuf cuit, verfée dans l'œil n'y caufe aucune douleur, quoiqu'elle ait la propriété de diffoudre plufieurs corps. 11°. La plû-

part des menstrues éprouvent une réaction des corps qu'ils dissolvent, car
pendant qu'ils sont occupés à changer ces corps, ils en sont aussi changés a leur tour. Il y a très - peu de
menstrues qui ne soient pas dans ce
cas. L'eau, l'alcohol & le mercure ne
sont pas changés beaucoup à la vérité, cependant ils le sont peu-à-peu;
pour ne parler que du mercure, quoi
qu'on le dise inaltérable lorsqu'il est
bien pur, il ne laisse pas d'éprouver
quelque changement quand on l'unit
avec d'autres substances; car en même tems que celles-ci le salissent,
elles le changent aussi en quelque façon, même quand par la transmuta-
tion il se convertit en métal. 120.C'est
souvent une erreur de croire que tous
les menstrues dissolvent toujours
mieux à proportion qu'ils sont plus
purifiés, & que par là on leur a
communiqué toute la force dont ils
sont susceptibles. Il arrive souvent,
au contraire, qu'un dissolvant perd
de sa force à ptoportion qu'il est
plus pur. Si l'on veut avoir, par
exemple, du vitriol de plomb, &
que pour cela on fasse dissoudre ce

T

métal dans l'eau forte, il se dissoudra plus difficilement dans de l'esprit
de nitre bien fort, que dans ce même esprit délayé d'une quantité suffisante d'eau. La même chose arrive
avec le fer, qui se dissoud dans de
l'huile de vitriol délayé par quatre
fois autant d'eau, mais qui devient
en un moment une masse immobile
dans de l'huile de vitriol bien pure.
Il en est de même de l'alcohol qui
coagule plusieurs corps, qui sont dissouts par l'esprit de vin ordinaire ;
cela se voit dans le sang humain
qui se délaye très-bien avec de l'esprit de vin commun, mais qui se
condense d'abord dès qu'on le mêle
avec de l'espit de vin rectifié. Concluons donc de-là que la force dissolvante d'un menstrue n'est pas
toujours plus grande, a proportion
qu'on porte ce menstrue à un plus
haut dégré de perfection & de simplicité. Cependant ce même menstrue
pourra être appliqué a certains corps,
qu'il ne saura dissoudre, s'il n'est pas
aussi pur qu'il est possible. C'est ainsi
que si nous voulons dissoudre exactement des huiles distillées, en une

liqueur homogène, par l'esprit de vin, il faut auparavant que celui-ci soit rectifié au point que d'être un alcohol très-pure, autrement il ne produit aucun effet. S'il faut diffoudre du fuccin dans de l'esprit de vin, on doit employer de l'alcohol, autant rectifié qu'il est poffible. On ne peut donc pas décider abfolument fi les menftrues doivent être purs ou délayés, pour opérer certains changemens fur les corps : il faut auparavant déterminer la chofe par des expériences. 13°. Mais ce qu'il y a de plus remarquable dans tout ceci, c'eft que par les folutions que les menftrues opérent, il fe produit quelquefois dans la nature des chofes des forces nouvelles, qui n'exiftoient auparavant ni dans les menftrues mêmes, ni dans les corps qu'ils ont diffout, mais qui dépendent uniquement de l'union de tous les deux par la folution. Un enfant, par exemple, peut avaler impunément trois grains de mercure, & boire fept ou huit grains de fel marin, fans en être incommodé ; mais qu'on lui faffe prendre quatre grains de ces deux fubf-

T ij

tances, unies enſemble en mercure ſublimé corroſif, ce ſera là pour lui un poiſon très-violent. On peut auſſi donner à un enfant trente grains d'antimoine crud pulvériſé, & autant de nitre délayé comme il faut, ſans craindre aucune mauvaiſe ſuite. Mais pulvériſez & mêlez enſemble ces deux choſes, enſuite mettez-y le feu, en un moment vous aurez un *Crocus Metallorum*, ou ſaffran de métaux, dont ſix grains avallés par un enfant ſuffiroient pour lui donner la mort. Que les Chymiſtes inſtruits de cela, ne s'imaginent donc plus que les produits des ſolutions qu'ils ont opéré, ſont toujours des remedes, ou que du moins ils ne nuiſent point au corps humain, parce que les corps ſimples qu'ils ont employé pour former ces corps compoſés, étoient des remedes, ou du moins n'avoient aucune qualité nuiſible. Je ſuis porté à croire que le mauvais ſuccès des remedes qui ont ſi décrédité la Chymie, eſt dû aux concluſions trop précipitées des Chymiſtes ſur cette matiere : car rien ne m'a paru plus étonnant que la hardieſſe avec laquelle ils décrivent, auffi bien que les Médecins, les vertus médicinales de chacun des corps qu'ils ont préparé par leur art. Pour fçavoir que penfer là-deffus il n'y a qu'à parcourir le Traité de Bafile Valentin, intitulé : Le Char de Triomphe de l'Antimoine. A mon avis un Charpentier, un Maçon & tout autre Artifan a le même droit de louer ce qu'il fait. Les Médecins donc qui ont véritablement à cœur le bien de la fociété, & qui cherchent uniquement la vérité, doivent toujours être en garde contre ce défaut ; & s'ils jugent à propos de faire quelques expériences, lorfqu'il s'agit de connoître la force de quelque nouveau remede, il faut que ce foit avec toute la prudence poffible, en procédant lentement, en ne donnant que de petites dofes, & en obfervant attentivement tout ce qui arrive. Par cette méthode la Doctrine des menftrues pourra frayer la route pour la découverte de tout ce que la Chymie a de plus excellent ; car fi l'on examine les diverfes claffes qui viennent d'être décrites, avec les objets

T iij

qui ont été affignés à chacune ; fi l'on confidere attentivement les marques qui les caracterifent , alors feulement on pourra faire ufage des préceptes de cette doctrine pour déterminer d'avance , autant qu'il fera poffible , ce qui doit arriver quand on applique un corps à un autre ; & cependant on remarquera en-encore qu'il arrive tous les jours des chofes qu'on n'avoit pas prévues. Voilà tout ce que j'avois à dire fur cette matiere ; & c'eft avec plaifir que je me fuis fi fort étendu fur un objet fi intéreffant. Paffons à autre chofe.

Du Menftrue Univerfel , ou de l'Alcaheft.

Auteurs qui ont parlé de ce Menftrue.

Si l'on réfléchit attentivement fur tout ce qui précéde , on fera porté à croire que toutes les folutions chymiques, à l'exception d'un petit nombre , qui font purement mécaniques, s'operent uniquement par l'attraction & la répulfion qui a lieu entre les parties du diffolvant & du corps à diffoudre ; & que par conféquent l'action qui produit ces solutions dépend d'une relation qu'il y a entre ces deux choses. Ainsi en suivant les regles connues de l'Art on ne sçauroit assigner aucun corps, soit naturel soit artificiel, qui put dissoudre indifféremment toutes sortes d'autres corps. Il est même impossible d'indiquer un seul moyen physique pour opérer ainsi une solution universelle. Cependant on trouve dans les ouvrages de Van-Helmont le Pere, l'histoire d'un menstrue secret qu'on dit que Paracelse a eu, & auquel il a donné le nom d'Alcahest, suivant la maniere ordinaire de parler. Si, comme Van-Helmont le jure hardiment, un tel secret a jamais été connu, il faut le regarder comme le don le plus précieux que DIEU ait accordé aux hommes par le moyen de la Chymie, & même de tout autre Art. Ce seroit un trésor d'un bien plus grand prix que la pierre philosophale, puisque par son moyen on pourroit se procurer aisément tout ce qui seroit nécessaire pour conserver sa santé & pour acquérir des richesses. C'est-là le jugement qu'en a porté Boyle, &

T iv

avec raison ; mais quelques efforts qu'ait fait cet habile homme, non seulement il n'a pas pû parvenir à découvrir ce secret, mais il doute même avec fondement s'il a jamais existé. Cependant depuis que les Ouvrages de Van-Helmont ont paru, les Chymistes les plus distingués ont parlé partout dans leurs écrits de ce menstrue comme d'une chose qui leur étoit connue. Il y a eu des imposteurs qui se sont servis utilement de ce prétendu secret, pour tirer de l'argent de ceux qui vouloient le sçavoir. Des gens plus prudens, incertains de ce qu'il en falloit croire, n'ont rien osé déterminer. Cela m'a engagé à raconter au juste l'Histoire de ce menstrue, telle qu'elle est rapportée par les Auteurs qui en ont écrit ; on connoîtra par-là quel a été le sentiment de ceux qui prétendent avoir possédé, & avoir fait usage de ce secret. Au reste il faut remarquer que tout ceux qui en ont parlé ont tiré de Van-Helmont ce qu'ils en ont dit ; car par ce que dit Paracelse de l'Alcahest, personne n'auroit deviné de quoi il s'agit, si Van-

Helmont ne nous avoit pas dévoi-
lé le sens mystérieux de ce mot singulier. Comme je ne possede pas
moi-même ce secret du feu, tout ce
que je puis faire se réduit à examiner,
à comparer, & à rapporter fidelle-
ment ce qui en a été dit. C'est-là le
seul moyen de parvenir à le découvrir, si ceux qui en ont parlé l'ont
eu réellement, & si leur intention a
été de le faire connoître à leurs Lec-
teurs. Par-là quiconque voudra entreprendre ce grand ouvrage sçaura
sur quelle matiere il doit s'occuper,
& quels instrumens il faut qu'il employe, pour ne pas perdre son tems
& sa peine. On en tirera encore l'a-
vantage de pouvoir être sur ses gardes, pour ne pas se laisser duper par
certains dont tout le mérite consiste
dans les expressions empoulées dont
il se servent sans rien sçavoir de ce
qu'ils promettent : il sera aisé de les
connoîrre lorsqu'on sera au fait de la
doctrine de Paracelse & de Van-Helmont sur cet article. Je m'en suis
servis inutilement lorsque j'ai eu à
faire avec des imposteurs & des igno-
rans de ce genre.

T v

Commençons par examiner le nom d'Alcaheſt , qu'on donne à ce menſtrue. Paracelſe eſt le premier de tous les Auteurs & de tous les Chymiſtes, qui ait employé ce mot ; & je n'ai remarqué qu'un ſeul endroit de ſes Ouvrages , où il en eſt fait uſage , c'eſt dans ſon Traité de *Viribus Membrorum L. II. C. 6.* Voici ce qu'il dit. *La liqueur Alcaheſt agit très-efficacement ſur le foye ; elle le ſoutient , le fortifie & le préſerve contre l'hydropiſie & les autres maladies auſquelles il eſt ſujet. Le procédé de cette liqueur eſt telle qu'après ſa coagulation elle ſe réſoud , & ſe coagule de nouveau en forme différente ; comme on le voit dans ſon procédé de coagulation & de réſolution. Et alors ſi elle ſurmonte ſon ſemblable , c'eſt un remede ſouverain pour les maladies du foie ; & quand même celui-ci ſeroit entiérement conſumé , elle ſupplée à ſon défaut , de façon qu'on ne s'apperçoit pas qu'il ſoit conſumé. Tous ceux donc qui s'appliquent à la Médecine , doivent ſçavoir préparer l'alcaheſt pour guérir pluſieurs maladies.* Voilà le ſeul paſſage où Paracelſe employe ce mot ; il ne s'en eſt

donc fervi que deux fois , au moins
ne l'ai-je trouvé nulle part ailleurs
dans fes Ouvrages, quoique je les aye
examiné tous avec avec beaucoup de
foin. Perfonne n'auroit donc plus
penfé à ce merveilleux fecret , fi
Van-Helmont ne l'avoit pas tiré enfuite de l'oubli par fon commen-
taire.

 On a tâché de trouver l'origine de
ce nouveau mot , fabriqué par Paracelfe , & comme on a remarqué qu'il
lui arrivoit fouvent de déguifer les
mots , en tranfpofant des lettres , on
a cru qu'il avoit fait la même chofe ici:
quelquefois auffi en joignant enfemble les lettres initiales de différens mots
il en forme d'autres , que perfonne
n'a employé avant lui. Si par exemple , il veut dire que le tartre eft bon
pour diffoudre ce qui charge la ratte ,
au lieu que le mot latin *Tartarus* , il
fe fert de celui de Sutratar. *Lib. II.*
de Vir. Membr. C. 7. Quand il pref-
crit pour les maladies des reins le faf-
fran , que les Chymiftes appellent
Aroma Philofophorum , à caufe de fa
couleur d'or, il lui donne le nom d'A-
roph. L. II. *De Vir. Memb.* C. 10.

Etymologie de ce nom.

De-là quelques Auteurs ont conjecturé que le mot Alcaheſt étoit fait de ces deux autres mots *Alcali eſt*, d'où ils ont conclu que l'Alcaheſt avoit toujours pour baſe du ſel alcali, ſaturé d'une quantité ſuffiſante d'acide. *Rolfinc Eph. Germ. d. 12. Ann. VI. VII. pag. 193. Rulandus in Lexico.* D'autres ont cru que ce nom étoit employé à la place de celui de *Saltz-geiſt*, parce qu'ils s'imaginent que ſi l'alcaheſt eſt la même choſe que le *circulatum*, il ſe fait de ſel marin coagulé, réſout, & coagulé de nouveau en une forme différente. Quelques perſonnes ont ſoupçonné que le mot d'alcaheſt n'étoit autre choſe que celui d'*Algeiſt* un peu déguiſé, & que par conſéquent il ſignifie un eſprit parfaitement pur & ſimple ; la raiſon ſur laquelle ce ſoupçon ſemble fondé, eſt que l'alcaheſt agit par la coagulation, par la réſolution, & par une nouvelle coagulation. Ça été là auſſi le ſentiment de Faber, qui dit que c'eſt un eſprit pur, mercuriel, métallique, & tellement lié à ſon corps, qu'ils ne forment enſemble qu'une ſeule ſubſtance inſéparable &

indeſtructible. *Ephem. Germ. D. II.*
Ann. 8. App. III. Mais comme toutes ces recherches étymologiques ne
nous apprennent rien de certain,
paſſons aux mots ſynonymes ; peut-
être qu'en les comparant enſemble
nous pourrons voir plus clair dans
cette matiere. Paracelſe n'en fournit
aucun qui ne ſoit connu ; mais on en
trouve dans Van-Helmont pluſieurs
que nous allons examiner ; car cet
Auteur eſt le ſeul qui puiſſe nous ai-
der en ceci , puiſqu'il prétend avoir
eu part au ſecret.

Premiérement donc il nomme ſim- *Ses Synony-*
plement l'alcaheſt eau. Il dit , p. 88. *mes.*
§. 27. qu'il connoiſſoit une eau, ſur
laquelle il vouloit garder le ſilence ,
qui transformoit tous les végétaux
en un ſuc diſtillable ſans laiſſer aucunes féces au fond du vaſe. Il rapporte dans le même endroit §. 29.
qu'il avoit mêlé une certaine eau avec
une égale quantité de charbons de
chêne , & qu'il avoit fait digérer la
chaleur modérée d'un bain dans la
chaleur d'un vaiſſeau ſcellé hermétiquement. Il appelle cette eau une eau
épaiſſe, quand il dit §. 28. qu'il eſt

parlé dans le premier Chapitre du second Livre des Machabées, d'une eau épaisse, qui étoit un feu perpétuel, & qui étoit peut-être la même que la sienne. Dans d'autres endroits il l'appelle une eau dissolvante, comme à la page 62. où il dit que l'alcahest est une eau immuable & dissolvante. Il lui donne p. 377. §. 3. un nom plus approchant de sa nature, en l'appellant d'un seul mot Feu-Eau. Dans ce passage il raconte d'une maniere allégorique, de quelle façon il étoit parvenu à sa science, & entr'autres choses il feint d'avoir reçu une phiole, qui contenoit du Feu-Eau; nom ajoute-t-il qui ne fait qu'un seul mot, qui est tout-à-fait simple, singulier, indéclinable, inséparable, immuable, immortel. Il le nomme aussi un fluide, qu'il designe en latin par le mot *Latex*, & qu'il dit être réduit en atômes aussi petits qu'il peut y en avoir dans la nature des choses page 94. §. 28. Souvent aussi il l'appelle une liqueur ; tous les corps, dit-il, page 85. §. 6. se convertissent facilement en eau, si on les mêle avec la liqueur alcahest

de Paracelse. Il dit aussi à la page
119. §. 89. que par le feu de la gehenne, qui est la liqueur alcahest de
Paracelse, on peut sçavoir quelle
quantité d'un des luminaires est contenue dans un végétable. Voyez encore p. 265. §. 11. p. 384. §. 43. p.
419. pag. 628. pag. 700. §. 23.
pag. 706. §. 10. pag. 714. §. 27.
pag. 776. §. 11. Il lui donne aussi
pag. 88. pag. 29. l'épithéte de liqueur dissolvante. Tout cela semble insinuer que ce menstrue est un
corps liquide, humide & semblable
à de l'eau. Outre le passage, que nous
venons de citer, & où ce même dissolvant est appellé feu de la gehenne,
il est dit encore pag. 45. 15, que le
sable naturel, resiste à l'art & à la nature, & que rien ne peut lui faire perdre sa constance, excepté le feu artificiel de la gehenne, qui le convertit
en sel. Si donc Van-Helmont a suivi
Paracelse en ceci, cette epithete
pourra nous faire découvrir en quoi
consiste l'alcahest ; car Paracelse a
décrit ce feu de la gehenne, comme
nous le verrons bien-tôt en parlant
de l'alcahest même. Van-Helmont

dit encore que cet Alcaheft eft le fel le plus parfait & le plus heureux, le fel qui eft parvenu au plus haut dégré de pureté & de fubtilité poffible, pag. 380. §. 24. & il femble que c'eft pour cela qu'il l'appelle *Ens primum falium* pag. 419., *Circulatum majus*, *Sal circulatum* & pag. 576. *Sal circulatus* pag. 628. *Sal circulatus Paracelfi* pag. 700. §. 33. parce que Paracelfe en parle dans fon Traité intitulé : *De Renovatione & Reftauratione*. Si donc Van-Helmont a parlé fincèrement en tout ceci, & s'il a dit vrai, nous pourrons tirer des Sinonymes que nous venons de rapporter, & des écrits de Paracelfe, quelque lumière fur ce merveilleux menftrue.

Son origine. Mais avant que de travailler à cela, nous devons confiderer qu'elle eft fon origine. Il ne faut pas la chercher dans la Nature des chofes ; elle ne s'y trouve nulle part. Van-Helmont affure pofitivement, *p.* 56. §. 12. que de la terre peut être réduite en partie & d'une maniere homogène par l'Art, en eau ; mais il nie en même-tems que cela puiffe jamais fe faire par la Naturè feule ; parce que la Nature manque de cet agent qui eſt capable de réduire en ſel & en eau la véritable Terre. Il n'y a que la Chymie qui puiſſe produire cet effet, elle ſeule trouve une liqueur qui ne ſauroit être changée, parce qu'elle eſt réduite en atômes auſſi petits qu'il peut y en avoir, pag. 94. §. 27. 28. Encore ne faut-il pas croire que ce ſoit là l'ouvrage de la Chymie ordinaire ; ce grand œuvre n'eſt produit que par le travail de la Sageſſe, *ibid.* & pag. 700. §. 23. Pour en venir à bout il faut être parvenu au plus haut dégré de perfection de l'Art ; ce diſſolvant univerſel eſt le chef-d'œuvre de la Chymie, pag. 387. §. 65. & même la préparation de l'alcaheſt eſt l'opération la plus difficile & la plus pénible de toute la Chymie. La connoiſſance de cette opération ne s'acquiert point par la lecture ou par la méditation ; mais par une plénitude de ſcience doublement confirmée ; ainſi ceux qui ont le bonheur de l'obtenir ſont très-rares, pag. 700. §. 23. L'entendement humain n'eſt pas en état de le comprendre, par conſéquent un homme, qûelle que foit fon habillité dans l'Art, ne parviendra point à connoî-tre ce fecret, s'il ne lui eft révelé d'une façon particuliere par le Très-Haut ; car pour en jouir, il faut avoir le privilége du nombre des Elûs, pag. 714. 27. Dieu en refte le feul difpen-fateur, & cela pour des raifons con-nues aux Adeptes, pag. 704. §. 2. De tout cela il faut conclure que ceux qui prétendent pouvoir le trouver ai-fément, fe trompent très-groffiére-ment, & que ces gens qui le pro-mettent avec tant d'emphafe, don-nent par-là même une preuve de leur ignorance & de leur mauvaife foi. Il ne faut pas qu'ils difent qu'il y a plufieurs Menftrues de ce genre, car Van - Helmont affure pofitivement que comme dans la Nature des cho-fes il n'y a qu'un feul feu, & un feul Vulcain ardent, de même il n'y a qu'une feule liqueur capable de dif-foudre tous les corps folides en leur matiere primitive, & cela fans leur caufer aucun changement, ni fans rien diminuer de leur force ; ce qui eft un fait connu & attefté de tous les adep-tes p. 677. 678. §. 6. Fondé fur cette doctrine, j'ai souvent fermé la bouche à des gens destitués de science, mais riches en promesses & en espérances, ou à des fourbes qui cherchoient des dupes. Dès que je leur avois arraché quelques réponse par deux ou trois questions que je leur proposois, j'en avois assez pour connoître leur ignorance sur le sujet qu'ils se vantoient de connoître.

Voyons à présent quelles sont les étonnantes propriétés qu'on attribue à ce merveilleux secret. Ce Menstrue peut exercer sa vertu dissolvante sur toutes les substances qui tombent sous nos sens, il agit sur les corps simples, sur les composés, sur les volatils, sur les fixes, sur les solides, sur les liquides, sur les animaux, sur les végétaux, sur les fossiles, & même sur l'or & le mercure, sur l'intérieur desquels aucun autre agent ne peut opérer. Notre mécanique, dit Van-Helmont, m'a appris que toutes sortes de corps, savoir des pierres communes, des pierres précieuses, des cailloux, du sable, des marcassites, de l'argile, des briques, du verre, de la chaux, du souffre & autres choses semblables, peuvent se métamorphoser en un sel actuel égal en poids au corps d'où il a été tiré ; je sais même réduire en leurs trois principes les plantes, les chairs, les os, les poissons & tout autre corps de cette espèce. Quant au métal dont la semence est mêlée uniformément, & au sablé, ils se convertissent difficilement en sel, pag. 43. §. 11. Car le sable ou la terre originelle, résiste tant à l'Art qu'à la nature, & il n'est pas possible de lui faire perdre sa constance primitive par aucun moyen naturel ou artificiel: c'est uniquement sous le feu artificiel de la gehenne qu'il devient sel & enfin eau, pag. 45. §, 15. L'alcahest de Parcelse, dit encore Van-Helmont, métamorphose tous les corps naturels, en les subtilisant, p. 55. §. 7. dans un autre endroit il assure que tous les corps sont réduits facilement en eau, par le moyen de la liqueur alcahest de Paracelse ; pag. 85. § 6. & que cela arrive même à ceux qu'on ne peut diviser autrement dans les trois principes qui les composent. *ibid.* Cette liqueur, suivant le même Auteur, change aussi tous les végétaux en un suc, qui se distille sans laisser aucun marc au fond du verre, p. 88. §. 27. elle produit même cet effet sur le charbon de chêne, *ibid*. §. 29. Elle seule réduit parfaitement tous *les corps* sensibles, qui sont dans l'Univers, à leur premiere vie, pag. 265. §. 11. Elle agit même sur tous les venins, pag. 374. §. 36. Elle dissout tous les autres corps, excepté elle-même, de la même maniere que l'eau chaude fond la nége, pag. 380. §. 24. p. 307, §. 65. Elle dissoud l'huile même & l'esprit de vin, pag. 576. les bois de cédre, pag. 634. toutes les espèces d'élixir de propriété, pag. 635. la pierre qu'on appelle *Ludus Paracelsi*, pag. 700. Le mercure, pag. 776. §. 10. 11. & l'or même, pag. 706. §. 10. qui d'ailleurs ne peut pas être détruit radicalement par la séparation des principes qui le composent ; puisqu'il est beaucoup plus facile de faire de l'or, avec ce qui n'est pas or, que de convertir ce métal en quelque autre chose qui ne soit pas or. C'est-là une vérité dont tous les Adeptes conviennent.

Considérons à présent de quelle

maniere l'alcaheſt déploye ſa vertu ſur les corps. Sa force eſt toujours ex- citée par le feu qui doit leur être ap- pliqué dans un dégré modéré, ſoit pour la digeſtion, ou pour la diſtilla- tion, ou pour la cohobation. Car Van-Helmont nous dit qu'ayant mis du charbon de chêne & de l'alcaheſt en parties égales dans un vaiſſeau de verre ſcellé hermétiquement, il fit di- gérer ce mêlange pendant 3 jours à la vapeur d'un bain, & qu'au bout de ce tems la ſolution ſe trouva finie, pag. 88. §. 29. ſuivant encore le même Auteur, le ſel circulé métamorphoſe d'une façon, merveilleuſe toutes ſor- tes d'huiles, & l'eſprit de vin, par la ſeule digeſtion, pag. 567. Si l'on fait digérer à une chaleur modéré de l'al- caheſt avec des fragmens de bois de cedre égal, dans un vaiſſeau de verre bien ſcellé, au bout d'une ſemaine tout le bois ſe trouve changé en une li- queur ſemblable à du lait, p. 634. & quelquefois même une ſeule diſtilla- tion ſuffit pour produire cette effet. Car ſi l'on diſtille une fois de l'alcaheſt de deſſus du mercure ordinaire, il le laiſſe au fond du vaſe, coagulé, ſpul-

vérifable, & fans avoir rien perdu ou gagné en péfanteur, 628. & cela s'o-
père dans l'efpace d'un quart d'heure, pag. 776. Mais quelquefois auffi pour qu'il produife fon effet, il faut employer la cohobation. Car fouvent les corps convertis en un fel de même poids, doivent être cohobés quelque-fois avec le fel circulé de Paracelfe, avant qu'on puiffe leur faire perdre entierement leur fixité pag. 43, §. 11. cela eft vrai fur-tout des méteaux, particuliérement de l'or, à caufe du mêlange uniforme de fa femence, *ibid.* Mais d'un autre côté, fi l'on fé-pare par une feule diftillation l'alca-heft de la pierre qu'on appelle *Ludus* ou *Cevilla Paracelfi*, au bout de deux heures toute la pierre fe trouve con-vertie en un fel de même péfanteur. Voilà tout ce que j'ai pû découvrir fur l'application de ce Menftrue uni-verfel ; & rien ne nous porte à croire qu'il demande un plus grand dégré de feu, ainfi par l'agitation douce que le feu communique à fes parties, il peut diffoudre tous les corps; car dans la diftillation il eft élevé par le fecond dégré du feu de fable, p. 88. §. 29.

mais il ne monte point par la chaleur tiéde d'un bain. p. 87. §. 29. p. 634.

Ses effets.   Les changemens phyſiques qu'on attribue à l'action de ce Menſtrüe, ſont ce que l'on a obſervé & ce que l'on rapporte de plus merveilleux entre les effets qui s'opérent dans l'Univers. Il convertit toute la ſubſtance de l'objet ſur lequel il travaille en une maſſe métamorphoſée qui par cette opération n'a abſolument rien perdu ni gagnée en péſanteur, qui eſt toujours liquide ou ſaline. Il y a cependant ici quelque diverſité, car le mercure eſt changé par l'alcaheſt en une poudre fixe, pulvériſable, qui reſiſte au feu de forge, qui garde ſa conſtance dans le plomb, pag. 776. §. 10. 11. mais preſque tous les autres corps ſont métamorphoſé en un ſel de même poids pag. 43. §. 11. 15. pag. 56. §. 12. Le charbon de chêne eſt d'abord converti en deux liqueurs tranſparentes, différentes par leur ſituation & par leur couleur, pag. 88. §. 29. Le bois de cédre ſe change en une liqueur ſemblable à du lait, & dont la péſanteur eſt la même avant & après l'opération. Enſuite

il

il se convertit en une huile de deux espèces différentes : & la seule diges-
tion fait de cette huile un sel pur,
qui peut se mêler avec de l'eau, pag.
634. La pierre nommé *Ludus* ou *Ce-*
villa Paracelsi, qui se trouve au fond
de l'Escaut, près d'Anvers, est changée entiérement dans l'espace de
deux heures, par une simple distillation douce, en un sel de même poids
que le sel dont il a été tiré, & qui
exposé à l'air se fond & devient une
humeur liquide qui ne dépose aucunes féces, pag. 700. §. 23. Tout cela nous prouve que la solution qui
est opérée par l'alcahest, se fait d'a-
bord en différentes manieres, mais
qu'enfin elle aboutit toujours à réduire les corps dissouts en une espéce
de sel, qui est soluble dans l'eau à
l'exception du mercure, qui ne peut
pas être converti en sel, à cause de sa
grande simplicité, qui surpasse celle
de l'or, & qui approche de celle de
l'eau pure ; ce qui le met à l'abri de
toute division radicale tant naturelle
qu'artificielle, & par conséquent de
toute destruction ; page 55. §. 8.
p. 705. §. 1. 10. Cependant les corps

V

qui ont été ainsi réduits en sel par l'alcaheſt, ſans rien perdre de leur poids, retiennent encore celles de leurs vertus, qui dépendent de leur propriété ſeminale, & qui par conſéquent leur ſont particulieres, ſans ſe trouver dans d'autres. C'eſt de cet effet que parle Van - Helmont p. 55. §. 7. l'alcaheſt de Paracelſe, dit-il, transforme tous les corps de la nature, en les rendant ſubtils ; car lorſqu'ils ſont parvenus au plus haut point de ſubtilité poſſible, alors ils ſe changent en une autre ſubſtance, & retiennent cependant leurs propriétés ſeminales. Il prétend, page 387. §. 65. que par le diſſolvant univerſel, tous les corps retournent à leur premier Etre, & qu'alors ils étalent leurs qualités natives, qui les mettent en état d'agir avec un pouvoir très-grand & illimité. Il s'exprime encore plus clairement quand il aſſure page 677. 678. §. 6. que cette liqueur eſt la ſeule qui diſſoud tous les corps ſolides en leur matiere primitive, & cela ſans leur cauſer aucune diminution ni aucune altération. Ainſi, apprenez à connoître, s'écrie

t-il, ce diffolvant homogène & immuable, qui diffoud les corps dans
leur premiere matiere liquide; par là
vous pourrez pénétrer jufques dans
les effences lés plus intimes des chofes & découvrir leurs qualités, p.
780. §. 25. Par ce moyen donc
tous les corps fe convertiffent en une
matiere faline & volatile qui retient
l'efprit recteur particulier à chacun
d'eux. Cette matiere peut fe mêler intimément avec les humeurs du corps
humain, & pénétrer avec elle dans
tous fes vaiffeaux où elle agit en che-
min faifant avec les vertus qui lui font
propres; c'eft quand les corps diffouts
font réduits à cet état, qu'on dit qu'ils
font potables. Ainfi on peut comprendre par là ce que les Adeptes ont
entendus par l'or potable, & il eft
aifé de démontrer que ceux qui fe
vantent d'en avoir le fecret s'applau-
diffent très-mal à propos. L'or corrodé par des acides donne toujours des
parcelles de véritable or, cachées
dans le diffolvant; mais l'or potable
des Philofophes eft une liqueur faline du même poids que l'or, avec lequel elle a été faite; c'eft une liqueur

entiérement dégagée de toute particule de menstrue ; c'est la pure matiere primitive ou le premier être de
l'or , p. 700. §. 23. Et il ne faut pas
oublier cette circonstance, qui est
très-remarquable, c'est que l'alcahest
ne se mêle jamais avec les corps qu'il
a dissout, mais s'en sépare toujours
entiérement , par-là il n'augmente ni
ne diminue la substance des corps ; il
la laisse telle qu'elle étoit quand il a
commencé à opérer sur elle. Cela paroît manifestement par ce que dit Van-
Helmont p. 88. §. 28 ; où il assure
que quand le charbon de chêne est
ainsi dissout, il s'en éleve par la chaleur d'un bain deux liqueurs différentes en situation & en couleur, &
que la liqueur dissolvante reste au
fond du vaisseau , sans que son poids
soit changé en aucune façon. Il n'a
trouvé aucun corps avec lequel cet
alcahest pût s'unir ; il est trop pur &
trop subtil pour cela ; & comme il
est réduit en atômes aussi petits qu'il
est possible , il méprise tout ferment
& reste toujours seul, p. 94. §. 27.
28. Par conséquent il agit seulement
par une action externe, sans s'unir

avec le corps qu'il change ; c'est ainsi que le feu le plus pur agit ordinairement sur son objet , & que l'eau chaude fond la neige. page 380. §. 24. 8. 24. page 677. 678. §. 6. Cette liqueur ne laisse pas même une seule des particules dont elle est composée dans le corps qu'elle a dissout. page 776. §. 10. 11. Ce menstrue paroît donc avoir pardessus tous les autres deux priviléges bien singuliers. Le premier , c'est qu'il n'agit ni par attraction ni par répulsion , mais uniquement par une vertu dissolvante mécanique ; ce qui est contraire à la maniere d'agir de tous les autres , excepté peut-être à celle du feu seul. Le second consiste en ce qu'il conserve toujours toutes les forces natives des corps qu'il dissoud , & que cependant il ôte aux poissons leur force , les prive de ce qu'ils ont de nuisible , & leur communique même d'excellentes vertus médicinales , en les réduisant à leurs premiers être , page 374. §. 49 ; circonstance qu'il est bien difficile de comprendre. Lorsque toutes sortes de corps ons été ainsi réduits par l'alcahest en leur premier être sa-

lin & volatil , fans rien perdre de
leurs qualités naturelles ; ils perdent
leur nature faline, fi l'on continue de
les preffer par l'action de ce même diffolvant ; par-là on les prive de toute
leur vertu propre & féminale ; &
ils deviennent tous , quelque différence qu'il y ait entr'eux , une eau
fans activité , fans odeur, infipide &
élémentaire. Ainfi en pouffant trop
loin l'opération , on perd tout ce
qu'on avoit produit de bon auparavant ; & tout ce que l'on gagne c'eft
de fe convaincre que la matiere primitive de tous les corps qui tombent
fous les fens , eft de l'eau , fur laquelle
l'alcaheft ne peut rien opérer , mais
qui imprégnée de la vertu féminale
de quelqu'autre femence , peut fe
convertir en quelque nouveau corps
que ce foit. Auffi Van-Helmont dit-
il que tout corps eft transformé en un
fel actuel , fans fubir aucun changement dans fon poids. Que ce fel cohobé quelquefois avec le fel circulé
de Paracelfe , perd toute fa fixité,
& fe convertit enfin en une liqueur
qui devient elle-même une eau infipide, de même poids que le fel d'où

elle tire son origine , p. 43. §. 11. Le
sable originel est converti uniquement
par le feu de la gehenne en sel, & ensuite en eau, pag. 45. §. 15. Je connois une eau , dit encore cet Auteur,
qui transforme tous les végétaux en
un suc distillable, sans laisser de féces
au fond du verre , & qui distillé avec
des alcalis , se convertit tout-à-fait
en une eau élémentaire & insipide ,
pag. 88. §. 27. Le charbon de chêne,
converti par l'alcahest en deux sortes
de liqueurs, & distillé avec uu peu de
craie monte sans presque rien perdre de son poids, & a toutes les
qualités de l'eau de pluie, page 88.
§. 20. Ainsi tous les corps deviennent
tellement volatils, que la chaleur d'un
bain suffit pour les exalter & leur faire
quitter l'alcahest qui reste au fond du
vase, pag. 88. §. 29. pag, 380. §. 24.
pag. 634.

    Ce qu'il y a ici de plus surprenant, *Son immuta-*
c'est que pendant que ce menstrue *bilité.*
produit des effets si merveilleux sur
toutes sortes de corps, lui-même n'en
est changé en aucune façon. Ainsi à
cet égard encore, il est entiérement
samblable au feu, & peut avec raison

V iv

lui être comparé. On exprime donc très-bien la nature de son action, quand on dit qu'il agit sur toutes sortes de corps, sans éprouver de leur part aucune réaction, pag 45, §. 15. Ce menstrue, dit encore Van-Helmont, après avoir operé cette merveilleuse solution sur le charbon de chêne, est resté au fond du vase sans aucune alteration dans son poids ou dans ses propriétés, p. 88. §. 29. Il ne faut pas espérer qu'il se transforme jamais, parce qu'il ne trouve aucun corps assez digne pour s'unir avec lui, & il est dégagé de tout ferment avec lequel il puisse se mêler, & qui soit en état de le soumettre; ainsi il ne sauroit mourir, pag. 54. §. 27, 28. Quand il agit de la maniere la plus parfaite, il reduit tout corps sensible à sa vie moyenne, sans souffrir aucun changement, ni aucune diminution dans ses forces, pag. 265. §. 11. Il est donc immuable & immortel; pag. 377. §. 3. Il est le seul qui ne se change pas en agissant, pag. 380. §. 24. pag. 628. 634. 677. 678. §. 6. Ainsi il agit sans qu'il arrive aucune réaction de la part du

corps qui fouffre, ni aucune diminution dans l'agent. pag. 704. §. 27.
pag. 776. §. 10. 11. Car ce diffolvant
eft homogène & immuable, pag. 780.
§. 25. il eft toujours le même en
nombre, en poids & en activité;
par fa milliéme action, il opére autant que par la premiere. pag. 776.

Une autre chofe qu'il faut encore *Sa volatilité.*
remarquer, par rapport à ce men-
ftrue, & fon dégré de fixité ou de
volatilité dans le feu; & à cet égard
il n'eft pas moins admirable qu'à tout
autre. Après qu'il a rendu tous les
corps, même le plus fixes, fi volatils que le feu doux d'un bain fuffit
pour les exalter, il refte fixe au fond
du vafe, & ne monte point. pag. 56.
§. 14. pag. 88. §. 27. 29. pag. 634.
pag. 700. & 776. §. 10. Cependant
il eft fi volatil qu'en le diftillant avec
des corps qu'il a diffout, il eft
exalté par le fecond dégré du feu de
fable, pag. 88. §. 29. Auffi fe fépare t'il par la diftillation d'avec le
mercure ordinaite qu'il fige & qu'il
coagule. pag. 776. & 628. La petite
étendue des dégrés de feu, dans laquelle l'alcaheft déploye toute fa

V v

force dans la nature des choses, se trouve donc exactement déterminée par là.

Enfin, avant que de quitter ce sujet, il importe de remarquer que ce menstrue, qui ne donne sur lui aucune prise, qui ne peut être surmonté ni même affoibli par quelque resistance que ce soit, reconnoît cependant dans la nature des choses un corps avec lequel il peut-être uni de façon qu'il en soit attiré & comme absorbé. C'est là un fait rapporté clairement par Van Helmont. La Chymie, dit-il, pag. 94. §. 27. 28. est occupée à chercher un corps, qui ait par sa pureté une si grande sympathie avec nous, qu'il ne puisse être dissipé par aucun principe de corruption. Enfin la Religion a été étonnée par la découverte d'une liqueur, qui réduite en atômes aussi petits qu'il peut y en avoir, reste seule & dédaigne de s'unir avec quelque ferment que ce soit. Il ne faut donc pas espérer de le métamorphoser, puisqu'il ne trouve aucun corps digne de son association. Cependant le travail de la Sagesse a trouvé dans la nature un corps anomal, qui s'éleve fans le mêlange d'aucun ferment, différent de lui. Ce Serpent fe mord foi-même, il revit de fon poifon, & enfuite il ne fauroit mourir. Dans ce paffage donc il eft parlé de l'union de deux chofes qui étoient en quelque façon différentes ; mais en voici un autre plus clair encore là-deffus. Il eft dit, pag. 265. §. 11. que la feule liqueur alcaheft réduit parfaitement tous les corps fenfibles, qui font dans l'univers, à leur premiere vie, & cela fans leur caufer aucun changement, ou aucune diminution des forces ; mais que cette liqueur n'eft fubjugée & changée que par une feule autre liqueur qui lui eft égale. On trouve encore quelqne chofe de plus pofitif, pag. 56. 57. §. 14. 17. le mercure, eft-il dit dans cet endroit, délivré de fouffre originel, qui lui eft profondément adhérent, n'eft altérable par aucun feu, & il confume d'abord tontes les autres femences, à l'exception de fon égal.

Jufques à prefent j'ai rapporté fidélement tout ce que j'ai trouvé dans Van-Helmont de plus confiderable

La matiere de l'alcohol eft le fel marin avec

V vj

lequel se fait le circulé mineur.

sur ce sujet. Je ne me rapelle pas d'avoir rien lû de semblable dans aucun autre ouvrage. Les anciens Philosophes, les autres Chymistes & les autres Médecins n'ont rien dit, & n'ont pas même entendu parler de ce menstrue, quoique ce soit la chose qu'on doive le plus souhaiter en physique. Mais on est curieux sans doute de savoir dans quelle matiere il faut le chercher ; je vais donc m'arrêter encore un moment sur cet article, à propos duquel j'ai fait un très-grand nombre d'expériences, qui m'ont souvent fait repentir d'avoir entrepris un ouvrage aussi pénible & aussi désagréable. Paracelse a eu une liqueur tirée par un circulation très-longue & très-ennuyante du sel marin, que la nature a poussé au plus haut dégré de perfection. A force d'application, il a converti cette liqueur en une huile perpétuele, & alors il l'a appellée, premier être de sel, huile de sel, liqueur de sel, eau de sel circulé mineur, circulé mineur. Voyez *Libr. IX. Archid. in remedio ad maculas. Tractatus de Sale. Cap. IV. in correctione & additione. Libr.*

de Renovat. Archid. IV. Cap. 4.
Essentia de salibus. Archid. Lib. VIII.
Cap. de Elixire salis. Quintæ essentiæ
extractio de salibus. Archid. X. Cap. 2.
Quant à la préparation de ce sel circulé, qui est très-pénible, l'Auteur
l'a décrit fort exactement, & dans ce
qu'il en dit, il n'y auroit aucune
obscurité si nous savions quel est l'esprit du vin qu'il faut employer, suivant lui, pour séparer le pur d'avec
l'impur. Au reste cela s'accorde bien
avec le sentiment de Van-Helmont,
qui dit que le sel des corps, cohobé
quelquesfois avec le sel circulé de
Paracelse, se convertit eu eau, pag.
43. §. 11. que le premier Etre des
sels a les vertus de l'alcahest pag. 419.
& que tous les poisons sont éteints,
par le sel circulé, pag. 374. §. 49.
qu'il appelle à cause de cela le plus
parfait & le plus heureux des sels;
le sel qui est réduit au plus haut dégré de pureté & de subtilité, & qui
par conséquent pénétre par-tout, est
le seul corps qui reste immuable en
agissant, & qui résoud promptement
tous les autres corps, p. 380. p. 24.
Suivant lui encore ce sel circulé

produit des effets merveilleux fur l'huile & fur l'efprit de vin p. 577. il réduit tous les corps dans leur liqueur primitive, pag. 628. & on peut préparer par fon moyen ce qu'on nomme *Ludus Paracelfi.* pag. 700.

§. 23.

Il y faut ajouter le mercure. Paracelfe a eu encore un autre diffolvant, beaucoup plus puiffant que le fel circulé dont on vient de parler, mais auffi beaucoup plus difficile à préparer, c'eft pourquoi il l'a appellé le circulé majeur. *Archid. X. Cap* 4. Dans ce même endroit il le nomme auffi fort à propos la matiere du mercure de fel, & *Archid. X. Cap.* 5. *&* 6. il lui donne le nom du feu vivant. Il prétend qu'il y a dans le mercure commun un feu très parfait, & un vie célefte & cachée : il affure même que la quinteffence du mercure, fi on le diffoud avec fa Mere, c'eft-à-dire avec le fecret du fel, eft un feu célefte. *Archid. X. Cap.* 6. Quand donc l'on unit réellement & intimément enfemble ces deux chofes, lorfqu'elles font réduites au plus haut dégré de pureté, de fubtilité & de volatilité possible, il semble qu'on a cette merveilleuse eau mercurielle, décrite dans le Chapitre intitulé *de Corrodente specifico*, où Paracelse dit qu'ici l'or meurt, de façon qu'il ne reste plus or dans la suite; au lieu que quand il est corrodé d'une autre maniere, il est simplement réduit en petites parcelles, sans perdre sa qualité d'or, & on peut toujours le retirer par une reduction artificielle. Ainsi on produit par ce moyen une union parfaite de l'eau avec l'eau ; car il y a ici deux sortes d'eau ; l'une est de l'eau commune, c'est celle qui se trouve dans le sel ; l'autre est de l'eau métallique, qui est dans le mercure, quoique cependant l'une & l'autre ayent la même source. Van-Helmont paroît avoir été tout-à-fait dans le même sentiment, il est à propos de rapporter ce qu'il en dit ; voici de qu'elle façon il s'exprime, pag. 55.

§ 8 Le mercure interne des métaux, exemt absolument de toute altération causée par le souffre métallique, qui est partout adhérent à soi-même d'une maniere indissoluble, de sorte qu'il ne sauroit être divisé par aucun moyen naturel ou artificiel. Quant à la nature de l'eau je n'ai pû apprendre à la connoître que fous la férule préparée avec le caducée de Mercure; & pour ce qui eft de la nature du Mercure, je l'ai trouvé conforme à l'eau ; car il ne contient pas la moindre particule de terre en foi, mais il eft toujours le fils de l'eau feul. Il dit pag. 56 & pag. 705. §. 10. avec tous les anciens Alchymiftes, fi je n'avois pas vû le mercure tenir bon contre tout le travail des plus habiles Artiftes, de façon qu'il s'envole entiérement de deffus le feu, fans fubir aucun changement, ou qu'il refte fixe dans le feu , en confervant dans ces deux circonftances fon immutabilité , fon identité primitive , & l'homogenéité uniforme de l'identité , je dirois qu'il ne faut pas fe fier à notre art qui eft cependant très-véritable , & plus véritable qu'aucun autre. Ainfi ce qui eft deffus, eft comme ce qui eft deffous , & *vice verfa.* Par conféquent il eft impoffible , tant à l'Art qu'à la Nature, de trouver des parties différentes dans l'homogénéité

du mercure ; cela ne se peut pas même
par le moyen de l'alcaheft ; car le
mercure eft plus fimple que l'or, &
& fon identité eft même plus grande
& plus uniforme. Ainfi il y a dans le
mercure une raifon d'indeftructibili-
té, comme dans les élémens mêmes.
Par conféquent tous les corps qui
font fur la terre font trop foibles
pour fubjuguer, pénétrer, changer,
ou défigurer le mercure. Il demeure
fans altération dans l'air, dans le feu,
& dans une liqueur âcre. Il n'eft atteint par aucun diffolvant, encore
moins en eft-il percé. Il n'y a donc
rien dans la Nature qui en approche,
pas même de loin, p. 670. §. 17. Ainfi
il eft femblable à un être métallique,
dont il différe fort peu, pag. 705
§. 4. Enfin il exifte actuellement
comme un corps fimple, & ne fait
point une partie conftituante des autres chofes, pag. 670. §. 17. Tou-
cela nous fait voir qu'il ne peut être
fubjugué & changé que par fon égal
pag. 265. §. 11. Car ce corps anomal s'eft élevé dans la nature, fans aucun ferment différent de lui, & avec
lequel il pût fe mêler ; il s'eft mordu

lui-même, il a repris vie par son venin, & il ne sauroit plus mourir,
pag. 94. §. 28.

Voilà l'histoire de l'alcahest tirée
fidélement & avec tout le soin possible des écrits de Paracelse & de Van-
Helmont. C'est donc en vain qu'on
cherche ce Menstrue dans l'urine humaine, & dans ses produits. On ne le
trouvera pas non plus dans le tartre
ni dans aucune de ses préparations,
quoiqu'on puisse le substituer comme
un Lieutenant à la place du Prince,
p. 780. §. 25. 26. On ne le tirera non
plus jamais du Phosphore; ses propriétés, qui ont été rapportés ci-devant, sont incompatibles avec une
telle origine : Glauber, qui l'a cherché dans l'alcali fixe du nitre, s'est
trompé aussi bien que Zwelfer qui a
prétendu le trouver dans le plus âcre
esprit de vinaigre distillé de dessus du
vert de gris. Le fameux Guerner
Rolfinc ne paroît pas non plus en
avoir eu une juste idée; il veut qu'il
y ait trois sortes d'alcahest, qui ont
tous un même alcali fixe pour base.
L'un se trouve, suivant lui, dans le
regne fossile, & est composé d'alcali,

de tartre & de vinaigre d'antimoine, mais avec ces deux principes on n'a autre chofe qu'un tartre vitriolé ; l'autre doit être dans le regne végétal, & eft fait d'alcali de tartre, faturé de vinaigre ; ce qui n'eft qu'un tartre tartarifé ; le troifiéme fe tire des animaux, & eft produit avec le même alcali faturé de l'acide du petit lait ; mais cela eft uniquement un tartre tartarifé plus précieux que le précédent. Le fel ammoniac, que cet Auteur veut qu'on y ajoute enfuite, ne change pas beaucoup la chofe. *Voyez Eph. Germ. D.* 1. *Ann.* 6. 7. *pag.* 193-196. *App.* Perfonne n'a donné une defcription de l'alcaheft plus approchante de celle de Paracelfe & de Van-Helmont, que de Pierre-Jean Faber, dans un Manufcrit fur l'Alchymie, adreffée au Duc de Holftein, & qui a été publiée dans *Eph. Germ. D.* 11. *Ann.* 8. *App. p.* 111. 117. Voici fes propres expreffions, qui font très-remarquables, & qui ne laiffent aucun doute fur ce que j'avance. La liqueur alcaheft eft un efprit mercuriel, pur, métallique, tellement lié avec son propre corps naturel, que ces deux substances n'en deviennent qu'une qui est inséparable, indestructible, qui détruit tous les autres corps, & les convertit en leur premiere matiere. C'est le véritable mercure des Philosophes, choisi du regne minéral, joint à son corps pur, dont elle est inséparable ; c'est une liqueur laiteuse, butireuse, qui pénétre & qui dissoud tout. Il y en a de deux sortes ; l'une est simple & l'autre composée ; la simple est faite d'un acide métallique pur, & d'un sel métallique pur, rendu volatil avec son esprit ; elle se prépare difficilement. Celle qui est composée se prépare encore avec plus de difficulté, car elle est formée d'un acide minéral, & de la partie purement saline, tant des animaux que des végétaux. La liqueur alcahest, ou le mercure pur des Philosophes est le véritable feu de la nature ; feu incorruptible, inaltérable, & qui réduit tous les corps à leur premiere matiere. L'ingénieux Joachim Beccher est à peu près du même avis, dans sa *Physica Subterranea*, où il assure qu'il a découvert dans le sel marin une certaine force arsénicale & mercurifiante, qui pure & séparée feroit l'alcaheft même très-différent cependant du mercure des Philosophes. Auffi regarde-t'il le mercure comme une subftance sulphureuse & métallique, qui par elle-même feroit solide, mais qui eft rendue fluide uniquement par le souffre arsénical du sel commun. Voilà une conjecture très-subtile, il feroit à souhaiter qu'elle fût plus solidement établie. Le principal argument de cet Auteur revient à ceci. L'argent bien pur, corrodé dans de l'efprit de nitre, & précipité par l'efprit de sel marin, devient volatil, & eft tellement changé qu'il peut enfuite se séparer facilement de son mercure ; le sel marin peut donc changer la nature fixe des métaux bien purs, & les convertir en véritable mercure.

On fera peut-être curieux de favoir si je crois qu'aucun Chymifte ait jamais poffedé ce fecret ; à cela je répondrai librement, que Van-Helmont se plaint que cette phiole ne lui a été donnée qu'une fois, & qu'enfuite elle lui a été enlevée ; ce

qui prouve qu'il n'a pas pû faire un
grand nombre d'expériences avec
cette liqueur. Quant à Paracelfe, il
il ne s'étend pas autant fur fes diffolvans. Ainfi je ne fai pas trop bien
ce que je dois penfer là-deffus. Ce
que je puis affurer avec fondement,
c'eft que fi les Chymiftes s'occupent
a opérer fur le fel marin & fur le
mercure, par tous les moyens que
leur art leur fournit, ils ne fe repen-
tiront point de la peine qu'ils auront
prife,

FIN.

www.ingramcontent.com/pod-product-compliance
Lightning Source LLC
Chambersburg PA
CBHW051250060726
47596CB00001B/55